U0132253

我所亲历的德国职业教育

示
范

CorelDraw

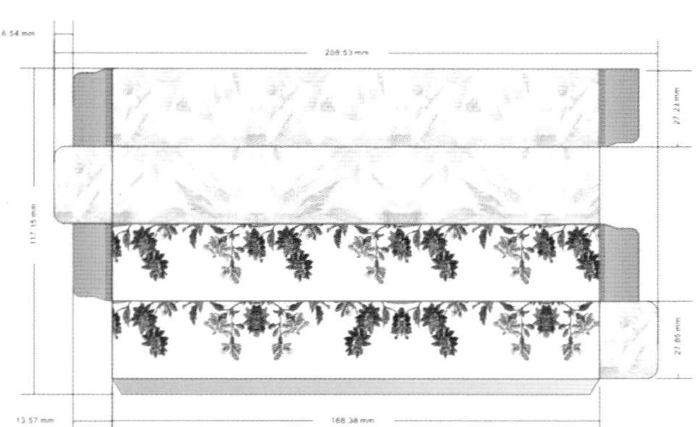

徽

国家示范

徽

徽

首批国家改革发展示范学校
汽车
中国·合肥

ASANO
8
7
6
5
4
3
2
1
a b c d e f g h

计算机平面设计专业系列教材

CorelDRAW X4 实战教程

CorelDRAW X4 Shizhan Jiaocheng

主编 倪 彤 姚人杰

高等教育出版社·北京
HIGHER EDUCATION PRESS BEIJING

内容提要

本书通过大量的实例详细讲解了使用 CorelDRAW X4 设计各种图形作品的基本方法、绘图技巧以及相关的基础知识。

本书按照“基于工作过程的项目式教学”的职业教育理念以及“做中学、做中教”的教学模式，设置了 CorelDRAW 简介、绘制简单图形、制作特殊效果、掌握各种基本绘图技能、实作范例、高级进阶等 6 个实战训练项目，含 36 个工作任务，使读者在完成工作任务的过程中，掌握使用 CorelDRAW X4 进行平面设计的基本技能。

本教材配套相关网络教学资源，登录 http://sve.hep.com.cn，可以上网学习及下载相关教学资源。

本书可作为中等职业学校计算机平面设计专业的教材，也可作为数字媒体技术应用专业、计算机动漫与游戏制作专业的教材，以及文化艺术类专业平面设计专门化方向教材，也可作为相关培训教材或供相关人员参考。

图书在版编目（CIP）数据

CorelDRAW X4 实战教程／倪彤，姚人杰主编．—北京：高等教育出版社，2012.6

ISBN 978-7-04-035062-3

Ⅰ.①C… Ⅱ.①倪… ②姚… Ⅲ.①图形软件-教材 Ⅳ.①TP391.41

中国版本图书馆 CIP 数据核字（2012）第 088438 号

策划编辑 郭福生　　责任编辑 郭福生　　封面设计 张申申　　版式设计 杜微言
责任校对 杨雪莲　　责任印制 田 甜

出版发行 高等教育出版社
社　　址 北京市西城区德外大街 4 号
邮政编码 100120
印　　刷 北京鑫海金澳胶印有限公司
开　　本 787mm×1092mm 1/16
印　　张 13.25
字　　数 310 千字
插　　页 1
购书热线 010-58581118

咨询电话 400-810-0598
网　　址 http://www.hep.edu.cn
　　　　 http://www.hep.com.cn
网上订购 http://www.landraco.com
　　　　 http://www.landraco.com.cn
版　　次 2012 年 6 月第 1 版
印　　次 2012 年 6 月第 1 次印刷
定　　价 24.40 元

物 料 号 35062-00

前言

本书按照“以服务为宗旨，以就业为导向”的职业教育办学思想，根据“基于工作过程的项目式教学”的职业教育理念以及“做中学、做中教”的教学模式，将提高学生专业技能和培育综合素养作为教材编写的核心目标，力争提升中职毕业生的市场竞争力。

本书由活跃在教学一线的“双师型”专业骨干教师及从事计算机平面设计的专业技术人员担任主编。他们既具有深厚的教学功底，又具有丰富的实践经验，能够在教材编写中准确把握中等职业学校信息技术类以及文化艺术类各平面设计相关专业对技能型人才培养的客观需求，遵循中职学生的认知规律和学生掌握技能的特点。

本书主要特点：

（1）采用项目式教学，以任务引领来组织内容，符合职业教育的改革发展方向。

（2）基础知识与实例教学相结合，实现从入门到精通。

（3）采用“做中学、做中教”及“教、学、做合一”的教学模式，操作步骤完整、清晰，图文并茂。

（4）本书所有实例均由编者专门为本书创作，可操作性、实用性强。

本书编写以“必需、够用、易学、易用”为目标，以典型、实用的软件版本为载体设计教学活动，以工作任务为中心整合相应的知识和技能，各个项目由简单到复杂，任务难度循序渐进，让学生在稳扎稳打中日益提高技能。在任务的操作过程中，以“提示”的形式给出了与当前操作相关的知识点和技巧。每个项目之后的“知识拓展”，以专题的形式给出与当前项目相关、但未专门介绍的软件功能或操作技巧；练习用以巩固各项目所学的知识与技能。

各项目教学学时安排建议见下表。

项目	教学内容	学时安排	
		讲授与上机	说明
1	CorelDRAW 简介	4	建议在机房或多媒体教室组织教学，讲练结合
2	绘制简单图形	6	
3	制作特殊效果	10	
4	掌握各种基本绘图技能	12	
5	实作范例	16	
6	高级进阶	24	
合计		72	

本书配套网络教学资源，通过封底所附学习卡，可登录网站 http://sve.hep.com.cn，获取相关教学资源。学习卡兼有防伪功能，可查阅图书真伪，详细说明见书末“郑重声明”页。

本书由安徽省汽车工业学校倪彤和安徽行知学校姚人杰担任主编。安徽机械工业学校邹群编写项目1，桐城望溪高级职业技术学校黄小平与高大鹏编写项目2和项目3，姚人杰编写项目4，倪彤编写项目5和项目6。安徽职业技术学院李京文教授在百忙之中审阅了全书，提出了许多宝贵的意见和建议，在此一并表示衷心的感谢。

由于编者水平限制，书中不足之处在所难免，欢迎读者批评指正。

编 者

2012年3月

目录

项目 1　CorelDRAW 简介

本项目的任务目标：

- 了解 CorelDRAW 的基本功能。
- 认识 CorelDRAW 的工作界面。
- 掌握 CorelDRAW 文件的基本操作。
- 理解图形图像的基本知识。

通过 3 个任务的学习，了解并掌握 CorelDRAW 及图形图像的基本知识，为进一步使用该软件打下良好基础。

任务 1　功能简介及安装

一、知识点

1. 软件功能介绍

CorelDRAW 是加拿大 Corel 公司开发的一款用于绘制矢量图的软件包，该软件包集成了多个相关的应用程序，具有强大的图形图像处理、文本编辑、排版功能，被广泛应用于广告制作、商标设计、标志制作、模型绘制、插图描画、印刷排版、分色输出等诸多领域。在网站设计及其他相关图形创作等领域也有着广泛的应用。

2008 年 1 月 Corel 公司正式发布了 CorelDRAW 的第 14 个版本，版本号延续为 X4，即 CorelDRAW Graphics Suite X4（简称 CorelDRAW X4），该软件包还集成了抓图工具、位图与矢量图转换工具等应用程序，在原版本的基础上增加了独立图层、交互式表格、活动文本预览、支持多种语言、增强颜色管理等大量新功能。

CorelDRAW X4 的主要功能如下。

（1）绘制与处理矢量图形

利用 CorelDRAW X4 的图形工具可直接绘制出各种图形，还可以对绘制的对象进行各种排列、组合、焊接、修剪和镜像等操作，制作出更加复杂的图形。

（2）文字处理

CorelDRAW X4 有美术字文本和段落文本两种文字输入方法，它既能对单个的文字进行处理，也能对整段的文字进行对齐、排列、组合和变形等编辑操作，还可对文字进行透视效果的编辑和绕路径排列等操作，图 1-1 所示就是几种文字特效。

（3）位图处理

CorelDRAW X4 不但可以直接处理位图，还可以进行位图与矢量图之间的相互转换，如图 1-2 所示。利用位图滤镜选项，可以把位图处理成各种效果，方便了设计人员的制作。

图 1-1 文字特效

（a）位图 （b）矢量图

图 1-2 位图与矢量图的转换

（4）网络功能

CorelDRAW X4 具有网络功能，可以将段落文本转换成网络文本、在文档中插入 Web 对象、创建超链接等。

2. 应用领域

（1）广告设计

CorelDRAW X4 的各种工具能协助广告设计师展现高度创意，提高工作效率，降低成本，为美术设计者和艺术家带来方便。

（2）包装设计

包装设计是现代商品生产中的重要环节，CorelDRAW X4 能以专业的效果完美实现包装设计的构思，更有助于商品的陈列展示和消费者的识别选购，提升商业效益。

（3）图书装帧设计

CorelDRAW X4 在书籍装帧设计领域的应用非常广泛，它集成了 ISBN 生成组件，可以快速地插入条码，其定位功能使用起来也非常简便。

（4）排版设计

CorelDRAW X4 具有专业的文字处理和排版功能，不仅能对文本进行编排处理，而且还可以制作出图文并茂的版式效果；支持绝大部分图像格式的输入与输出，大部分用 PC 进行美术设计的书籍、报纸或杂志都可直接在 CorelDRAW 中排版，然后分色输出。

（5）特效艺术字设计

CorelDRAW X4 的文字处理功能非常强大，并且提供了文字曲线编辑功能，可以帮助用户创造出变化多端、特色鲜明的艺术字体。

（6）插画设计

CorelDRAW X4 具有强大的插画绘制功能，不仅可以轻松地绘制各种基本图形，配合塑形工具还可以制作出更多的变化效果，应用“艺术笔工具”(如预设笔、笔刷、喷罐器、书法笔和压力笔等)可以轻松实现丰富的绘画效果。

（7）服饰设计

CorelDRAW X4 是服饰设计业的理想选择，它具有多种强大的工具和功能，准确性高且使用简便，能够协助完成服饰设计，深受设计师与打版师的青睐。越来越多的服装设计公司采用 CorelDRAW X4 作为打样和设计的首选软件。

（8）招牌制作

CorelDRAW X4 具有制作各式各样招牌的功能。其中包含超过 100 种的滤镜，可用于导入和导出美工图案与工具，轻松建立自定义的图形并配置文字；还包含招牌设计人员所需求的多项全新功能与增强功能。因此，CorelDRAW X4 是招牌制作人员首选的图形软件。

（9）VI 设计

CorelDRAW X4 在 VI(Visual Identity，视觉识别)设计方面应用广泛，提供了一整套绘图工具、图形精确定位和变形控制方案，给商标、标志等需要准确尺寸的设计带来极大的便利，设计师可以轻松地应对创意图形设计项目，能够充分表达企业的形象和文化内涵。

二、软件安装过程

① 将安装光盘放到计算机的光驱中，光盘文件会自动运行并进入安装选项界面，如图 1-3 所示。

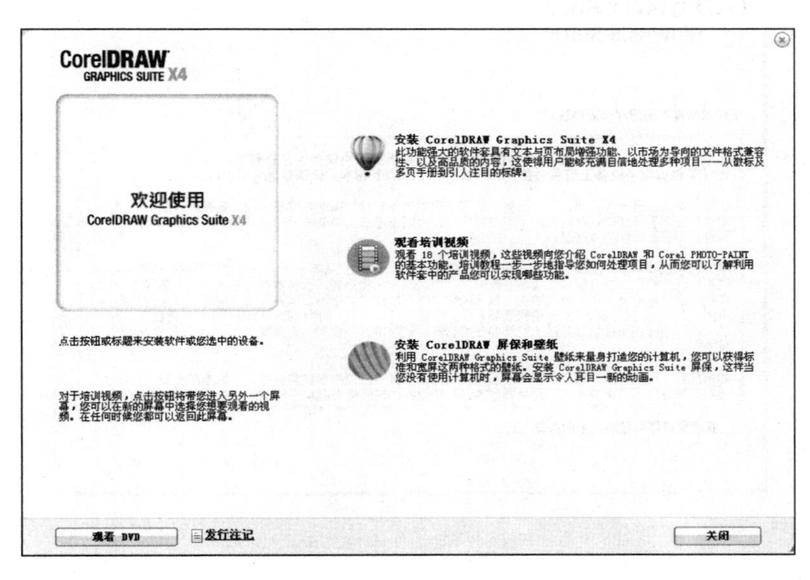

图 1-3　安装选项界面

如果光盘文件没有自动运行，请单击 Windows 任务栏上的“开始”按钮，再单击“运行”菜单项，在“运行”对话框的“打开”组合框中输入“X:\autorun.exe”或“X:\Setup\Setup.exe”，其中 X 是光盘驱动器对应的盘符；或者打开“我的电脑”窗口，浏览到该光盘中的 Setup.exe 文件，双击运行该文件即可。

② 选择“安装 CorelDRAW Graphice Suite X4”选项，开始初始化安装向导，如图 1-4 所示。

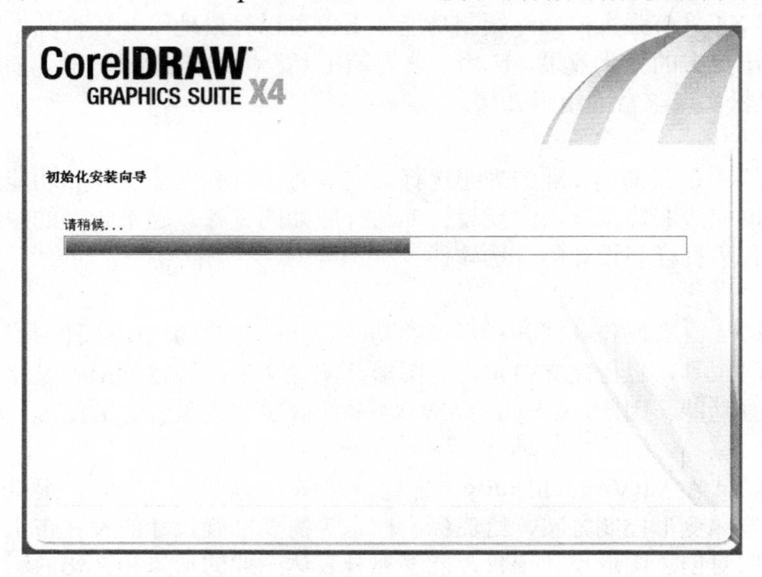

图 1-4 初始化安装向导

③ 选中“我接受该许可证协议中的条款”复选框，单击“下一步”按钮，如图 1-5 所示。

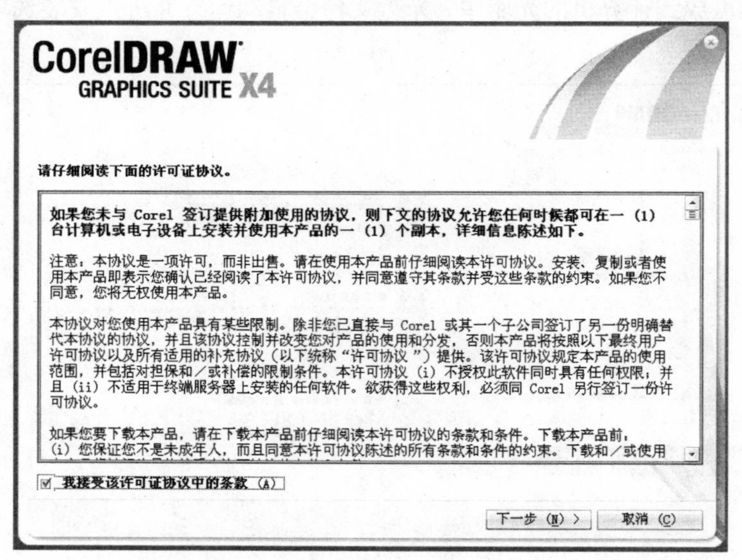

图 1-5 阅读并接受许可证协议中的条款

④ 输入用户姓名以及软件的序列号，然后单击“下一步”按钮，如图 1-6 所示。

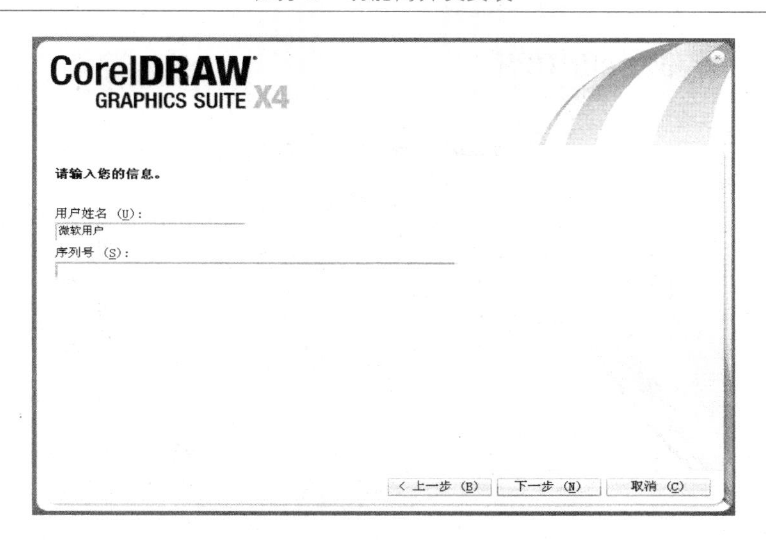

图 1-6　输入用户名和序列号

⑤ 软件安装选项如图 1-7 所示，在此界面中选择需要的应用程序，在每一应用程序中选择需要的具体选项。

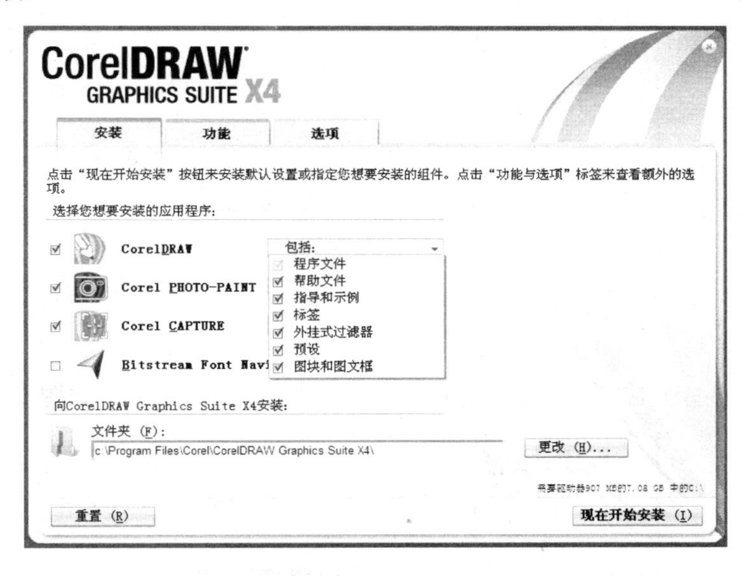

图 1-7　安装选项

说明：由于 CorelDRAW X4 为一软件集成包，内含多个应用程序，可根据需要安装其中的应用程序及每个项目中的具体内容。

⑥ 选择文件安装的目标位置。可以选择安装在默认的位置，也可以单击"更改"按钮，在出现的"浏览文件夹"对话框中选择需要安装的目标位置，如图 1-8 所示，或通过直接输入目标位置来确定安装的目标文件夹。

⑦ 单击"现在开始安装"按钮，进入详细的安装过程，如图 1-9 所示。

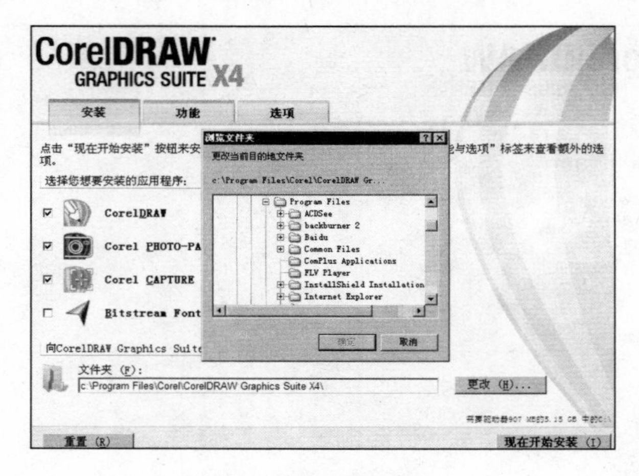

图 1-8 选择安装位置

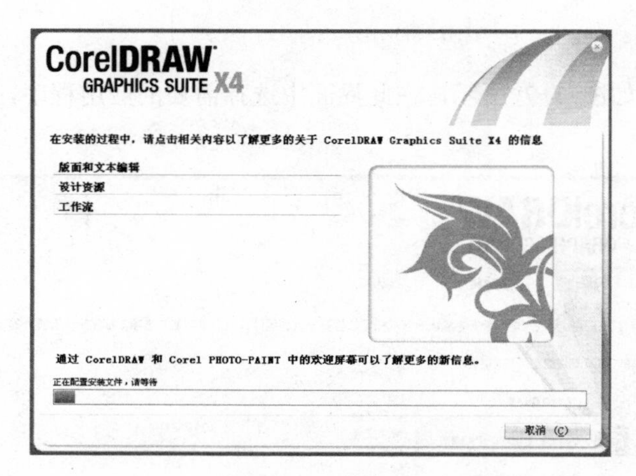

图 1-9 开始安装

⑧ 在软件安装过程中，可以单击相关内容以了解进一步的信息，如图 1-10 所示。

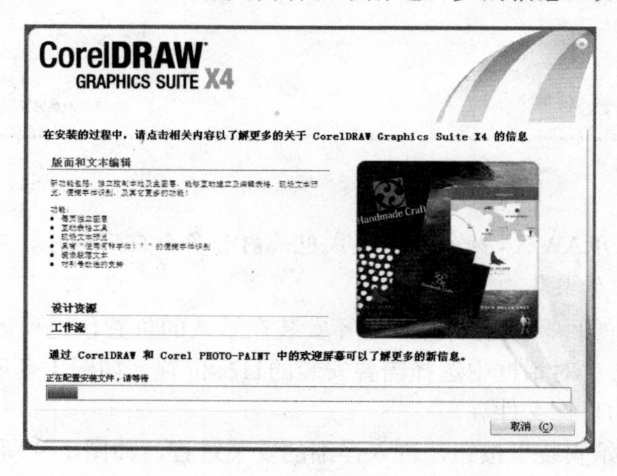

图 1-10 了解相关内容的进一步信息

⑨ 安装完成，提示重新启动计算机，如图 1-11 所示。

图 1-11　安装完成

任务 2　认识 CorelDRAW X4 的工作界面

1. CorelDRAW X4 的启动与退出

（1）启动 CorelDRAW X4

单击“开始”按钮选择“所有程序→CorelDRAW Graphics Suite X4→CorelDRAW X4”，或双击桌面快捷图标，即可启动 CorelDRAW X4。

（2）退出 CorelDRAW X4

单击标题栏右侧的“关闭”按钮，或单击“文件→退出”菜单项，即可关闭 CorelDRAW X4。在退出 CorelDRAW X4 时，如果没有保存正在编辑的文件，会弹出一个提示对话框，提示用户保存文件，然后关闭 CorelDRAW X4。

2. 工作界面

软件启动之后的工作界面如图 1-12 所示。

（1）标题栏

启动软件时，默认创建一个文件名是“图形 1”的文件；如果打开已经保存的文件，则显示打开文件的文件名。

（2）菜单栏

菜单栏包括“文件”、“编辑”、“视图”、“版面”、“排列”、“效果”等 12 个菜单，其中包含了 CorelDRAW X4 的所有命令。单击某个菜单项，可在下拉菜单中选择要执行的命令。

（3）工具栏

工具栏以按钮的方式集合了菜单栏中最常用的命令，如“新建”、“打开”、“保存”、“导入”、“导出”、“复制”和“粘贴”等，单击某个按钮，即可以快速执行这些命令。工具栏如图 1-13 所示。

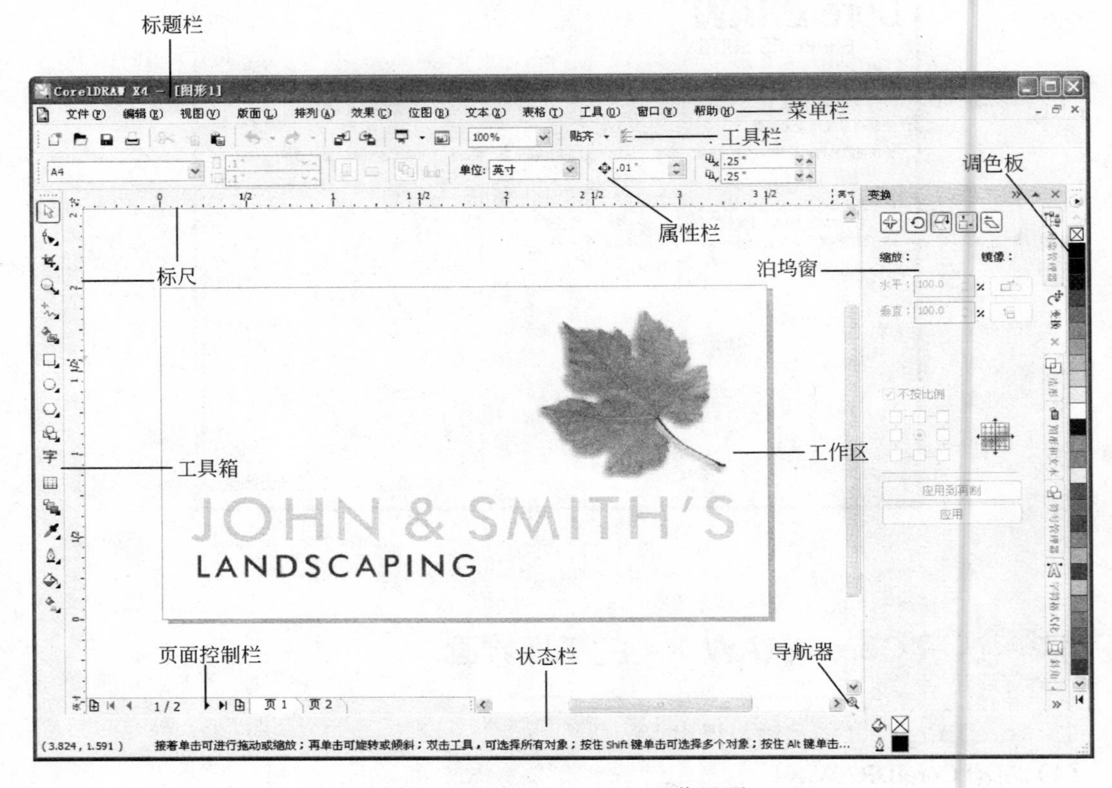

图 1-12　CorelDRAW X4 工作界面

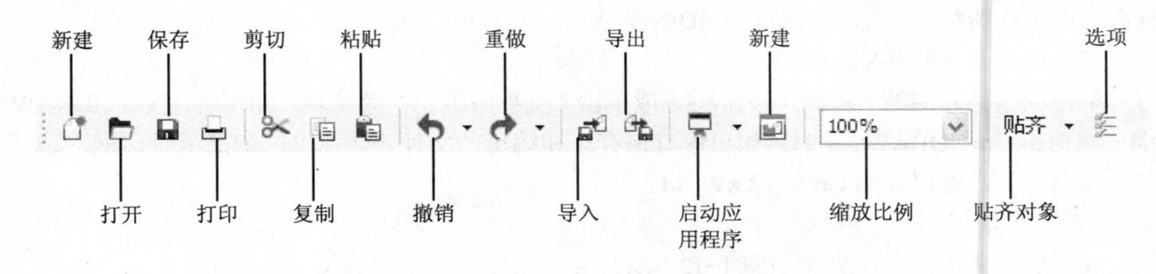

图 1-13　工具栏

（4）属性栏

包含与活动工具或对象相关的可选项目参数，当选择的命令不同时属性栏的项目内容也有所不同。图 1-14 所示为进行位图编辑时的属性栏。

图 1-14　属性栏

（5）标尺

标尺用于绘图时进行精确定位，如图 1-15 所示。

（6）工具箱

工具箱中放置了各种绘图、编辑和效果制作工具，如图 1-16 所示。单击某个按钮即可选择该工具。工具按钮右下角带黑色箭头的表示其中包含一组工具；将鼠标指针指向某个按钮并按住左键片刻，即可弹出该组工具。工具箱可浮动，习惯上置于窗口的左侧。

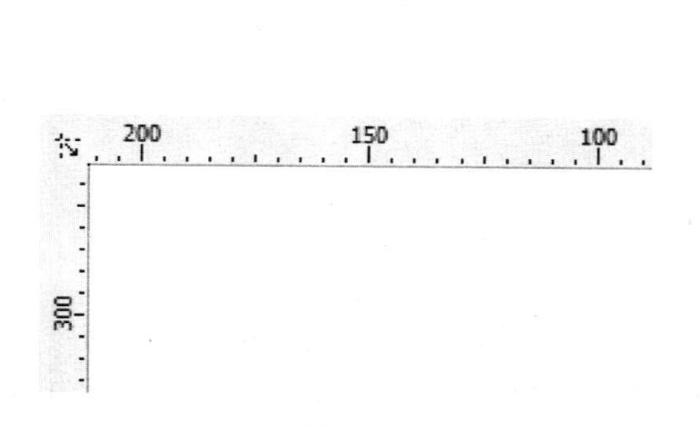

200
150
100
300

图 1-15　标尺

手绘 (F)　F5
手绘工具 (F5)
贝塞尔 (B)
艺术笔
钢笔 (P)
折线 (P)
3 点曲线 (3)
连接器 (C)
度量
字

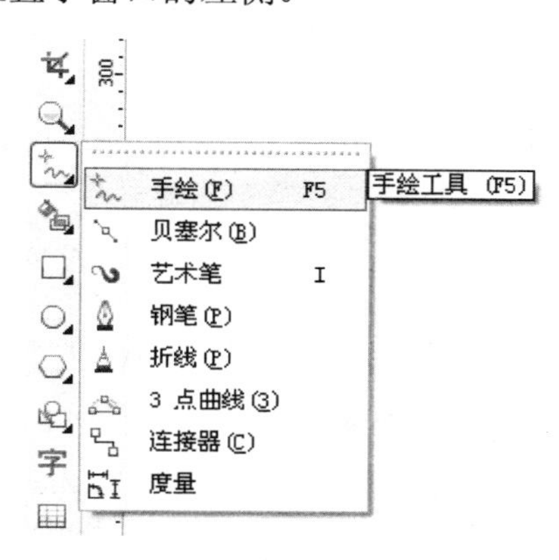

图 1-16　工具箱

（7）页面控制栏

CorelDRAW X4 允许在一个文档中创建多个页面，通过页面控制栏（如图 1-17 所示）可以添加页面、查看每个页面的情况等。在页面标签上右击，在弹出的快捷菜单中选择相应的命令，可对页面执行“插入”、“删除”和“重命名”等操作。

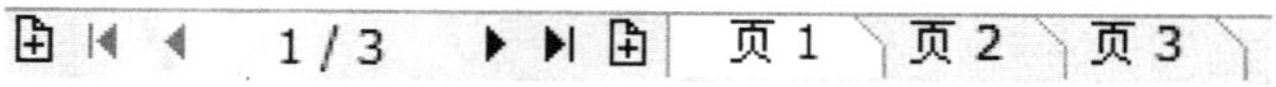

1 / 3
页 1
页 2
页 3

图 1-17　页面控制栏

（8）状态栏

状态栏是位于应用程序窗口底部的一个区域，用于显示命令提示以及鼠标位置等信息。例如，选中一个椭圆对象时的部分状态栏如图 1-18 所示。

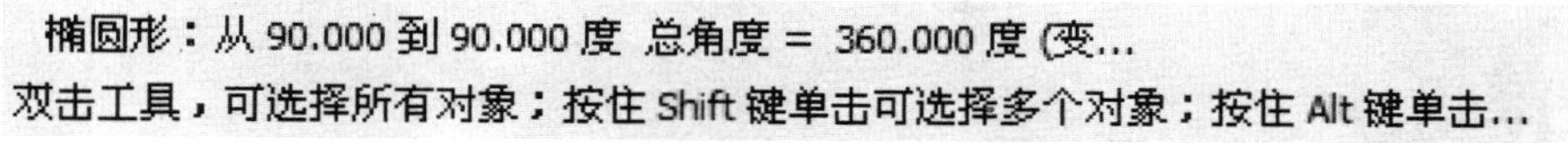

椭圆形：从 90.000 到 90.000 度 总角度 = 360.000 度 (变...
双击工具，可选择所有对象；按住 Shift 键单击可选择多个对象；按住 Alt 键单击...

图 1-18　状态栏

（9）工作区

工作区是窗口中进行绘图、编辑操作的主要工作区域。所有需要打印的图形内容必须放在此区域内，才能正常打印输出。可根据需要设置工作区的大小。

（10）泊坞窗

泊坞窗是包含各种操作按钮、列表、控件和菜单的操作面板，提供了更加方便的操作和组织管理对象的方式。可通过单击“窗口→泊坞窗”子菜单下的命令打开或关闭泊坞窗，如图 1-19 所示，在“泊坞窗”子菜单中选择“属性”命令，可打开“对象属性”泊坞窗，如图 1-20 所示。

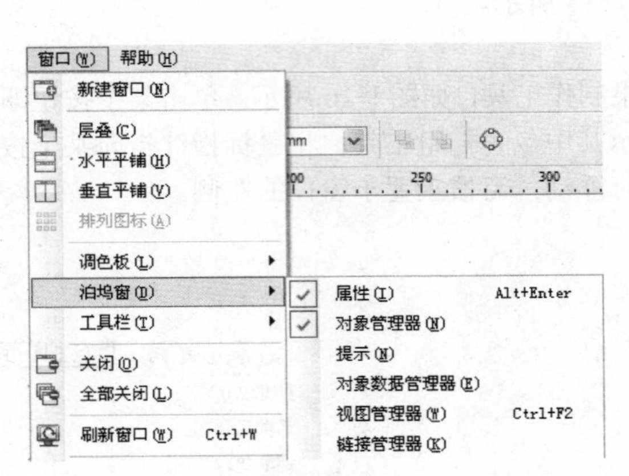

图 1-19　选择要打开的泊坞窗

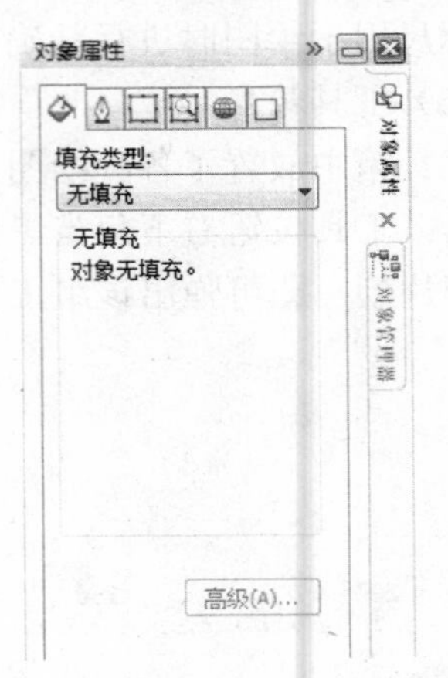

图 1-20　“对象属性”泊坞窗

（11）调色板

“调色板”是一个专为绘图提供各种颜色的工具，通常将此泊坞窗置于窗口的右侧，如图 1-21 所示。选中图形对象后，单击“调色板”中的色样可为图形填充颜色；右击色样可为图形设置轮廓颜色；单击“无色”方格☒，可取消图形填充色；右击“无色”方格☒，可取消轮廓颜色。

“调色板”默认的配色模式为 CMYK 模式。

3. 版面设置

（1）页面设置

CorelDRAW X4 默认的页面纸张类型为 A4 纸。实际应用中，用户可根据自己的需要更改页面大小。方法如下。

方法 1：单击“版面→页面设置”菜单项，打开“选项”对话框，如图 1-22 所示；在该对话框中选择“页面→大小”，再选择纸张类型、纸张方向等选项即可。

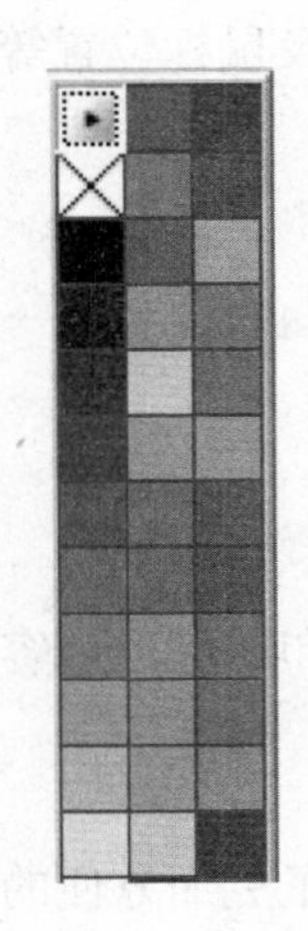

图 1-21　调色板

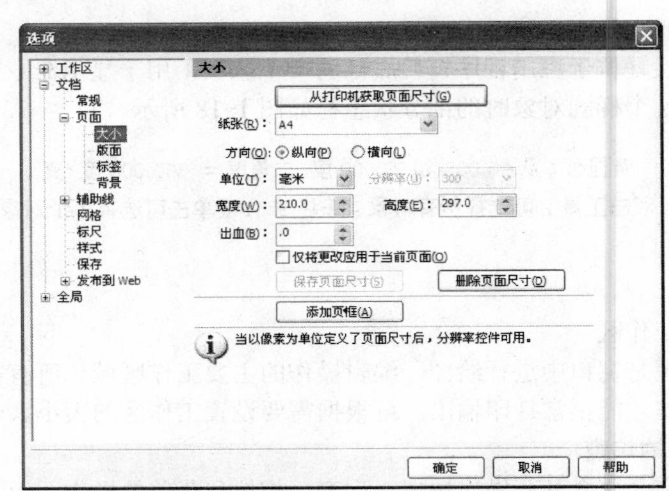

图 1-22　设置页面大小

方法 2：也可在新建的空白文档中，通过“属性栏”上的相应选项来设置页面大小，如图 1-23 所示。

图 1-23　通过属性栏设置页面大小

例如，单击属性栏中“纸张类型/大小”下拉列表框，可在弹出的下拉列表中选择纸张类型和大小。单击“纸张宽度和高度”微调按钮，可以自定义纸张的大小。单击“纵向”按钮或“横向”按钮，可以设置页面方向为纵向或横向。

（2）页面背景设置

在“选项”对话框中选择“页面→背景”，可以设置背景为“无背景”、“纯色”或以“位图”为背景。

（3）设置显示比例

选择工具箱中的“缩放工具”，如图 1-24 所示，可设置图形显示比例。在属性栏中单击“放大”按钮或直接在页面上单击，图像将成倍放大显示；在属性栏中单击“缩小”按钮，图像将成比例缩小显示。“缩放工具”的属性栏如图 1-25 所示。

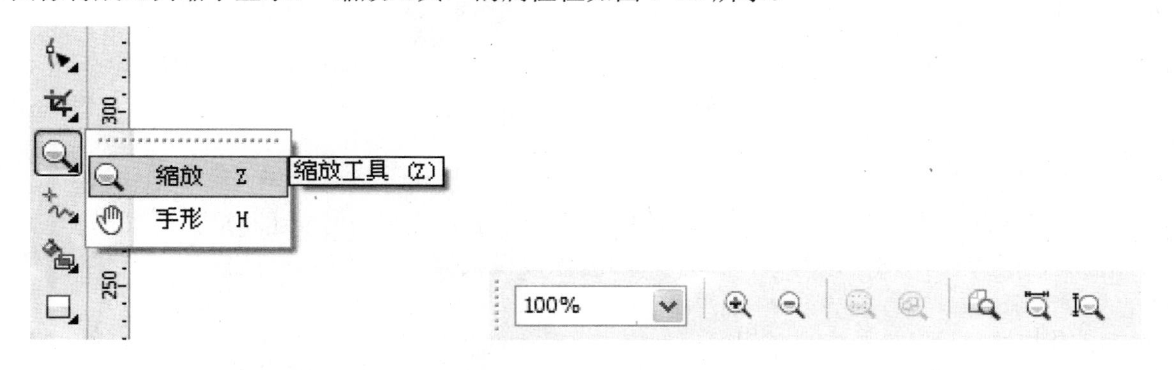

图 1-24　“缩放工具”　　图 1-25　“缩放工具”的属性栏

选择工具箱中的“手形工具”，可以在页面中移动放大的图像，显示要编辑的部分。

任务 3　图形图像的基础知识

1. 位图

位图也称为点阵图、像素图或栅格图像，它由像素（即屏幕上的发光点）组成。像素是构成位图图像的最小单位，有固定的位置和特定的颜色值。位图的质量取决于单位面积中像素的多少，即分辨率。单位面积中所含像素点越多，颜色之间的混合越平滑，图像就越清晰，同时文件也越大。

位图表现力强、层次多，色彩丰富、线条细腻，一般用于照片品质的图像处理。处理位图图像时，可以优化微小细节，进行适当改动，以及增强视觉效果。但放大到一定尺寸时，像素点就会显示为马赛克（一个个小方格），图像变模糊，边缘出现锯齿状。我们常见的 Photoshop 就是一款处理位图的优秀软件。

2. 矢量图

矢量图也称为向量图，是由用数学公式描述的点、线、面构成的图形，在计算机内部表示成一系列的数值而不是像素，这些值决定了图像如何在屏幕上显示，这种保存图像信息的方法与分辨率无关。矢量图形文件体积一般较小，最大的缺点是难以表现色彩层次丰富的逼真图像效果。

矢量图可以自由地改变形状、大小和颜色，放大或缩小图像时，细节、清晰度和边缘的平滑度不会改变。矢量图尤其适用于标志设计、图案设计、文字设计、版式设计等。基于矢量图的软件有 CorelDRAW、Illustrator、FreeHand 等。

位图和矢量图没有好坏之分，只是用途不同而已，如图 1-26 所示。

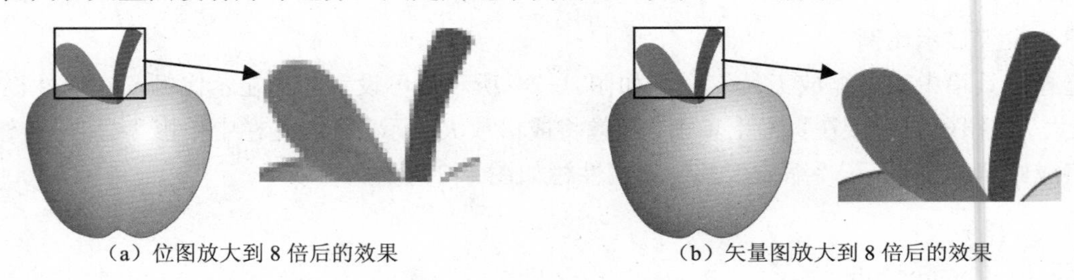

（a）位图放大到 8 倍后的效果　（b）矢量图放大到 8 倍后的效果

图 1-26 位图与矢量图的对比

3. 颜色模式

颜色模式决定了用于显示和打印图像的颜色类型，它决定了如何描述和重现图像的颜色。常见的颜色模式有 RGB、CMYK、Lab、HSB 及灰度模式等。

（1）RGB 模式

RGB 模式是设计工作中最常用的一种模式，是由红（Red）、绿（Green）、蓝（Blue）三原色按照一定的比例和强度叠加产生颜色的模式，故 RGB 模式也称为加色模式。比如 CRT 显示器显示各种颜色就是采用 RGB 模式来实现的。

（2）CMYK 模式

CMYK 模式的颜色也称为印刷色。印刷制版的颜色是由青（Cyan）、洋红（Magenta）、黄（Yellow）和黑（Black）以百分比（0%～100%）的形式描述的，百分比越高，颜色越暗。

CMYK 模式通过反射某些颜色的光并吸收另外颜色的光来生成不同的颜色，因此被称为减色模式。

（3）Lab 模式

Lab 模式是国际照明委员会（CIE）指定的标识颜色的标准之一。Lab 模式是以数学方式来表示颜色，所以不依赖于设备，在确保输出设备经校正后所代表的颜色能保持其一致性。Lab 模式常被用于图像的不同颜色模式之间的转换。

L：代表光亮度的强弱，数值范围为 0～100。

a：代表由绿色到红色的光谱变化。

b：代表由蓝色到黄色的光谱变化。

a 和 b 的数值范围均为–128～127。

（4）HSB 模式

HSB 模式以颜色的 3 种特性——色相（Hue）、饱和度（Saturation）和亮度（Brightness）来指定颜色。

（5）灰度模式

灰度（Grayscale）模式一般只用于灰度和黑白色，灰度模式只有亮度是唯一能够影响灰度图像的因素，每个像素有 1 个 8 位的色彩信息通道，即 256 个亮度级，从亮度 0（黑）到 255（白）。

4. 文件格式

完成图像的编辑后，保存图像文件时需要选择存储格式。常用的图像文件格式有 CDR、JPEG、TIFF、PSD、BMP 格式等。

（1）CDR 格式

CDR 格式是 CorelDRAW 专用的图形文件格式。由于 CorelDRAW 是矢量图形绘制软件，所以可以记录文件的属性、位置和分页等，但兼容性比较差，不能在其他图像编辑软件中打开。

（2）JPEG 格式

JPEG 是一种常见的图像文件格式，JPEG 文件的扩展名为.jpg 或.jpeg，其压缩技术十分先进，可以用较小的存储空间得到较好的图像质量。

（3）TIFF 格式

TIFF（Tag Image File Format）是标签图像文件格式，可以用于 PC、Macintosh 及 UNIX 三大平台，是三大平台使用最广泛的绘图格式。它是除 PSD 格式之外唯一能存储多个通道的文件格式。

（4）PSD 格式

PSD 格式是 Adobe 公司的图形图像处理软件 Photoshop 的专用文件格式，它是唯一支持全部图像颜色模式的文件格式，同时还支持网络、通道、图层等其他功能，编辑非常方便。

（5）BMP 格式

BMP 格式是 Windows 操作系统中的标准图像文件格式，能够被多种 Windows 应用程序支持。特点是包含的图像信息较丰富，几乎不压缩，所以占用存储空间较大。

项 目 小 结

本项目主要介绍了矢量绘图软件 CorelDRAW X4 软件的功能、安装过程以及工作界面的组成。CorelDRAW X4 广泛应用于平面广告设计、商标图案设计、艺术图形设计、产品包装设计以及网站页面设计等领域。通过本项目的学习，在了解软件应用领域的基础上，进一步了解软件的安装及工作界面的组成，为进一步应用该软件打好基础。

知识拓展：全新的界面与学习工具

在 CorelDRAW X4 安装好后，第一次运行时会弹出“欢迎”界面，下方有 5 个功能按钮：

“快速入门”、“新增功能”、“学习工具”、“图库”、“更新”，右边有与5个功能按钮相对应的标签，如图1-27所示。

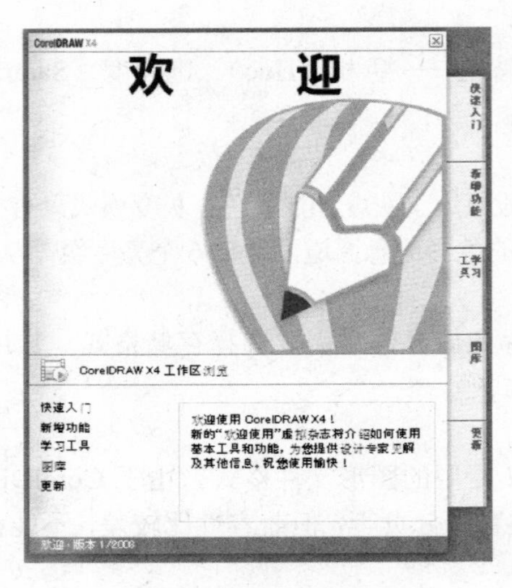

图1-27 “欢迎”界面

1. 快速入门

单击“快速入门”按钮，可打开“快速入门”页面。通过“快速入门”页面，可打开最近使用过的文档，也可新建空白文档或从模板快速创建专业文档，如广告、小册子、名片、证书、明信片等，如图1-28所示。

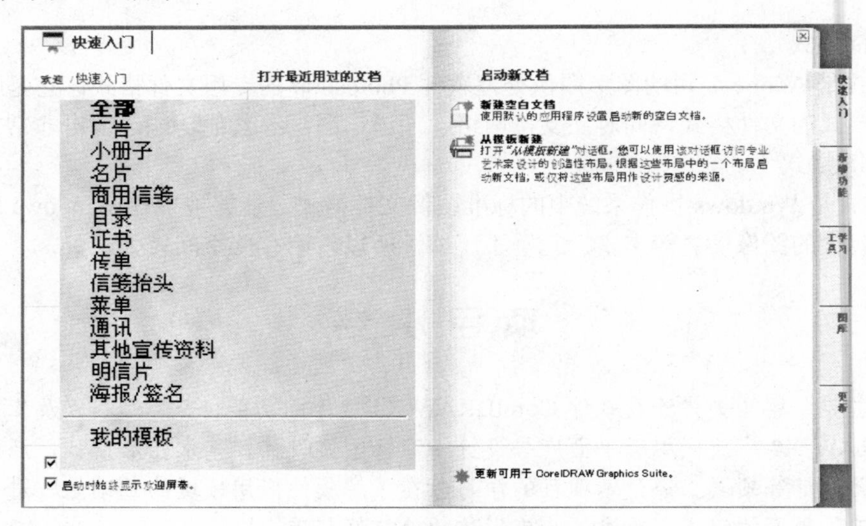

图1-28 “快速入门”页面

2. 新增功能

通过“新增功能”页面可对CorelDRAW X4版本的新功能有个概要的了解，例如新增局部图层和主图层的独立控件、用交互方式创建和编辑表格的能力、活动文本预览；增强了文件和模板搜索功能，可以更轻松地查找项目中使用的内容；支持新文件格式和直接导入原始相机文件；从打开文件到与 ConceptShare 工作区中的客户端共享文件，更高效的工作流使图形设计项目效率更高。“新增功能”页面如图 1-29 所示。

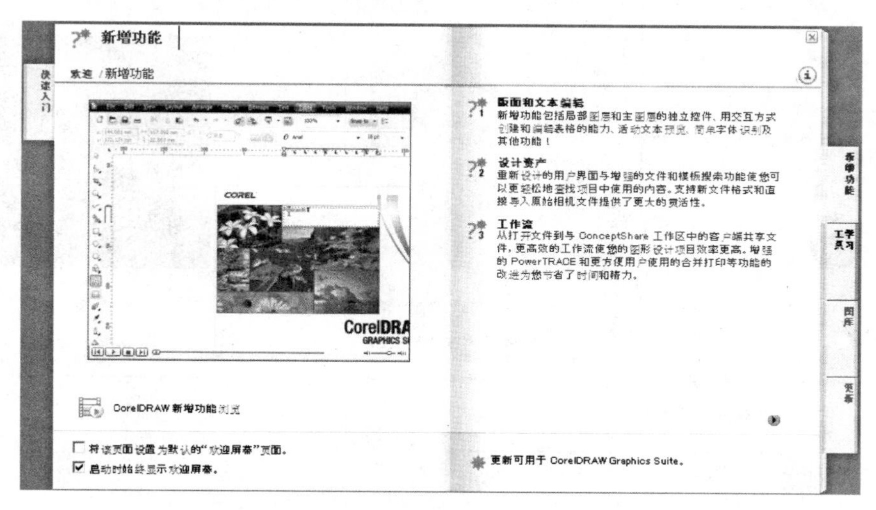

图 1-29 “新增功能”页面

3. 学习工具

学习工具包括“视频教程”、CorelTUTOR、“专家见解”、“提示与技巧”4 部分。其中，CorelTUTOR 是一个案例教程，每个案例都有详细的操作步骤和中间画面，对初学者而言，非常容易上手，如图 1-30 和图 1-31 所示。

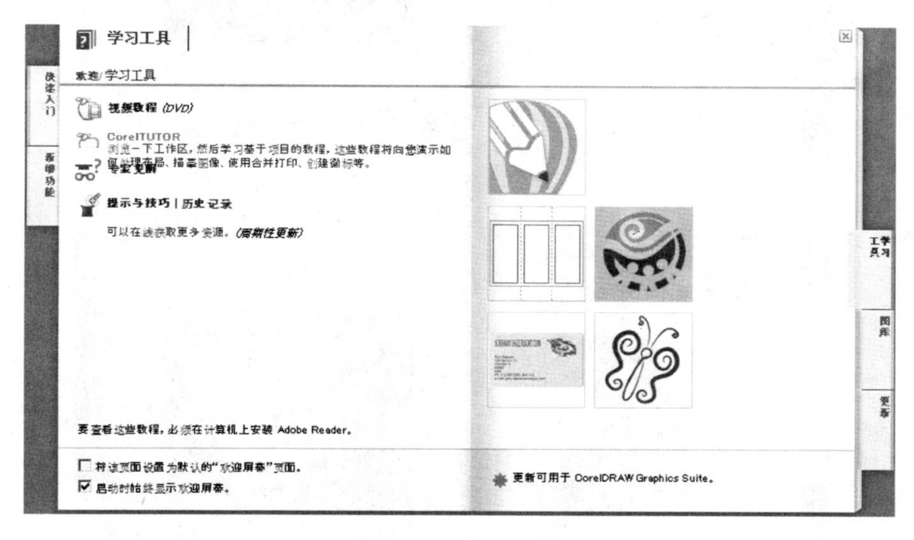

图 1-30 学习工具

4. 图库

图库中包括大量的优秀作品及相关的链接，每次切换时其中的内容都会更新，如图 1-32、图 1-33、图 1-34 所示。

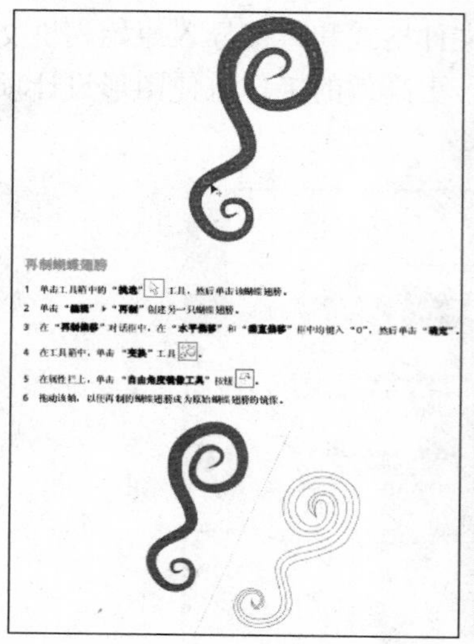

图 1-31 案例

图 1-32 图库示例 1

图 1-33 图库示例 2

图 1-34 图库示例 3

5. **更新**

显示产品更新信息，提供 CorelDRAW.com 社区链接，如图 1-35 所示。

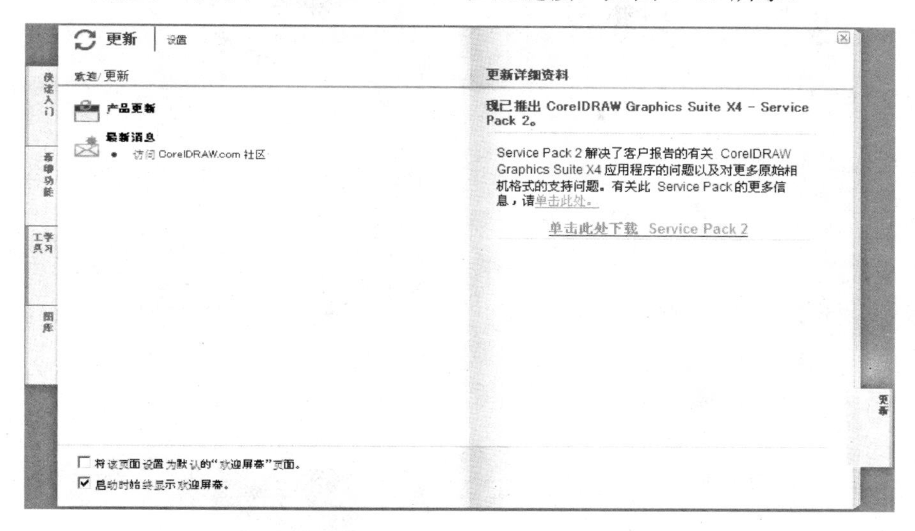

图 1-35 更新页面

练 习 1

1. 熟悉 CorelDRAW X4 的工作界面。

2. 逐个尝试使用工具箱、调色板及泊坞窗中的各种工具，并在工作区中绘制简单图形，设置轮廓，填充颜色。

项目 2　绘制简单图形

本项目的任务目标：

- 了解矢量图的基本概念。
- 能使用 CorelDRAW X4 中的基本绘图工具绘制简单图形。

通过对本项目的卡通实例制作（如图 2-1 所示），将初步掌握矩形工具组、椭圆形工具组、多边形工具组、手绘工具组、形状工具组、贝塞尔工具组等常用工具的基本使用方法。反复练习各种工具的使用，为后面的制作奠定坚实的基础。

图 2-1　卡通图案

任务 1　使用基本绘图工具

CorelDRAW X4 提供了点、线、矩形、多边形、圆和弧线等基本绘图工具，利用这些工具可以方便快捷地制作各种各样的图形。基本绘图工具包括：形状工具组、手绘工具组、贝塞尔工具组、矩形工具组、椭圆形工具组、多边形工具组、基本形状工具组等，如图 2-2 所示。

1. 矩形工具组

矩形工具组包含“矩形工具”和“3 点矩形工具”，可以绘制矩形和正方形对象，还可以通过编辑角顶点得到圆角矩形。“矩形工具”属性栏如图 2-3 所示。

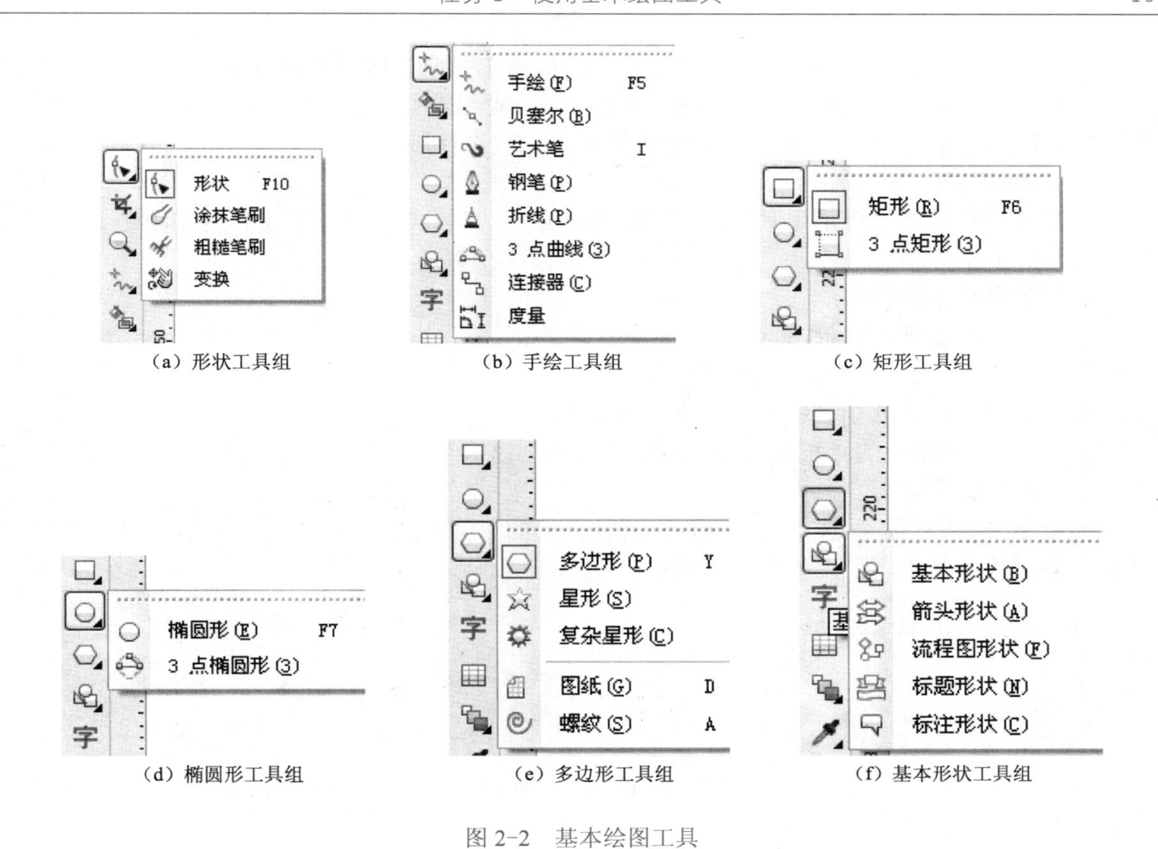

(a) 形状工具组　(b) 手绘工具组　(c) 矩形工具组

(d) 椭圆形工具组　(e) 多边形工具组　(f) 基本形状工具组

图 2-2　基本绘图工具

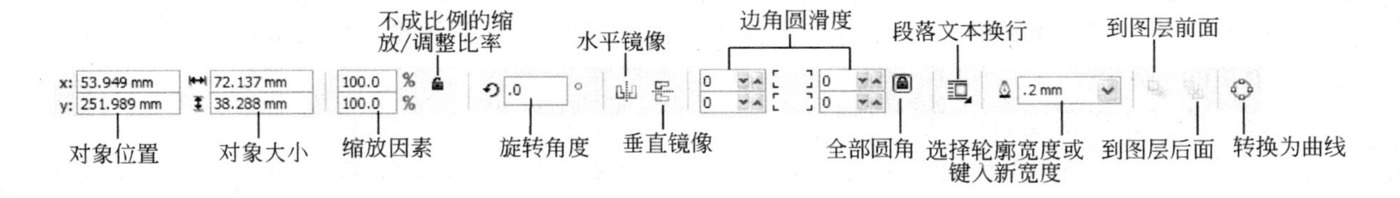

图 2-3　“矩形工具”属性栏

“对象位置”：显示对象在页面中的位置坐标。

“对象大小”：显示对象的大小，并可输入数值改变矩形的大小。

“缩放因素”：按比例改变对象的大小。

“不成比例的缩放/调整比率”按钮：可以按比例或不按比例改变对象的大小。

“旋转角度”：输入角度值可以旋转对象。

“水平镜像”/“垂直镜像”按钮：在水平或垂直方向上镜像对象。

“边角圆滑度”：设置矩形边角的圆滑度。

“全部圆角”按钮：全部或分别设置矩形边角的圆滑度。

“段落文本换行”按钮：设置段落文本的换行样式。

"选择轮廓宽度或键入新宽度"：在下拉列表框中选择或直接输入数值设置轮廓线的宽度。

"到图层前面" / "到图层后面"按钮：当有多个对象重叠时，调整对象的排列顺序。

"转换为曲线"按钮：可将矩形的直线转换为曲线进行编辑。

（1）绘制矩形

选择工具箱中的"矩形工具"□，鼠标指针显示为┼□形状时，在工作区中单击并拖动鼠标，即可绘制出矩形。

绘制各种矩形的方法：

- 按住 Shift 键，以单击点为中心向外绘制矩形。
- 按住 Ctrl 键，可以绘制正方形。
- 按住 Ctrl+Shift 组合键，以单击点为中心向外绘制正方形。
- 双击工具箱中的"矩形工具"按钮，可以创建一个和页面同样大小的矩形。

（2）绘制圆角矩形

先绘制一个矩形，并选中它，然后在属性栏上的"边角圆滑度"微调框中输入圆角半径的数值，即可得到圆角矩形，如图 2-4 所示。

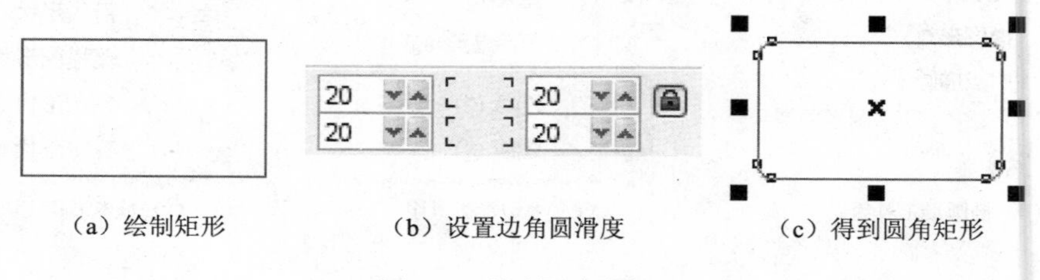

（a）绘制矩形　（b）设置边角圆滑度　（c）得到圆角矩形

图 2-4　绘制圆角矩形

按下"全部圆角"按钮🔒，可通过设置"边角圆滑度"微调框中的数值同时调整 4 个角为圆角；没有按下"全部圆角"按钮时，可在"边角圆滑度"的各个微调框中输入数值，分别调整各个角的圆滑度。

（3）绘制任意角度的矩形

选择工具箱中的"3 点矩形工具"，鼠标指针显示为形状时，在页面中单击鼠标左键并拖动至所需的边长处，释放左键，绘制一条边；再拖曳鼠标至终点处，单击即可绘制任意角度的矩形，如图 2-5 所示。

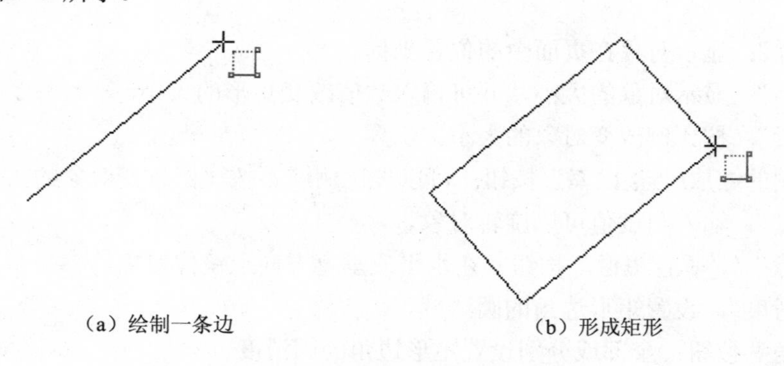

（a）绘制一条边　（b）形成矩形

图 2-5　绘制任意角度的矩形

2. 椭圆形工具组

椭圆形工具组包含“椭圆形工具”和“3 点椭圆形工具”，可以用于绘制椭圆形和圆形对象。“椭圆形工具”属性栏如图 2-6 所示。

图 2-6 “椭圆形工具”属性栏

（1）绘制椭圆形

选择工具箱中的“椭圆形工具”，鼠标指针显示为形状时，用与绘制矩形同样的方法可以绘制椭圆或任意角度的椭圆。

（2）绘制饼形

用“椭圆形工具”绘制一个圆形，再单击属性栏中的“饼形”按钮，即可得到 270° 的饼形图。调整饼形的“起始和结束角度”，可以得到所需角度的饼形，如图 2-7 所示。

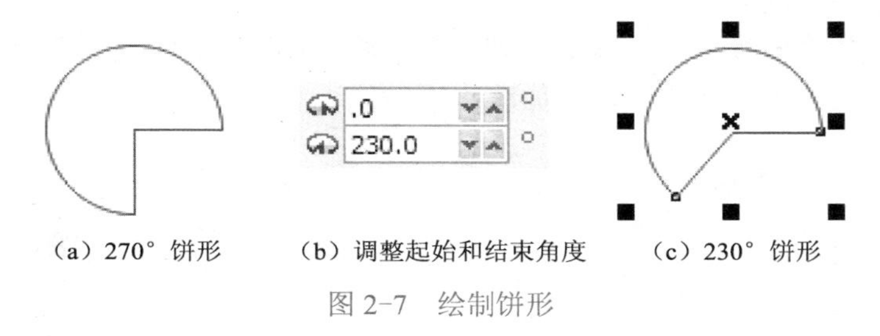

（a）270° 饼形　（b）调整起始和结束角度　（c）230° 饼形

图 2-7　绘制饼形

（3）绘制弧形

用“椭圆形工具”绘制一个圆形，再单击属性栏中的“弧形”按钮，即可得到 270° 的弧形图。调整弧形的“起始和结束角度”，可以得到所需角度的弧形，如图 2-8 所示。

（a）270° 弧形　（b）调整起始和结束角度　（c）200° 弧形

图 2-8　绘制弧形

3. 多边形工具组

多边形工具组包含“多边形工具”、“星形工具”、“复杂星形工具”，用以绘制多边形和星形对象。

选择工具箱中的“多边形工具”，鼠标指针显示为形状时，即可绘制多边形。“多边形工具”属性栏如图 2-9 所示。

图 2-9 “多边形工具”属性栏

（1）绘制多边形、星形和复杂星形

用与绘制矩形同样的方法可以绘制多边形、星形和复杂星形，如图 2-10 所示。在属性栏中的“多边形、星形和复杂星形的点数或边数”微调框 3 可以设置多边形、星形和复杂星形的点数或边数。

图 2-10　多边形、星形和复杂星形

（2）多边形或星形的变形

选择工具箱中的“形状工具”，将鼠标指针指向多边形的节点，按住鼠标左键，拖曳节点可以绘制各种变形的多边形或星形，如图 2-11 所示。

图 2-11　多边形和星形的变形

（3）图纸工具

“图纸工具”主要用于绘制网格，在底纹绘制和 VI 设计中经常使用。

选择工具箱中的“图纸工具”，鼠标指针显示为形状时，即可绘制图纸。在“图纸工具”属性栏中可以设置图纸的行数和列数。

使用“图纸工具”绘制的网格是一个整体，执行缩放、填充颜色等操作时将对所有的网格同步进行。

如果要针对单个方格调整，可先选中图纸，再单击“排列→取消群组”菜单项，将整个网纸的网格打散成单个的方格，即可对单个的方格进行操作，如图 2-12 所示。

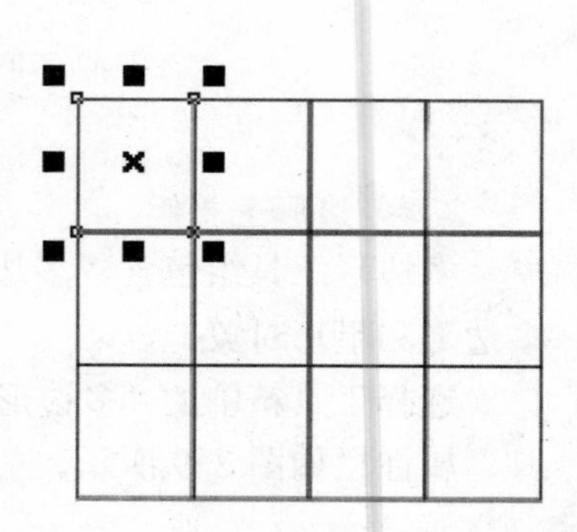

图 2-12　扩散后的图纸

（4）螺纹工具

使用“螺纹工具”可以绘制两种特殊的螺旋线：对称式螺纹和对数式螺纹。选择工具箱中的“螺纹工具”，鼠标指针显示为形状时，即可绘制螺纹。

可在“螺纹工具”属性栏中设置螺纹回圈数、绘制对称式螺纹或对数式螺纹的模式，如图 2-13 所示。

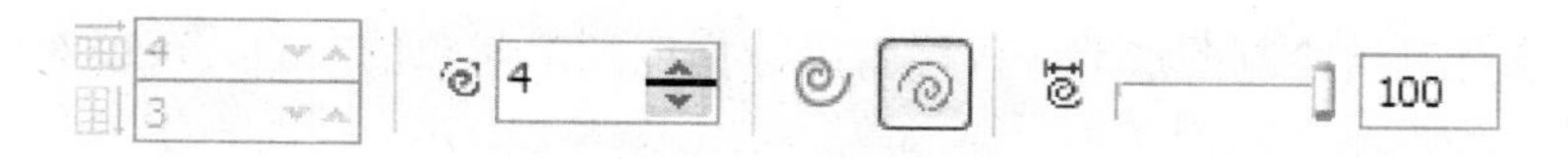

图 2-13 “螺纹工具”属性栏

对称式螺纹回圈线条的间距相等，对数式螺纹回圈线条的间距越来越大。在属性栏中拖动“螺纹扩展参数”滑块或直接输入数值，可以设置回圈线条的间距。绘制的螺纹效果如图 2-14 所示。

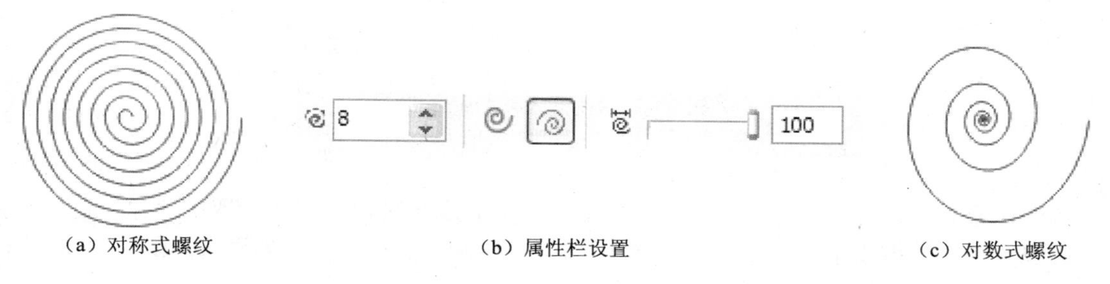

（a）对称式螺纹 （b）属性栏设置 （c）对数式螺纹

图 2-14 绘制螺纹

4. 基本形状工具组

基本形状工具组包含 5 种工具：“基本形状”、“箭头形状”、“流程图形状”、“标题形状”和“标注形状”。选择工具箱中的“基本形状工具”，鼠标指针显示为形状时，可以方便、快捷地绘制出各种常用的图形。

在“基本形状”属性栏中（如图 2-15 所示），从“完美形状”下拉列表框中可以选择各种形状，如图 2-16 所示，从“轮廓样式选择器”下拉列表框中可以选择图形轮廓线的样式。

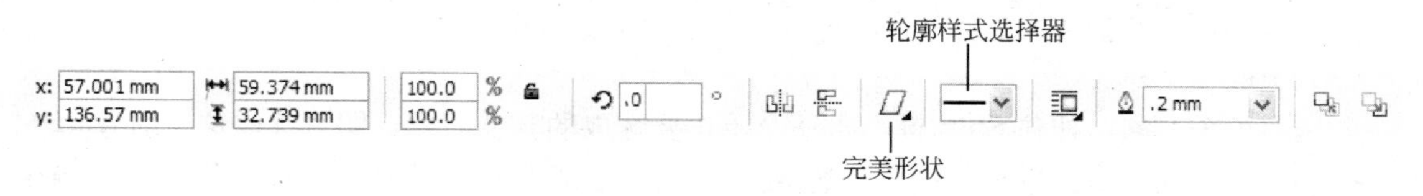

图 2-15 “基本形状”属性栏

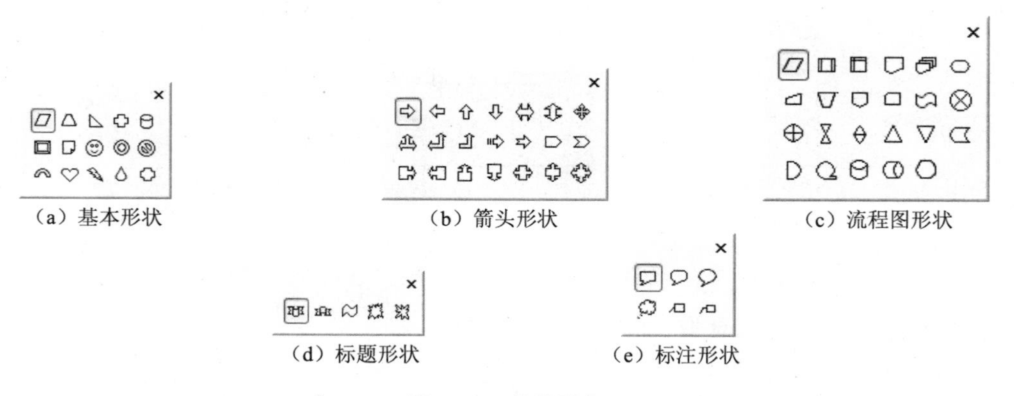

（a）基本形状 （b）箭头形状 （c）流程图形状

（d）标题形状 （e）标注形状

图 2-16 各种形状

用“基本形状”工具绘制图形后，直接用鼠标拖曳图形对象的节点，可以对图形进行编辑。

任务 2　编辑图形

1. **挑选工具**

使用“挑选工具”可以选取所要编辑的对象，并且可以直接对对象进行变换、旋转和倾斜等操作。“挑选工具”属性栏如图 2-17 所示。

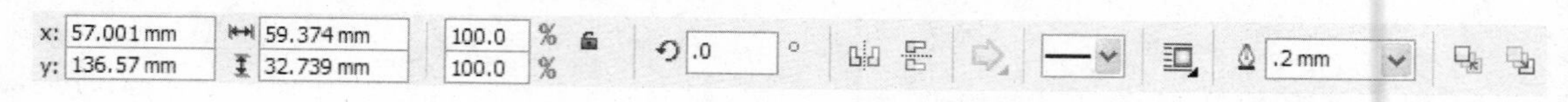

图 2-17　“挑选工具”属性栏

（1）选取单个对象

选择工具箱中的“挑选工具”，鼠标指针形状显示为时，单击要选取的对象，此时对象四周出现 8 个黑色控制手柄，表示已被选中，即可对该对象进行所需要的操作，如图 2-18 所示。

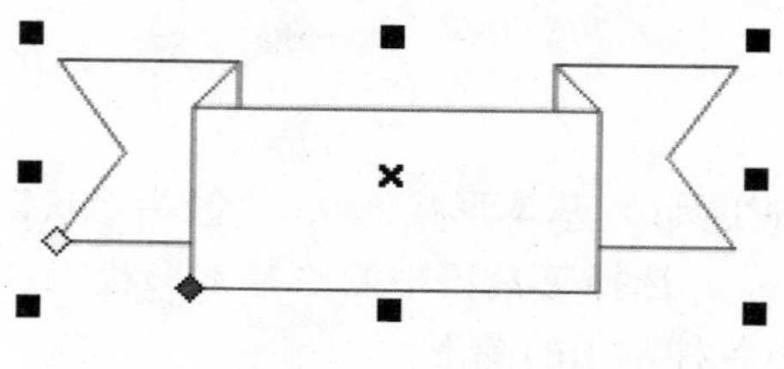

图 2-18　选中对象

（2）重叠对象的选取

按住 Alt 键，在重叠对象上单击，可以逐次选取下面各层的对象。

（3）选取多个对象

先选取一个对象，按住 Shift 键，再逐个单击要选取的其他对象，即可选取这些对象。

按住鼠标左键，拖曳鼠标，在需要选取的对象四周出现蓝色虚线框，可以同时选取多个被线框框住的对象，如图 2-19 所示，右边的两个对象被选中，左边的五边形则未被选中。

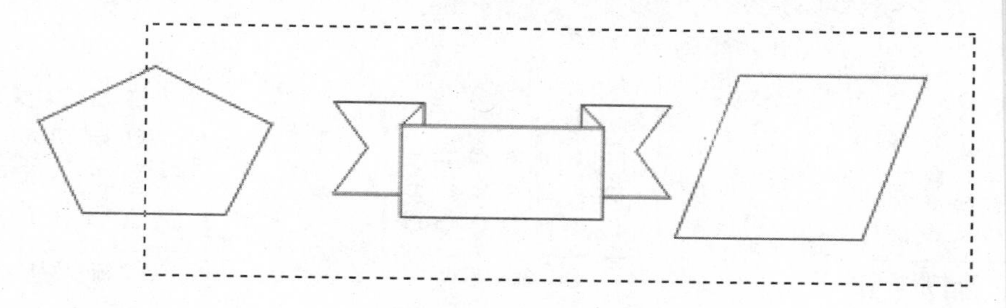

图 2-19　框选对象

双击“挑选工具”，可以选取页面中所有的对象。

（4）移动对象

选取对象后，当鼠标指针变为形状时，按住鼠标左键并拖曳鼠标，可以移动对象。

（5）缩放对象

选取对象后，将鼠标指针指向某个控制手柄，当指针变为↕、↔、↘或↗形状时，拖曳鼠标可以缩放对象。

（6）镜像对象

选取对象后，将鼠标指针指向左（右）侧中间的控制手柄，当指针变为↔形状时，向右(左)拖曳鼠标过右（左）边界后可以在水平方向上产生镜像对象，如图 2-20 所示。

选取对象后，将鼠标指针指向上（下）侧中间的控制手柄，当指针变为↕形状时，向下(上)拖曳鼠标过下（上）边界后可以在垂直方向上产生镜像对象，如图 2-21 所示。

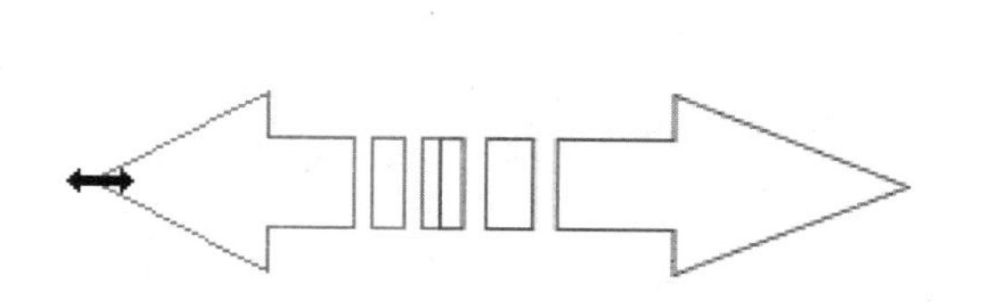

图 2-20　水平方向上镜像对象

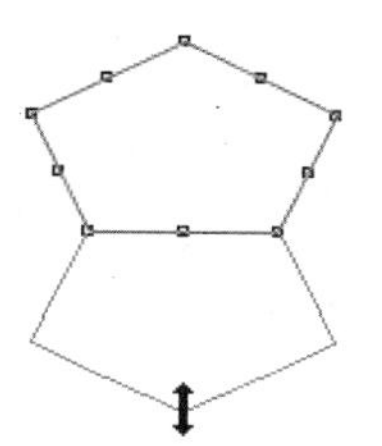

图 2-21　垂直方向上镜像对象

（7）旋转对象

选中对象后再次单击或直接双击对象，对象的四角出现控制手柄，将鼠标指针指向手柄，单击并拖曳，可以旋转对象，如图 2-22 所示。

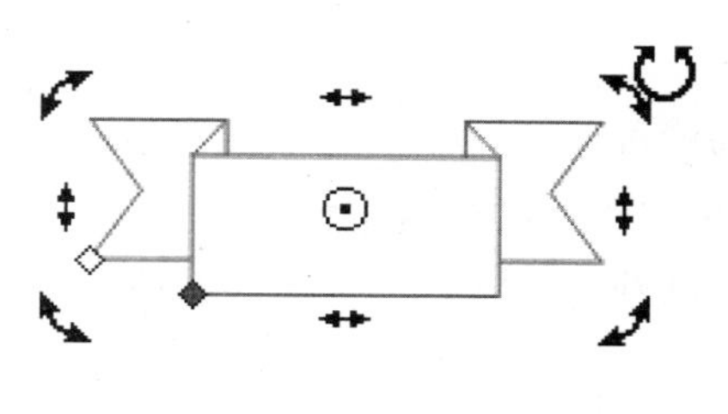

（a）出现控制手柄

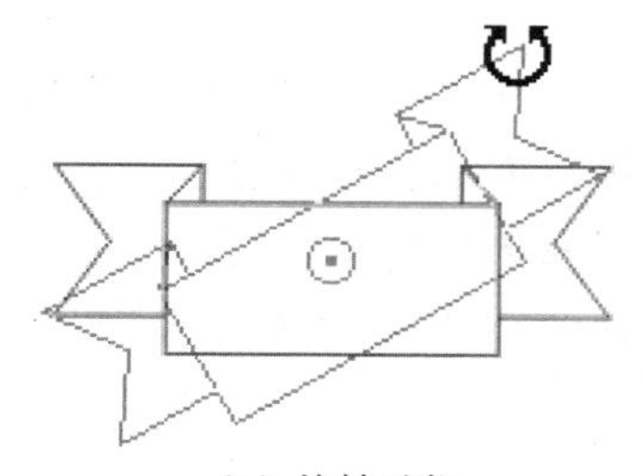

（b）旋转对象

图 2-22　旋转对象

对象旋转是围绕其中心点⊙进行的。可以根据需要移动中心点到所需位置，再旋转对象，如图 2-23 所示。

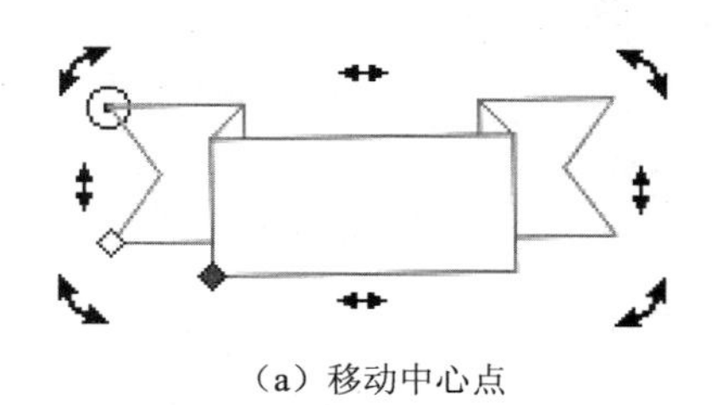

（a）移动中心点

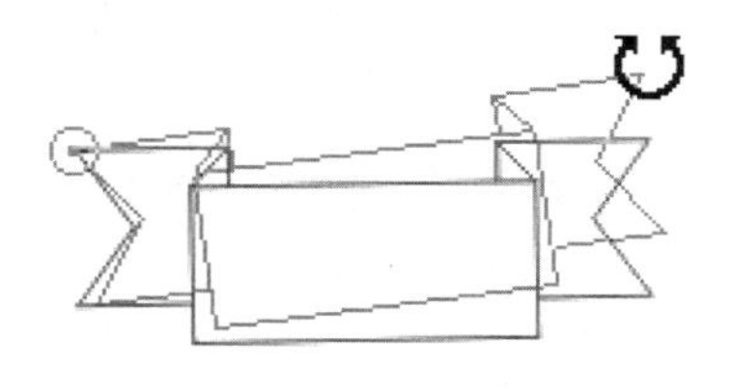

（b）旋转对象

图 2-23　旋转对象

（8）倾斜对象

双击对象后，移动鼠标指针到四边的控制手柄处，当鼠标指针变为⇌或⇅形状时，拖曳鼠标可以倾斜对象，如图2-24所示。

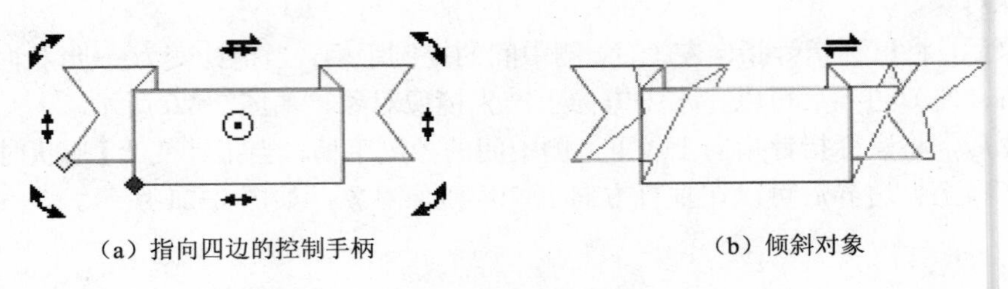

图2-24 倾斜对象

对象的移动、缩放、镜像和旋转等操作通过在“挑选工具”属性栏中输入相应的参数值也可以完成。

2. **裁剪工具组**

裁剪工具组包含4种工具：“裁剪工具”、“刻刀工具”、“橡皮擦工具”、“虚拟段删除工具”。

（1）裁剪工具

“裁剪工具”可以去除矢量图和位图中不需要的区域，裁剪出所需要的图像。应用过“裁剪工具”的对象都将转换为曲线对象。

裁剪图像的方法：

① 选择工具箱中的“挑选工具”，选取要裁剪的对象。

② 选择工具箱中的“裁剪工具”，绘制矩形裁剪框。

③ 在矩形裁剪框中双击，即可裁剪出所需要的对象，裁剪效果如图2-25所示。

在双击前，单击“裁剪工具”属性栏中的“清除裁剪选取框”按钮，或按Esc键可以取消“裁剪”操作。

图2-25 裁剪对象

（2）刻刀工具

选择“刻刀工具”，鼠标指针显示为形状时，即可拆分对象。“刻刀工具”可以将对象拆分为两个对象，或者将其保留为一个由两个或多个子路径组成的对象。“刻刀工具”可以将对象拆分为闭合或开放的路径。应用过“刻刀工具”的对象都将转换为曲线对象。

1）沿直线拆分对象

将鼠标指针指向要拆分对象轮廓线的起点处，鼠标指针显示为形状时，单击；移动鼠标指针到拆分的终点处，再单击，即可沿直线拆分该对象，如图 2-26 所示。

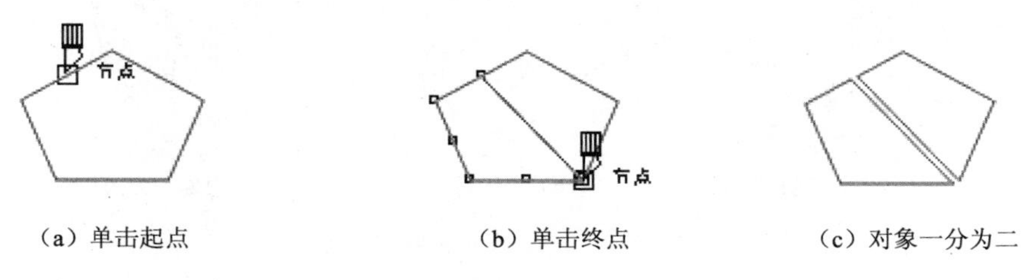

（a）单击起点　（b）单击终点　（c）对象一分为二

图 2-26　拆分对象

拆分前如果选中属性栏中的“剪切时自动闭合”按钮，再拆分对象，则拆分后的对象仍然是闭合图形。若拆分前没有选中“剪切时自动闭合”按钮，则拆分后的对象为开放路径，没有填充色。

2）沿折线拆分对象

按住 Shift 键，在要拆分处单击，然后在每个折点处再单击，直至终点，即可完成沿折线拆分对象，如图 2-27 所示。

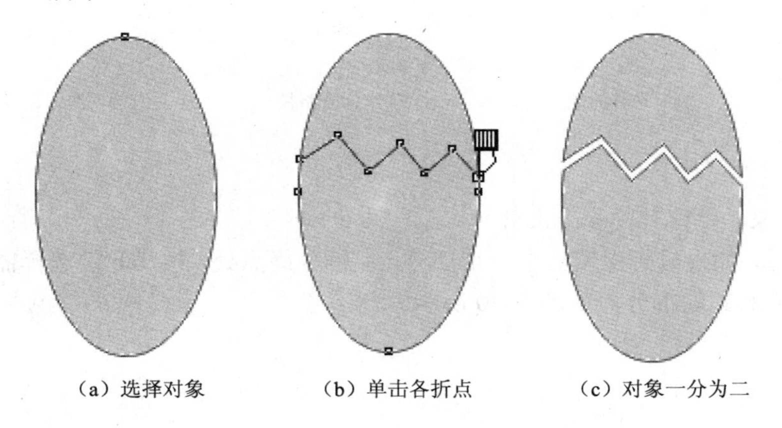

（a）选择对象　（b）单击各折点　（c）对象一分为二

图 2-27　沿折线拆分对象

3）沿手绘线条拆分对象

将鼠标指针指向要拆分对象轮廓线的起点处，按住鼠标左键，拖曳鼠标至终点，释放左键，即可沿手绘线条拆分对象，如图 2-28 所示。

4）将对象拆分为两个子路径

选择“刻刀工具”，先单击属性栏中的“成为一个对象”按钮，再拆分对象，拆分后的两个部分还是一个对象，即是一个对象的两个子路径，如图 2-29 所示。

将对象拆分为两个子路径后，选择工具箱中的“形状工具”，选取一个子路径的全部节点，可以移动子路径。

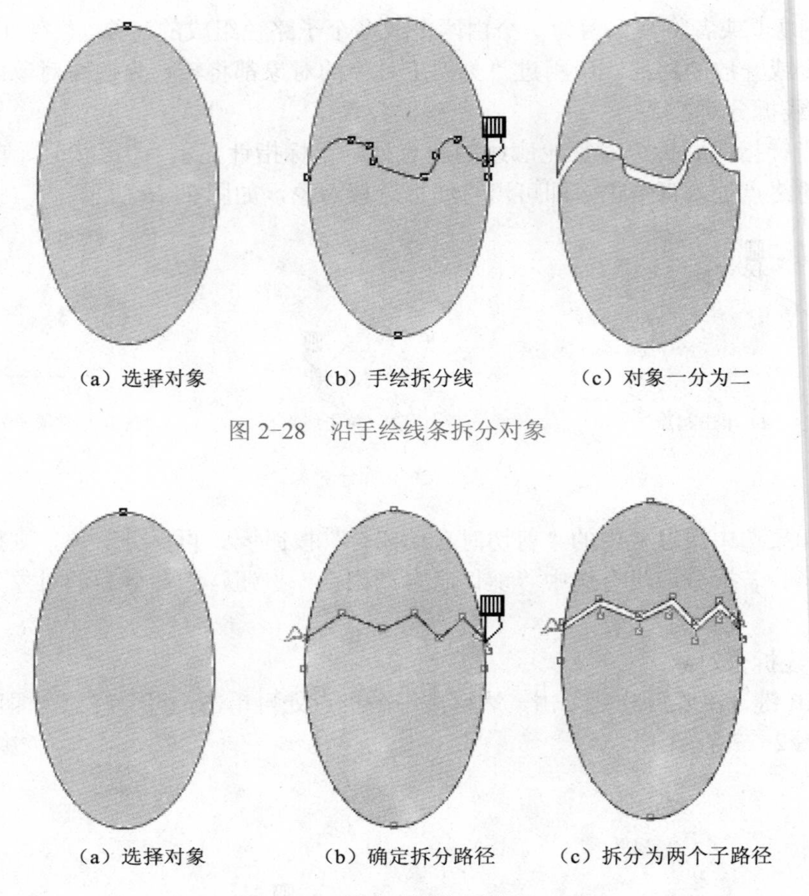

（a）选择对象 （b）手绘拆分线 （c）对象一分为二

图 2-28 沿手绘线条拆分对象

（a）选择对象 （b）确定拆分路径 （c）拆分为两个子路径

图 2-29 拆分为两个子路径

5）拆分对象，保留其中一个部分

拆分对象时，如果只想保留其中一个部分，在拆分终点处，按 Tab 键选择需要留下的部分，再单击即可完成对象的拆分，如图 2-30 所示。

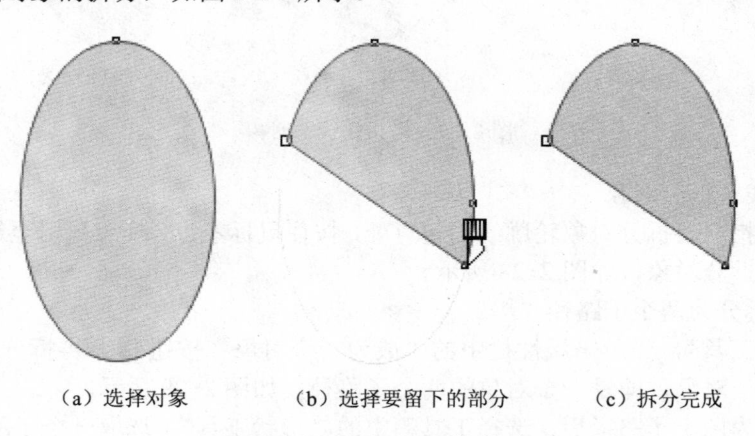

（a）选择对象 （b）选择要留下的部分 （c）拆分完成

图 2-30 拆分后保留其中一部分

（3）橡皮擦工具

“橡皮擦工具”可以擦除图像中不需要的部分。应用了“橡皮擦工具”的对象都将转换为曲线对象，受影响的路径会自动闭合。选择工具箱中的“橡皮擦工具”，鼠标指针显示为○状时，即可擦除图像。在选取的对象上拖曳鼠标，即可擦除不需要的部分。

还可以使用下述方法进行快速擦除：

- 单击要擦除对象的起点，再单击终点，可以以直线方式擦除。
- 按住 Ctrl 键，可以控制擦除直线的角度。
- 双击选定对象的一个区域，可以擦除该区域。

（4）虚拟段删除工具

选择“虚拟段删除工具”，将鼠标指针移到要删除的直线线段上。正确放置时，“虚拟段删除工具”是竖直地贴在线段边缘的形状。单击鼠标，即可删除该线段，如图 2-31 所示。

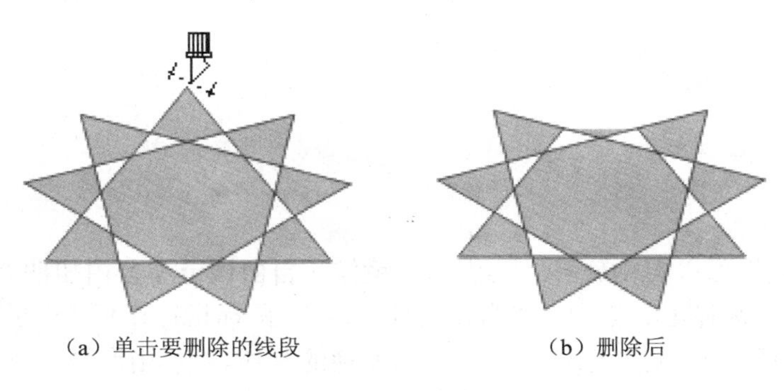

（a）单击要删除的线段　　（b）删除后

图 2-31　删除线段

如果要同时删除多个直线线段，可单击鼠标，并在要删除的所有直线线段周围拖出一个选取框，即可删除框内的线段。

3. 形状工具组

形状工具组包含 4 种工具：“形状工具”、“涂抹笔刷工具”、“粗糙笔刷工具”、“自由变换工具”。

（1）形状工具

“形状工具”可以对选中的对象进行编辑操作，主要是针对节点的编辑。可以选择节点，添加/删除节点，使节点尖突、平滑或对称，为曲线对象造形，还可调节点两侧的曲率等，如图 2-32 所示，其属性栏如图 2-33 所示。

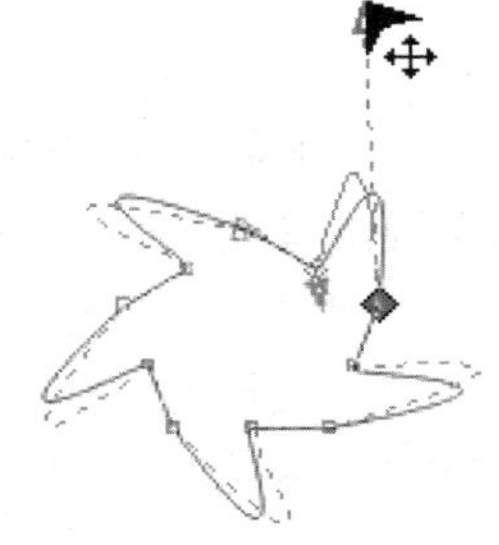

图 2-32　编辑对象

图 2-33　“形状工具”属性栏

（2）涂沫笔刷

“涂抹笔刷工具”可以拖放对象的轮廓使之变形，从而产生涂抹的效果。选择工具箱中的“涂抹笔刷工具”，鼠标指针显示为 ⊙ 形状时，即可涂抹图像。

（3）粗糙笔刷

“粗糙笔刷工具”可以使对象的边缘产生尖突或锯齿的效果。选择工具箱中的“粗糙笔刷工具”，鼠标指针显示为◎形状时，即可在对象轮廓上拖曳鼠标，使图像边缘产生粗糙效果，如图 2-34 所示。

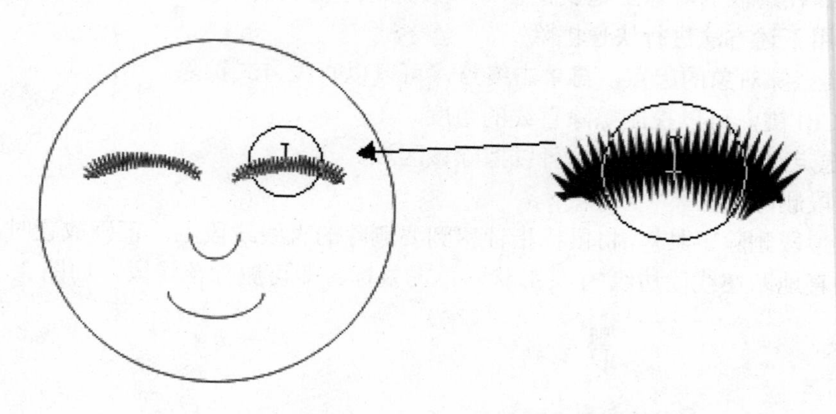

图 2-34 粗糙笔刷效果

（4）自由变换工具

“自由变换工具”可以自由旋转、自由角度镜像、自由调节和自由扭曲对象。

先选中对象，再选择工具箱中的“自由变换工具”，鼠标指针显示为+形状时，在属性栏中单击相应的工具按钮，即可对对象进行各种自由变换的操作。“自由变换工具”属性栏如图 2-35 所示。

图 2-35 “自由变换工具”属性栏

自由旋转、自由角度镜像、自由调节和自由扭曲对象的方法基本相同，下面以自由旋转对象为例，说明“自由变换工具”的用法。

确定对象处于选中状态，选择“自由变换工具”，在属性栏中单击“自由旋转工具”按钮，在对象（或页面）中选定一点，按住鼠标左键拖曳鼠标，经过该点出现一条蓝色虚线，沿蓝色虚线方向旋转，满意后释放左键，效果如图 2-36 所示。

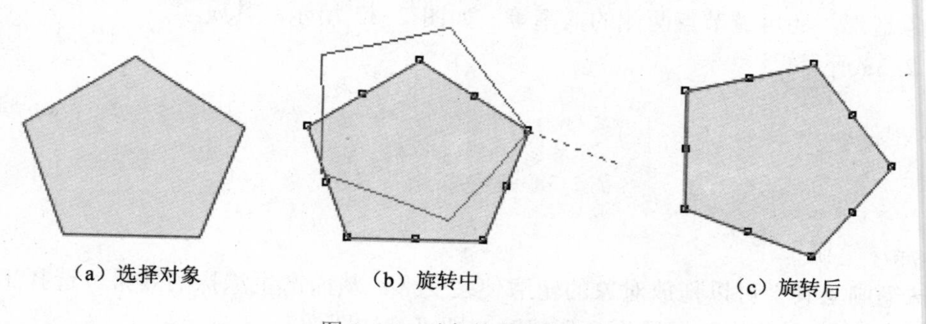

（a）选择对象 （b）旋转中 （c）旋转后

图 2-36 对象的自由旋转

任务3　手绘图形

一、知识点

使用 CorelDRAW X4 中的绘图工具绘制不规图形，掌握图形调整的技巧。

二、实操步骤

1. 花朵的绘制

① 利用“手绘工具”绘制如图 2-37 的图形。选择“挑选工具”，在图形上双击鼠标左键，选择图形上要进行调整的点上的双向箭头，按图 2-38 所示进行图形调整，最终得到如图 2-39 的效果。

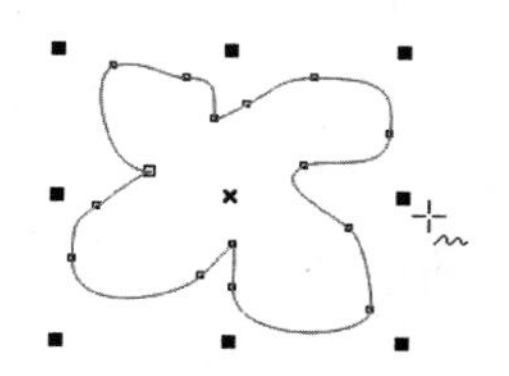

图 2-37　绘制花朵图形

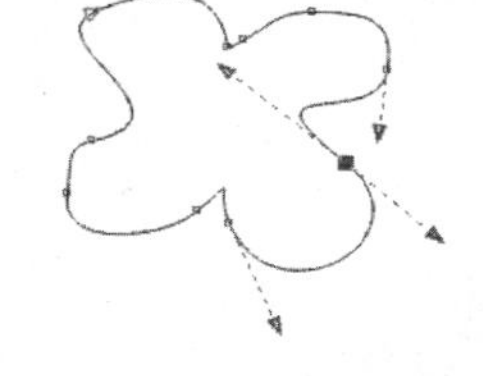

图 2-38　调整图形

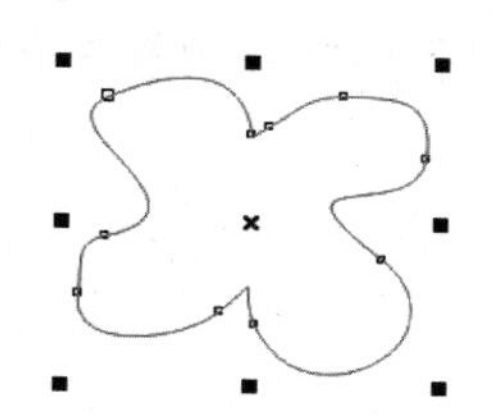

图 2-39　最终花朵效果

提示：在进行调整时，按住鼠标左键上下左右拖动箭头或选择的点，可以改变图形的形状。在不需要的点处可直接双击鼠标左键，删除该点。

② 使用“钢笔工具”绘制一条直线段，并将直线拖动到花朵的下方，得到图 2-40 的效果。

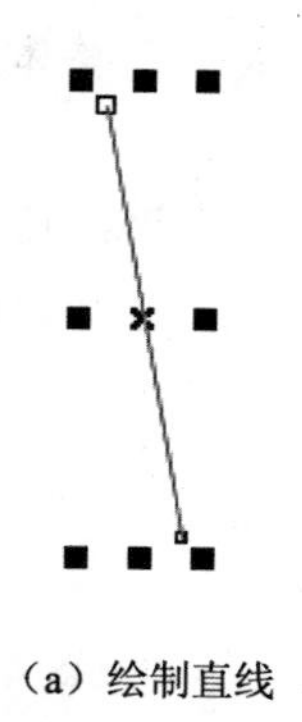

（a）绘制直线

（b）移至花朵下方

图 2-40

提示：当用“钢笔工具”单击两次鼠标左键绘制出直线后，“钢笔工具”仍然会向鼠标移动的方向继续绘制图形，此时可直接按空格键来结束绘制。

③ 使用“贝塞尔工具”绘制叶子的形状，如图2-41所示，在“对象属性”泊坞窗的“填充类型”下拉列表框中选择“均匀填充”，在调色板中选择绿色，然后单击“应用”按钮，得到如图2-42所示的效果。

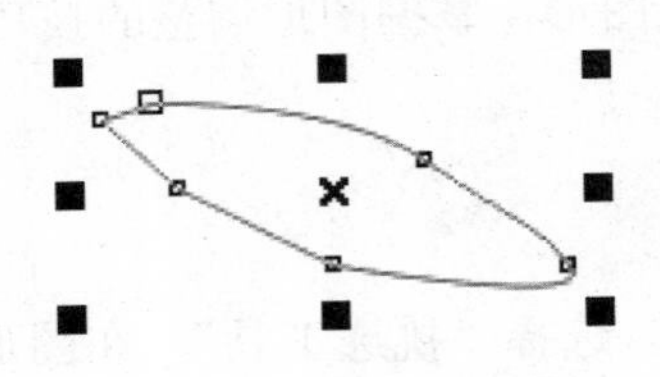
图2-41 绘制叶子形状

图2-42 填充为绿色

④ 复制一片叶子，并单击它，如图2-43所示，可通过鼠标根据图像上的箭头的指向对图像进行旋转并调整好位置，将两片叶子排列成图2-44所示的效果。

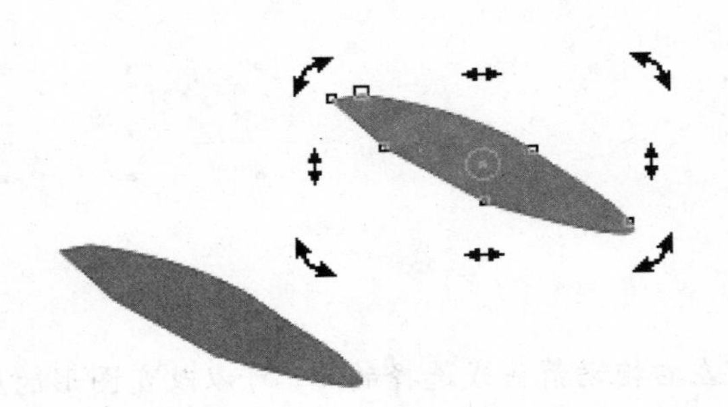
图2-43 复制一片叶子

图2-44 两片叶子

⑤ 移动两片叶子到图2-40所示的花朵的下面，调整其位置，选择全部图形，单击“排列→群组”命令，得到如图2-45所示的效果。

提示：使用“群组”命令的目的是为了使选定的图形形成一个整体，在调整整个图形的过程中各个小图形位置不发生变化。

⑥ 使用“椭圆形工具”在花朵的中央位置绘制一个椭圆，并将其均匀填充为黄色，如图2-46所示。

图2-45 添加绿叶后的花朵

图2-46 绘制花蕊

⑦ 将花朵复制7份，分别放置在相应的位置；分别右击每个花朵，从快捷菜单中选择“取消群组”命令，然后将花瓣填充为不同的颜色。完成后对所有花朵再进行群组，如图2-47所示。

图2-47 复制花朵

2. 气球的绘制

① 使用“椭圆形工具”绘制出一个椭圆，并将其填充为黄色；将椭圆复制4个，分别填充不同的颜色；使用“排列”菜单下的“顺序”命令分别调整各个椭圆的位置，得到如图2-48所示效果。

② 使用“钢笔工具”绘制出几条直线，并将线条的轮廓颜色分别设置为红、蓝和粉色，移动线条的位置，得到如图2-49的效果。

图2-48 绘制气球

图2-49 为气球添加引线

③ 选择“艺术笔工具”，在其属性栏中设置笔刷、笔触效果和笔触工具宽度，并绘制出图2-50所示的笔触效果。

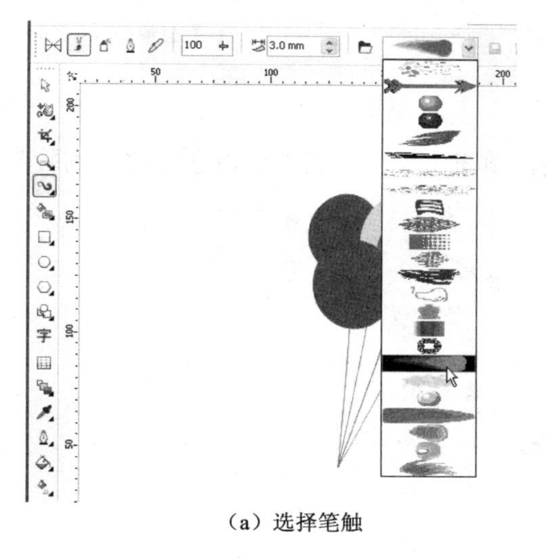

（a）选择笔触

（b）笔触效果

图2-50 绘制笔触效果

④ 复制 2 份笔触效果图。将这 3 个笔触分别移动到相应的气球上，并进行适当调整，再分别填充为白色，效果如图 2-51 所示。

图 2-51 添加笔触效果

3. 脸部的绘制

① 使用“椭圆形工具”绘制一个椭圆，如图 2-52（a）所示，选择“形状工具”中的“涂抹笔刷”工具，在椭圆上进行两处涂抹，如图 2-52（b）所示；然后进行调整，最终获得如图 2-52（c）所示的效果。

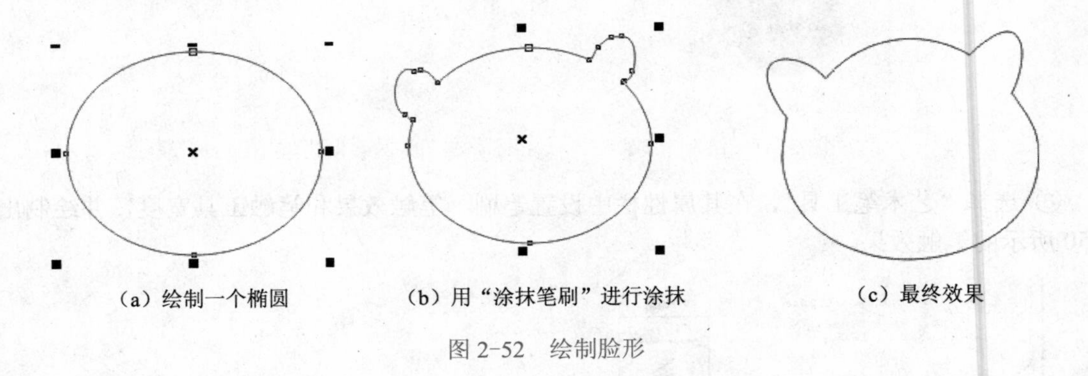

图 2-52 绘制脸形

② 再使用“椭圆形工具”绘制 3 个小椭圆，填充为黑色，调整后将它们移动到脸部的适当位置，得到如图 2-53 的效果。

图 2-53 绘制五官

③ 选用“艺术笔工具”绘制 3 根胡须，调整每根胡须的位置，然后进行群组，效果如图 2-54 所示。

图 2-54 绘制胡须

④ 复制群组后的胡须，移动到右侧，如图 2-55（a）所示；单击属性栏上的“水平镜像”按钮，如图 2-55（b）所示，最终得到如图 2-55（c）所示的效果图。

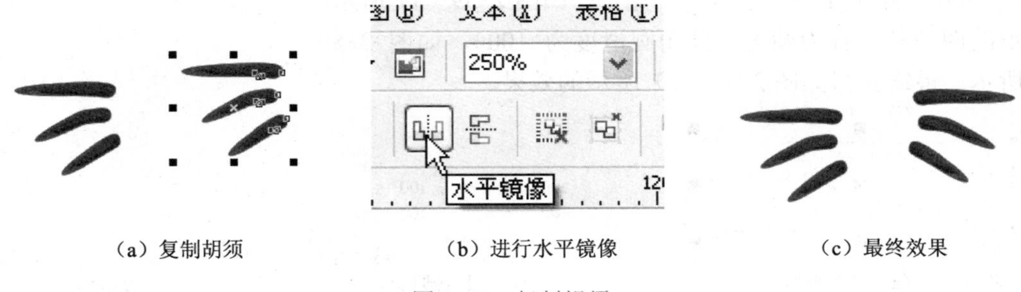

（a）复制胡须　（b）进行水平镜像　（c）最终效果

图 2-55 复制胡须

⑤ 使用“排列”菜单下的“顺序”命令将两组胡须摆放到脸部的后面，并对整个图形进行群组，得到如图 2-56 的效果。

4. 发夹的绘制

① 使用“多边形工具”绘制一个六边形，使用“挑选工具”选中它，然后单击属性栏中的“转换为曲线”按钮，将其转换为曲线。

图 2-56 添加胡须

② 选择“形状工具”，单击六边形的上顶点，在属性栏中单击“延展与缩放节点”按钮，此时可用鼠标向下拖动此顶点，如图 2-57 所示。

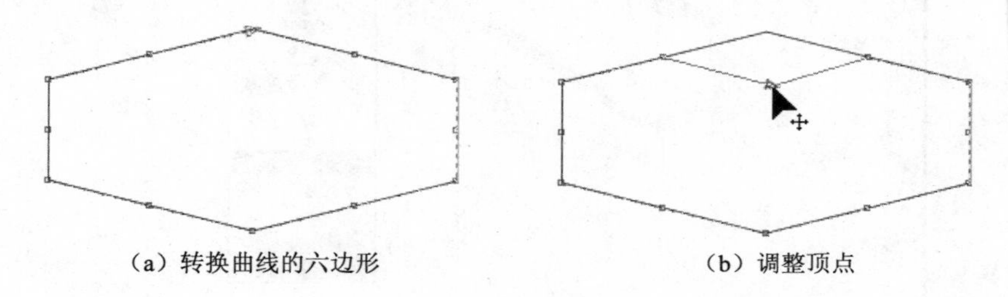

（a）转换曲线的六边形　　（b）调整顶点

图 2-57 绘制并调整六边形

③ 用同样的方法，将下顶点向上拖动一段距离。

④ 除这两个节点外，逐个双击其余所有可见节点，将最终获得圆滑曲线的效果，如图 2-58 所示。

⑤ 使用“矩形工具”绘制一个矩形，如图 2-59（a）所示；将矩形的四角都设置为圆角（圆角圆滑度为 100），如图 2-59（b）所示；最终获得如图 2-59（c）所示的效果。

图 2-58 转换为曲线

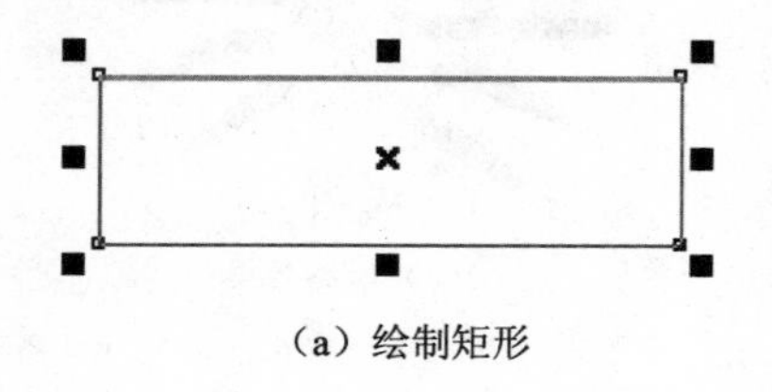

（a）绘制矩形

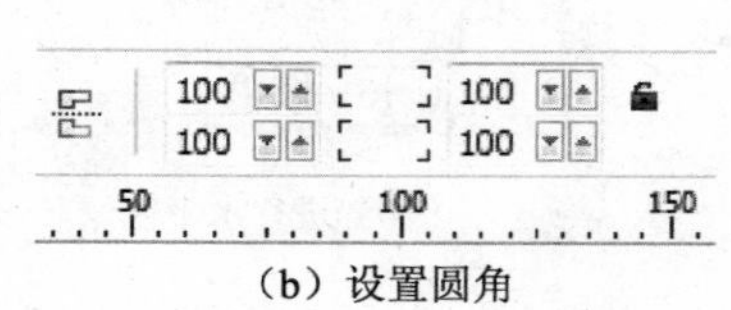

（b）设置圆角

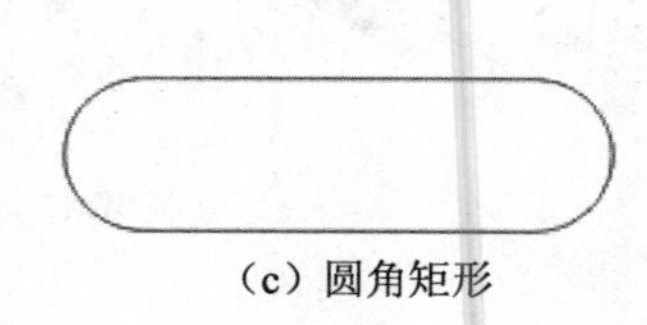

（c）圆角矩形

图 2-59 绘制圆角矩形

提示：图 2-59（b）右上方有一把锁，单击锁时，锁的开关状态会变化。在开状态下，可以对矩形的 4 个角分别设置圆滑度值；关状态下矩形 4 个角的圆滑度是统一设置的。

⑥ 绘制一个椭圆形，并填充为红色，同时将图 2-58 和图 2-59 中的图形填充成红色，如图 2-60 所示，并按照顺序排列在一起，最终将获得图 2-61 所示的效果。

图 2-60 填充红色

图 2-61 红色发夹

⑦ 将图 2-56 和图 2-61 所示的图形组合在一起，调整好位置和大小，得到图 2-62 所示的效果。

5. **身体的绘制**

① 使用“3 点曲线工具”绘制如图 2-63 的曲线。

图 2-62 完成后的小熊头部

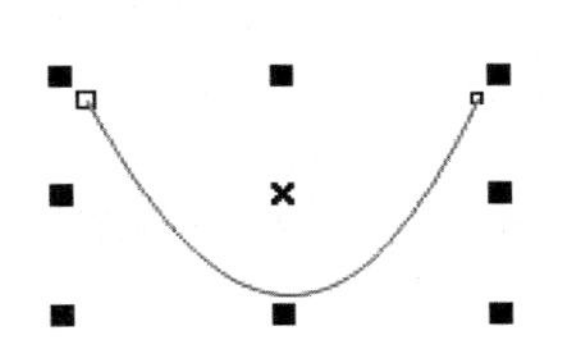

图 2-63 绘制一条曲线

② 使用“折线工具”单击曲线右上角的点，开始绘制图形，效果如图 2-64 所示。

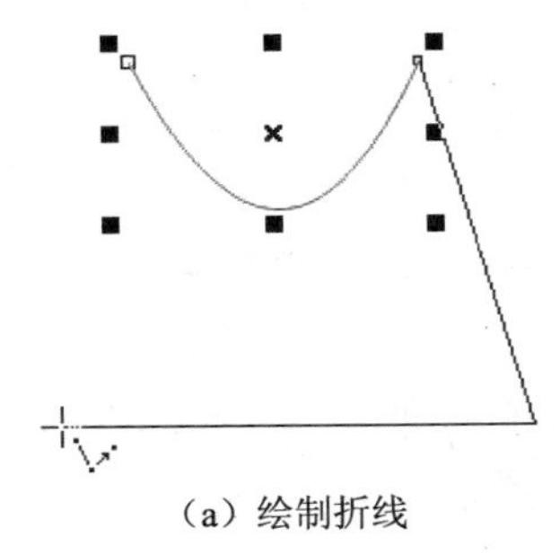

（a）绘制折线

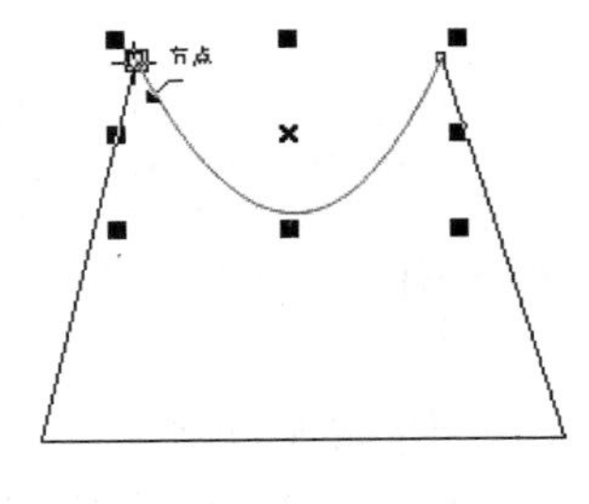

（b）完成后的效果

图 2-64

③ 调整折线的形状，得到图 2-65 所示的效果。

④ 使用“标题形状”工具绘制一个标题形状，如图 2-66 所示。

⑤ 复制一份绘制出的标题形状，分别对其进行变形，然后将两个形状排列成如图 2-67 的效果。

提示： 在对形状进行变形之前，需要将其先转换成曲线，然后才能针对曲线上的点进行变形。

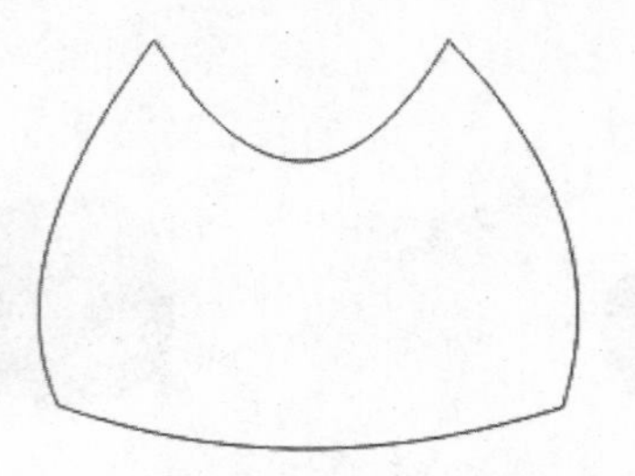

图 2-65　调整折线的形状

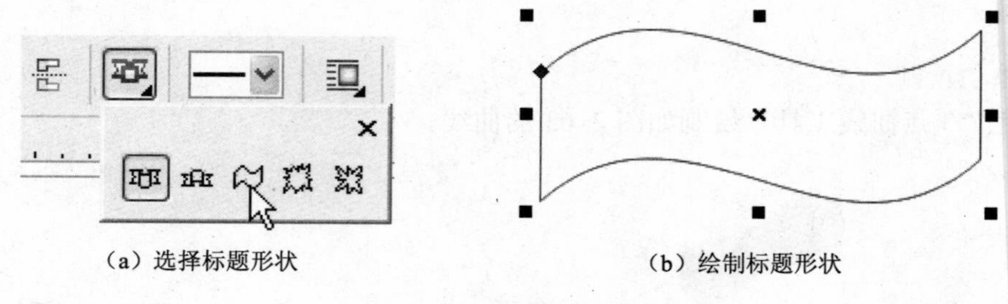

（a）选择标题形状　　（b）绘制标题形状

图 2-66　绘制标题形状

⑥ 对图 2-67 所示的曲线进行着色，并再次进行细微变形调整，效果如图 2-68 所示。

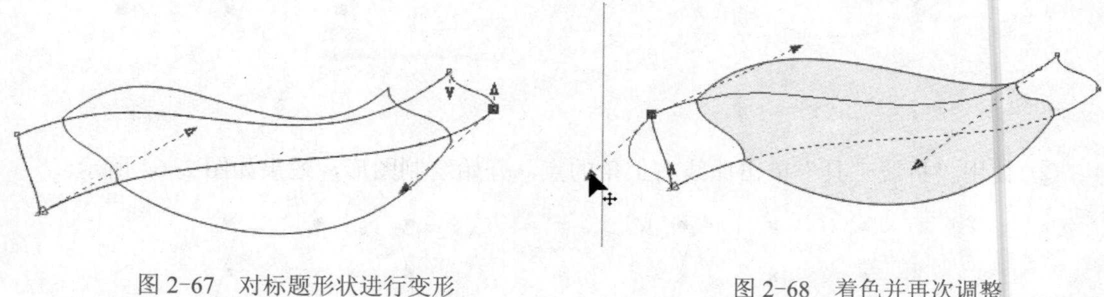

图 2-67　对标题形状进行变形　　图 2-68　着色并再次调整

⑦ 使用“粗糙笔刷”工具在图 2-68 中右边的圆滑部分进行粗糙化处理，最终得到图 2-69 的效果。

⑧ 将图 2-69 所示的图形排列到图 2-65 所示图形的后面，并对图 2-65 所示图形填充绿色，再分别绘制两个红色椭圆和 3 个白色椭圆，如图 2-70 所示。

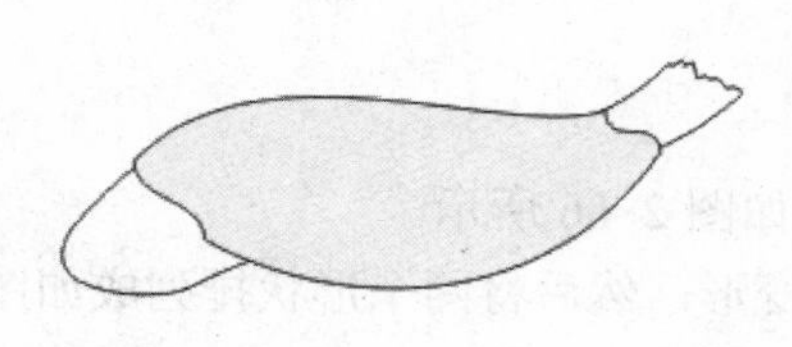

图 2-69　粗糙化处理

图 2-70　组合身体

6. **图像的合成**

① 将图 2-62 所示的头部和图 2-70 所示的身体组合在一起，调整其大小和位置，得到如图 2-71 的效果。

② 将图 2-51 所示的气球与图 2-71 所示的小熊组合，得到图 2-72 所示的效果。

图 2-71 完成的小熊

图 2-72 拿着气球的小熊

③ 最后将花朵和拿着气球的小熊组合在一起，得到最终的图形，如图 2-73 所示。

图 2-73 最终效果图

项 目 小 结

通过本项目的制作，使读者体验了使用 CorelDRAW X4 绘制简单图形的方法。通过一个完整案例的制作，介绍了矩形、椭圆形、多边形和基本形状的绘制方法，以及手绘对图形进行变换、调整的基本技巧。熟练掌握基本绘图工具，并巧妙搭配这些工具的使用，可制作出更加精美的图形效果。

知识拓展：从模板新建文件及合并打印

CorelDRAW X4 包含 80 种全新的模板，并针对不同的行业进行了分类。利用模板可快速创建专业级设计。例如，对于一家企业，名片正反两面的设计风格通常相同，但不同部门以及同一部门的不同员工的基本信息不同。利用 CorelDRAW X4 的从模板新建及合并打印两项功能，可批量设计名片。具体操作步骤如下。

① 单击“文件→从模板新建”菜单项，打开如图 2-74 所示的“从模板新建”对话框；打开“景观美化－名片”服务，得到一个名片模板的正、反两面，如图 2-75 所示。

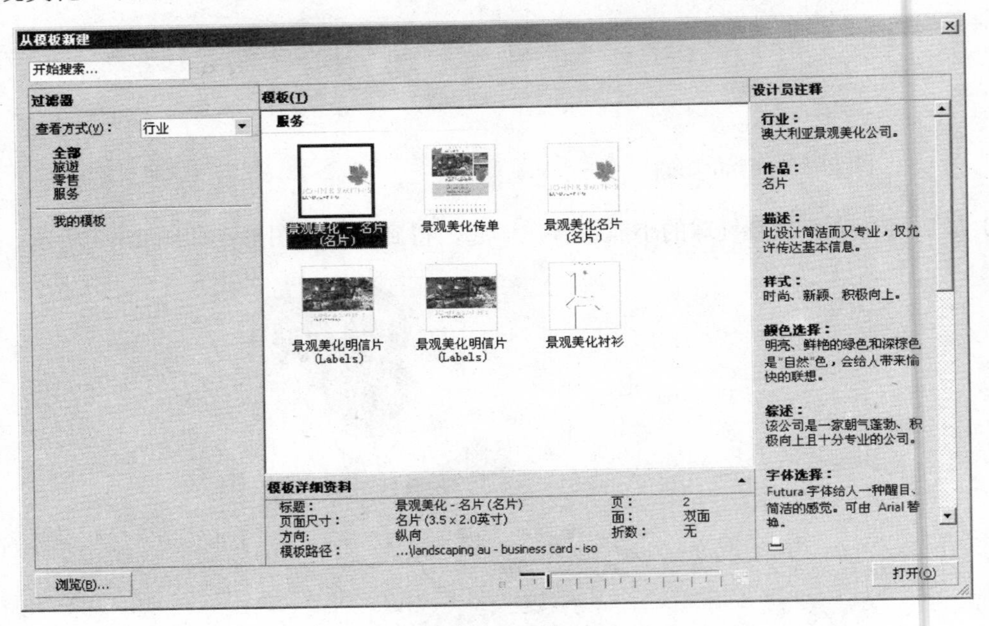

图 2-74　“从模板新建”对话框

(a) 正面

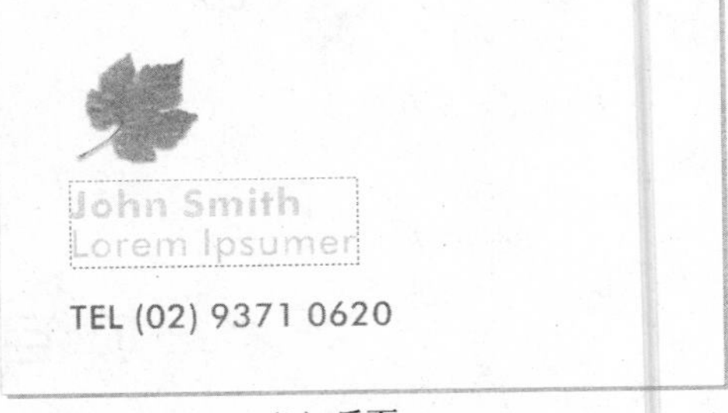

(b) 反面

图 2-75　名片模板

② 单击“文件→合并打印→创建/装入合并域”菜单项，启动“合并打印向导”，选择“创建新文本”单选按钮，如图 2-76 所示，单击“下一步”按钮，打开“合并打印向导”的“添加域”页面，如图 2-77 所示。

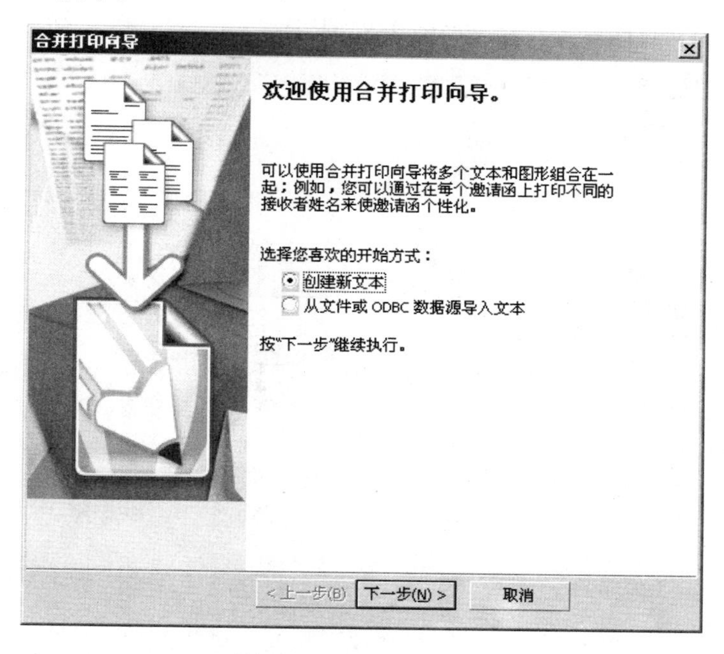

图 2-76　合并打印向导

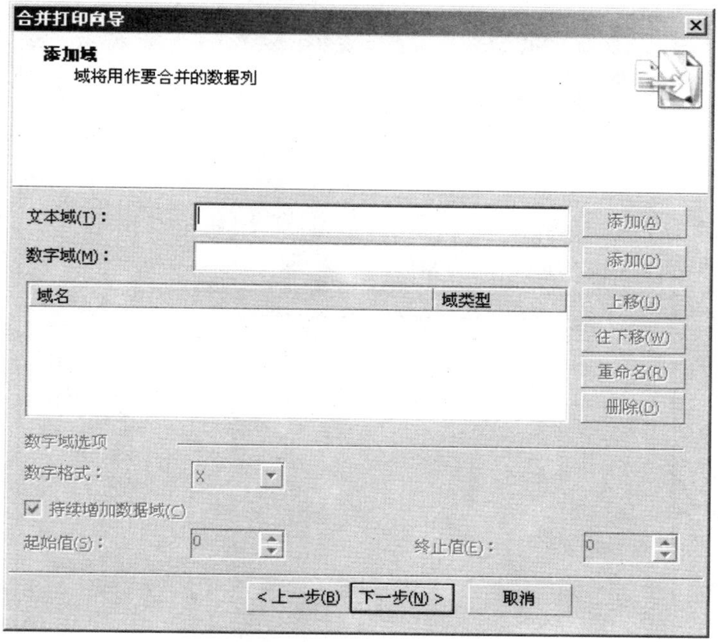

图 2-77　添加域

③ 逐个定义文本域，如姓名、职称、电话，如图2-78所示；然后单击“下一步”按钮，进行记录的添加及编辑，如图2-79所示；逐行输入记录数据，如图2-80所示；然后单击“下一步”按钮，进入“合并打印向导”完成对话框，如图2-81所示；单击“完成”按钮，返回主文档并弹出一个“合并打印”工具栏，如图2-82所示。

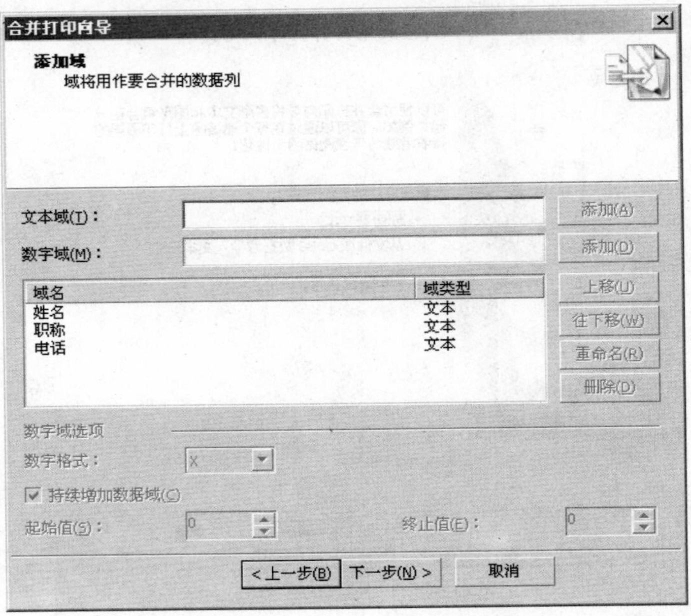

图2-78 定义文本域

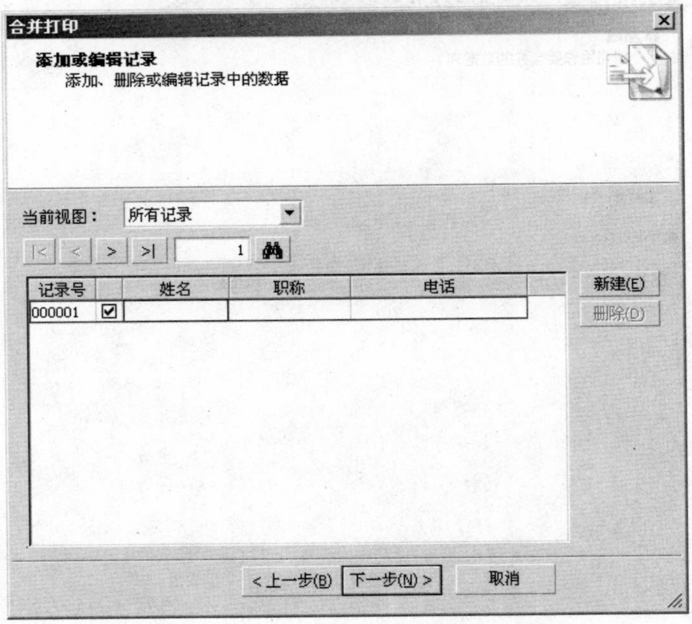

图2-79 添加及编辑记录

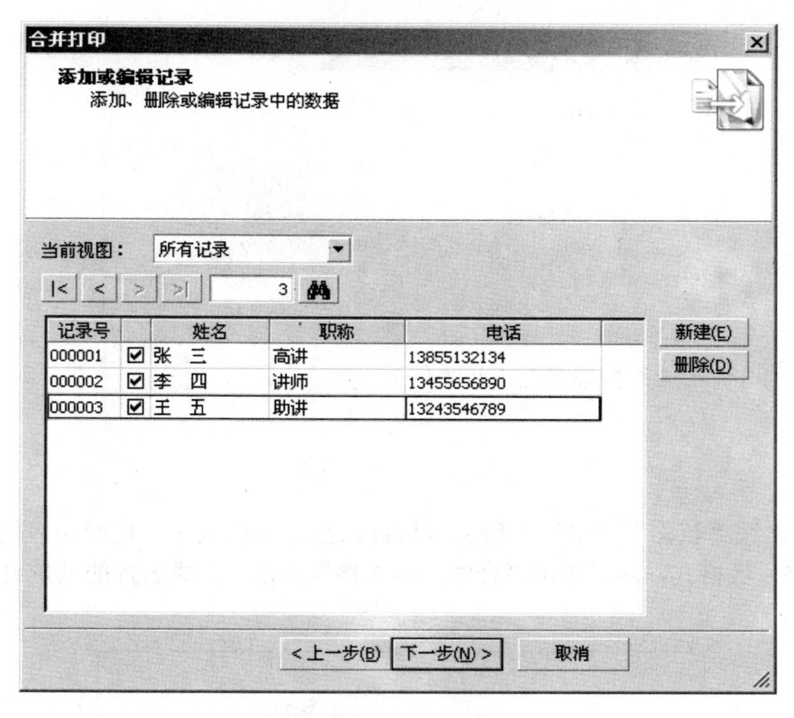

图 2-80 输入所有记录

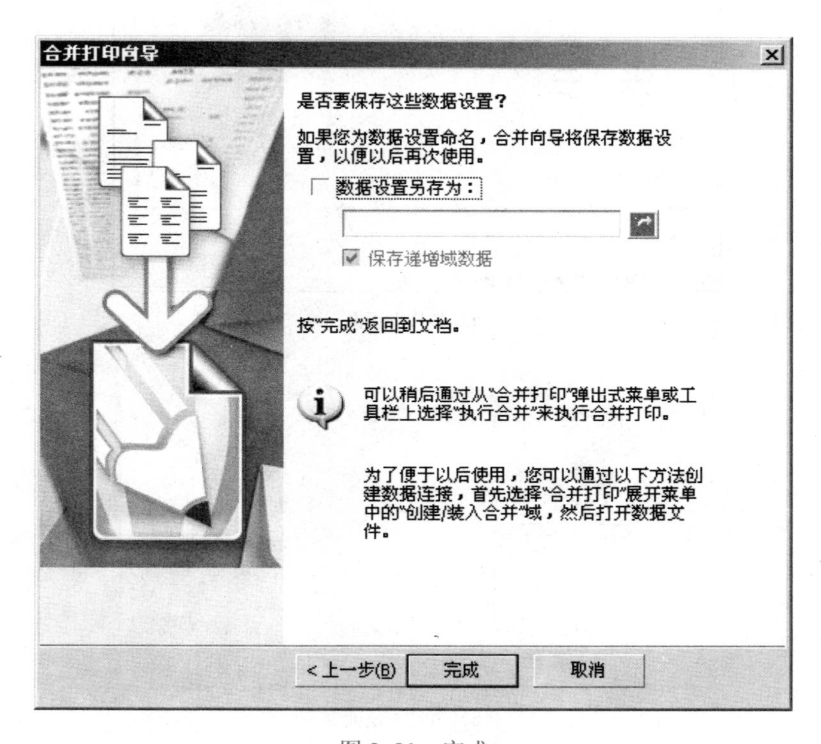

图 2-81 完成

图 2-82　返回主文档

④ 将“姓名”、“职称”、“电话”等文本域插入至名片模板正、反面相应的位置，并设置字体、颜色、字号等格式，然后单击“合并到新文档”按钮，完成名片的批量设计，如图 2-83 所示。

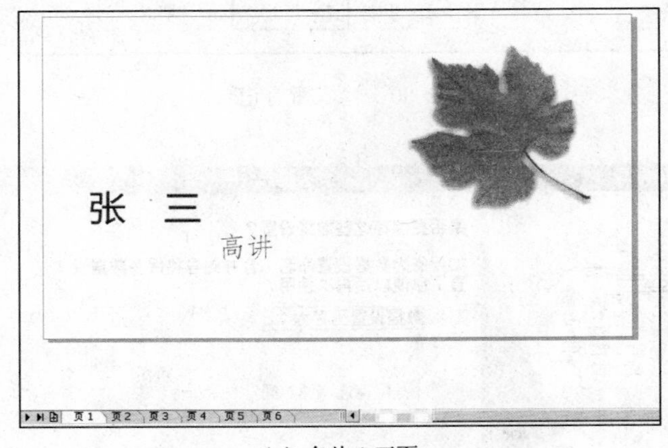

（a）名片 1 正面

（b）名片 3 反面

图 2-83　批量设计的名片

练 习 2

1．参考图 2-84 所示的“玫瑰”图片，使用“矩形工具”制作花枝。
2．参考图 2-84 所示的“玫瑰”图片，使用“手绘工具”绘制花叶。
3．综合使用各种工具制作花朵，并尝试利用“交互式填充工具”为花朵着色。

图 2-84 玫瑰花

项目 3　制作特殊效果

本项目的任务目标：

- 了解工具栏的使用方法和如何自定义工具栏。
- 掌握 CorelDRAW X4 中绘图中的常用菜单命令的使用方法。
- 掌握图框精确剪裁功能的使用方法。

通过对本项目的实例制作（如图 3-1 所示），基本掌握使用各种不同的绘图工具来实现一些特殊图形效果的方法。

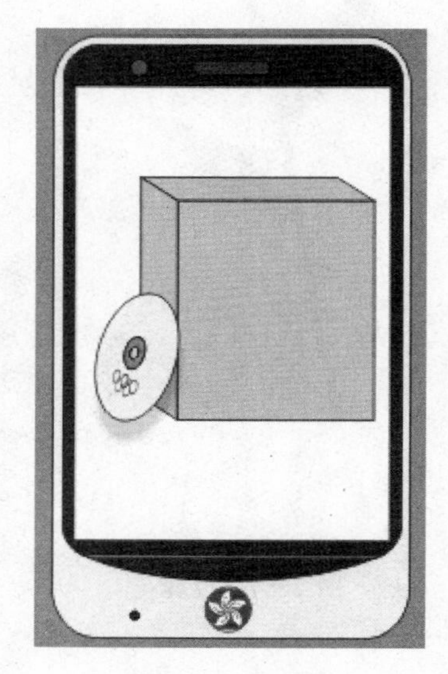

图 3-1　效果图

任务 1　熟悉工具栏

一、知识点

1. “标准”工具栏

在 CorelDRAW X4 的窗口中，默认情况下显示“标准”工具栏，其中包含许多常用菜单命令的快捷按钮。通过工具栏，可以快速执行 CorelDRAW X4 的各种命令。工具栏可以随时打开、关闭以及在屏幕上移动。在 CorelDRAW X4 中通常会显示两种工具栏，除了“标准”工具栏以外，另一种是针对某种工具而出现的工具属性栏，一般情况下位于工具栏的下方，如图 3-2 所示。

图 3-2　工具栏和属性栏

“标准”工具栏通常也叫“常用”工具栏，其中各按钮的功能如表 3-1 所示。

表 3-1　“标准”工具栏各按钮的功能

工具按钮	功　能
	新建一个图形文件
	打开一个图形文件
	保存当前的图形文件
	打印图形文件
	将选定对象剪切到剪贴板
	将选定对象复制到剪贴板
	将剪贴板的内容粘贴到图形文件中
	撤销某个操作
	恢复撤销的动作
	导入图形文件
	导出图形文件
	启动 Corel DRAW 的应用程序
	打开欢迎屏幕
100%	设置缩放比例
贴齐	启用或禁用网格、辅助线、对象和动态导线的自动对齐功能
	打开“选项”对话框

提示：要显示或隐藏工具栏，可单击“窗口→工具栏”子菜单中的相应菜单项。

2. 自定义工具栏

可以自定义工具栏的位置和显示。例如，可以移动工具栏或者调整工具栏的大小，也可以选择隐藏或显示工具栏。工具栏既可以停放，也可以浮动。停放工具栏就是将工具栏附着到主窗口的边缘。将工具栏脱离主窗口的边缘，可使其处于浮动状态，便于随处移动。

有时，需要将所需的一些命令都放在一个工具栏上，这样在绘图过程中就可以不必四处寻找相关的命令了。为此，可以创建一个自定义工具栏，并向其中添加相关的命令按钮。

二、实操步骤

1. 自定义工具栏

（1）添加自定义工具栏

单击“工具”菜单下的“自定义”命令选项，在出现的“选项”对话框中选择“自定义→命令栏”选项，单击“新建”按钮，然后在“命令栏”列表中输入新建工具栏的名称，默认名称为“新工具栏 1”，如图 3-3 所示。

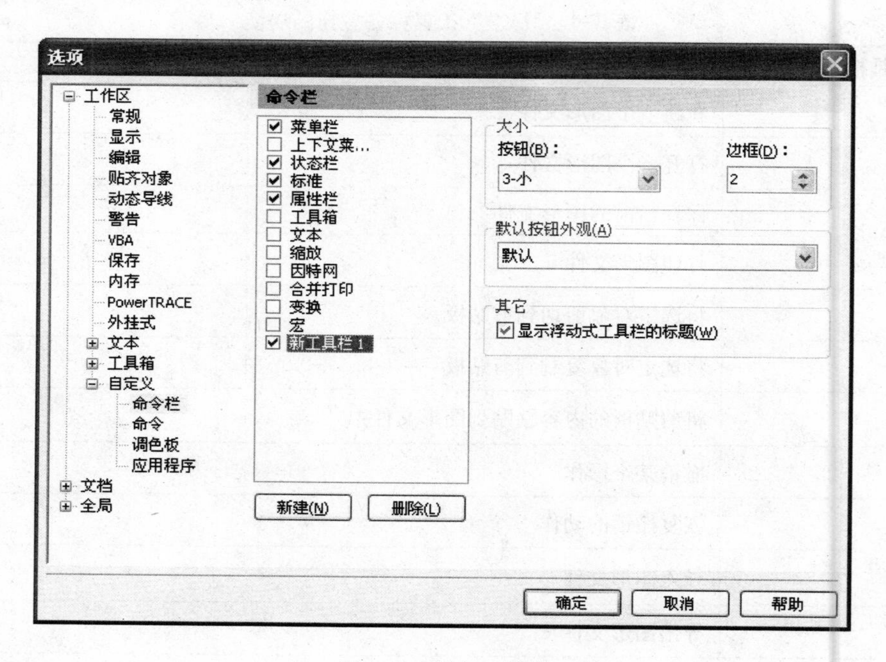

图 3-3　新建工具栏

（2）向工具栏中添加命令按钮

单击“工具”菜单下的“自定义”命令选项，在出现的“选项”对话框中选择“自定义→命令”选项，在中间列的“命令”列表中选择要添加的相关命令，按住鼠标左键直接拖动到“新建工具栏 1”上，如图 3-4 和图 3-5 所示。

2. 使用工具栏进行文件操作

（1）新建文件

单击工具栏上的“新建”按钮 ，新建一个空白的文件，即可绘制图形，如绘制一个椭圆。

（2）保存文件

单击工具栏上的“保存”按钮 ，弹出“保存绘图”对话框，输入文件名，如“紫荆花”，并单击“保存”按钮，如图 3-6 所示。

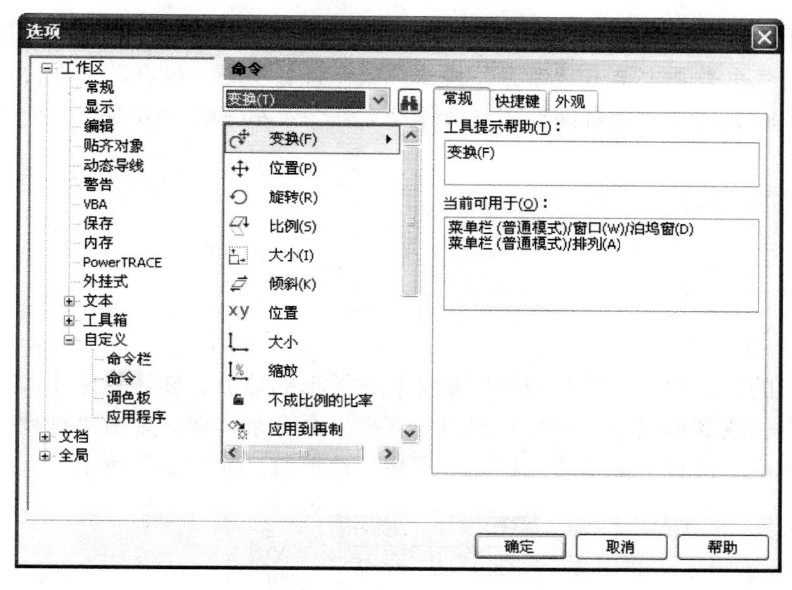

图 3-4　选择命令

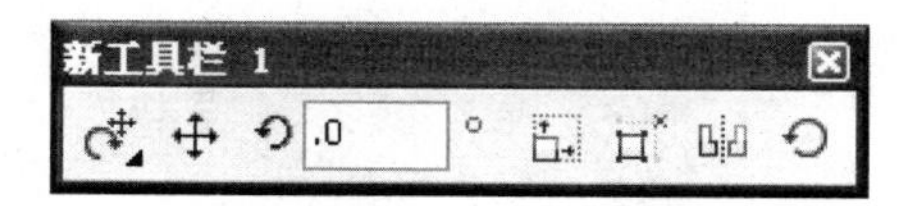

图 3-5　添加到自定义工具栏上

图 3-6　保存文件

提示：对于新建文件，第一次单击“保存”按钮时会出现“保存绘图”对话框，在接下来对图形编辑的过程中若再次单击“保存”按钮，软件将自动进行保存，不再出现这个对话框。如果需要将文件以别的名称重新保存，应选择“文件”菜单下的“另存为”命令。

任务 2　灵活使用基本命令

一、“变换”命令

1. “变换”命令的内容

在编辑图形的过程中，可以利用鼠标来实现对图形的缩放、旋转等操作，但是如果要对图形进行精确的定位或变形操作，则必须使用“变换”命令来实现。单击“排列”菜单下的“变换”子菜单，单击“位置”菜单项，打开“变换”泊坞窗，如图 3-7 所示。

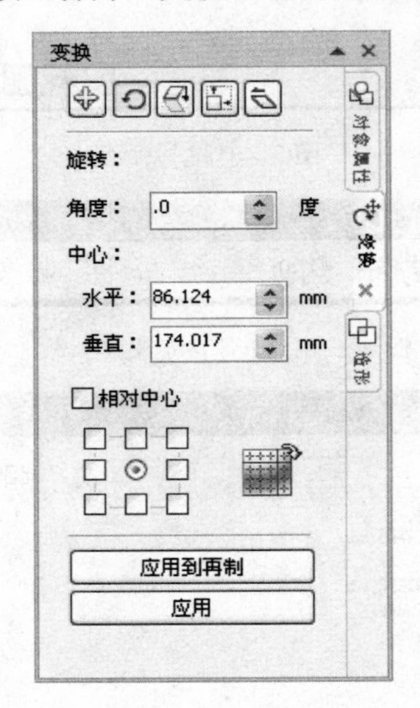

图 3-7　“变换”泊坞窗

使用“变换”泊坞窗上的各种按钮，可以自由地对图形进行各种变换操作，如表 3-2 所示。

表 3-2　各种变换操作

按钮	按钮名称	功　能
	位置	可在页面对图像进行精确定位
	旋转	可用于绕对象的旋转轴或与其位置相对的点来旋转对象
	缩放和镜像	可用于将对象缩放为其原始大小的某个百分比，或创建对象的水平或垂直镜像图像
	大小	可用于更改对象的宽度和高度
	倾斜	可用于将对象向一侧倾斜，或者不按比例地更改对象的宽度和高度

2. 应用“变换”命令

下面我们将在图 3-6 所新建的“紫荆花.cdr”文件中使用“变换”命令来建立紫荆花图案。具体操作步骤如下。

① 将页面设置为横向，绘制一个矩形和一个椭圆，并分别填充为红色和白色，效果如图 3-8 所示。

图 3-8　绘制一个矩形和一个椭圆

② 选择椭圆，单击“排列→转换为曲线”菜单项，将椭圆由形状转换为曲线。

提示：将椭圆转换成曲线是为了能够对椭圆上的各个节点进行变换操作。

③ 双击椭圆，椭圆上显示 4 个节点，再用鼠标单击右侧的节点，效果如图 3-9 所示。

图 3-9　显示节点

④ 在椭圆右侧中间节点的上下各选择一个点，单击鼠标右键，选择添加，为椭圆添加两个节点，如图 3-10 所示。

⑤ 鼠标分别移动右侧的 3 个节点到椭圆中间，如图 3-11（a）所示，并通过改变节点上的箭头的方向和长度来变换椭圆的形状，直到如图 3-11（b）所示的效果，单击“保存”按钮保存图片。

图 3-10 添加两个节点

（a）

（b）

图 3-11 变换后的椭圆

⑥ 使用“星形工具”和“椭圆形工具”分别在图 3-11（b）所示的效果图中绘制一个五角星和一段弧线，都填充为红色。调整好相应位置，并选择所有图形，单击工具栏的“群组”命令按钮将其组合，效果如图 3-12 所示。这样我们就得到了紫荆花图案的一个花瓣。

图 3-12 一个花瓣

⑦ 选择图形，单击“排列→变换→旋转”命令，打开“变换”泊坞窗，单击“旋转”按钮，在“角度”微调框中输入“–70.0”，如图 3–13 所示；单击“应用到再制”按钮，自动生成如图 3–14 所示的图形，即在–70.0°的方向上复制一个花瓣。调整好图形的位置，将得到图 3–15 的效果。

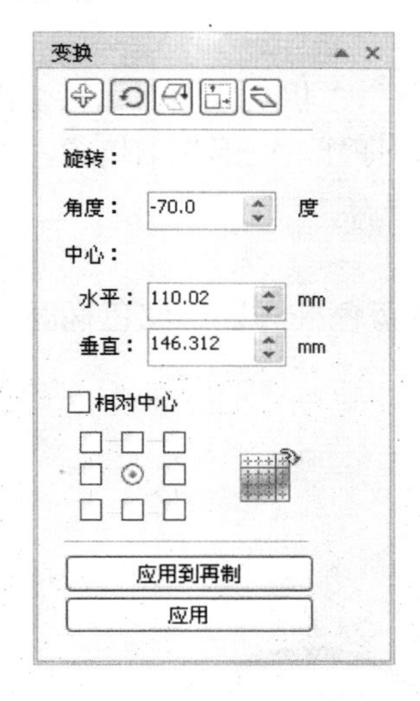

图 3–13　设置旋转角度

图 3–14　复制一个花瓣

图 3–15　调整后的效果

提示：在“角度”微调框中，如果输入的是负数，生成的图形会沿着顺时针方向旋转；如果输入的是正数，生成的图形会沿着逆时针方向旋转。“应用到再制”命令是在原有的图形上复制一个新的图形，然后再按照角度进行旋转。在这个图形中我们一共需要 5 个这样的形状，计算的角度为 70°，手工旋转很难把握，利用“变换”命令能够精确地进行操作。

⑧ 按照上面的方法，选择每次生成的新图形，继续以–70°角旋转，生成另外 3 个花瓣，将最终的 5 个花瓣拼合在一起，单击“保存”按钮。最终效果如图 3–16 所示。

图 3–16　紫荆花图案

二、“造形”命令

1. “造形”命令的内容

在绘制图形的过程中，往往需要一些不规则的形状。在CorelDRAW X4中，可以利用“造形”命令来帮助实现这一愿望。

“造形”命令一共包含有6个具体的命令，分别为“焊接”、“修剪”、“相交”、“简化”、“移除后面对象”和“移除前面对象”。选择“排列→造形→造形”命令，打开“造形”泊坞窗，如图3-17所示。

2. 各种不同的造形命令

① 绘制两个椭圆，分别将椭圆的轮廓色设置为红色和蓝色，将蓝色椭圆置于红色椭圆前面，如图3-18所示。然后将这一组椭圆复制5份。

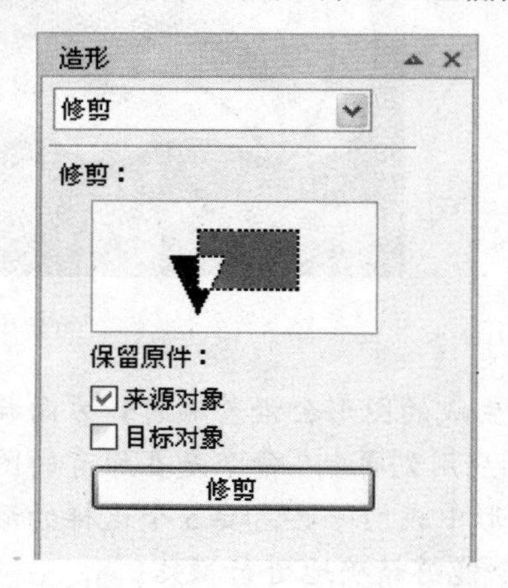

图3-17　“造形”泊坞窗

图3-18　两个椭圆

② 选择一组椭圆并选择其中的蓝色椭圆，在“造形”泊坞窗的下拉列表框中选择“焊接”命令，单击下面的“焊接到”按钮，再单击红色椭圆，得到焊接的效果。使用同样的方法制作出修剪和相交的效果，如图3-19所示。

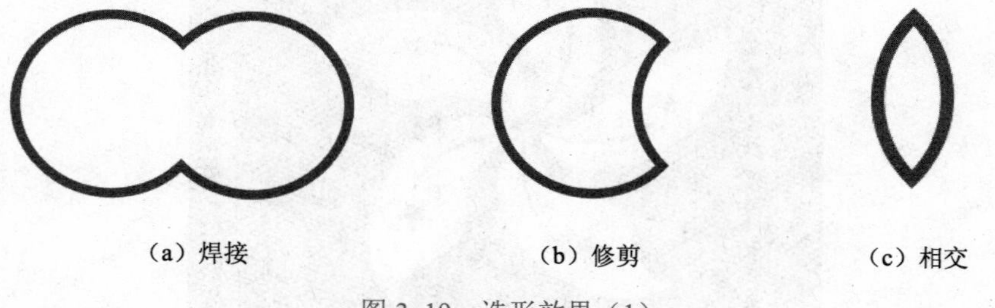

图3-19　造形效果（1）

③ 再选择一组椭圆并同时选中其中的两个椭圆，在“造形”泊坞窗的下拉列表框中选择“简化”命令，单击下面的“应用”按钮，得到简化的效果。使用同样的方法制作出移除后面对象和移除前面对象的效果，如图3-20所示。

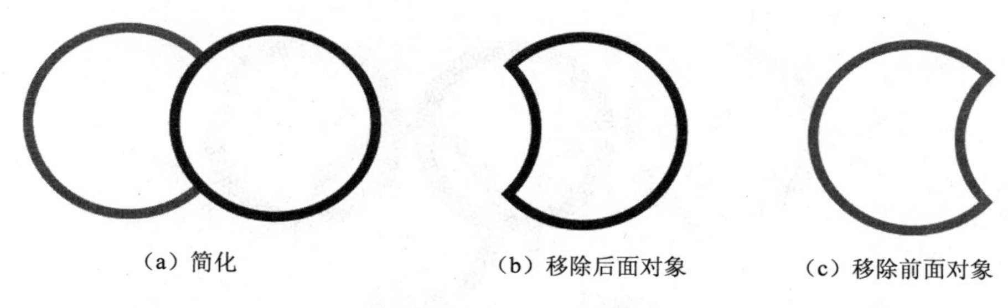

图 3-20　造形效果（2）

3. 使用“造形”命令制作奥运五环标志

① 新建一个文件并保存为“五环.cdr”，选择“椭圆形工具”，同时按住 Ctrl 键绘制一个正圆形；将 4 个角上的任意一个控制手柄向内拖动，同时按住 Shift 键，单击右键，再绘制一个圆形，如图 3-21 所示。

② 同时选中这两个圆，单击“排列→结合”菜单项，使这两个圆形成一个圆环结构，并填充蓝色，如图 3-22 所示。

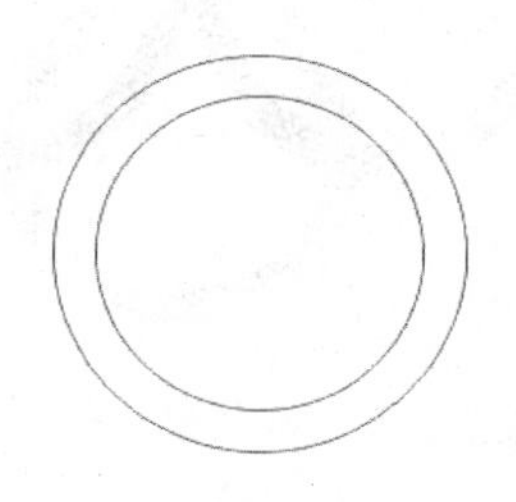

图 3-21　绘制两个圆

图 3-22　蓝色环

③ 将圆环复制 4 个，分别填充为黑色、红色、橙色和绿色，并按图 3-23 所示的顺序排在一起。

图 3-23　五环

④ 在蓝色圆环和橙色圆环上面的相交的地方绘制一个矩形，如图 3-24 所示。

⑤ 选择矩形框，在“造形”泊坞窗中选择“相交”命令，在“保留原件”选项组中勾选“目标对象”复选框，如图 3-25 所示，然后单击“相交”按钮，再将鼠标移动到蓝色圆环上单击，效果如图 3-26 所示。

图 3-24 绘制一个矩形

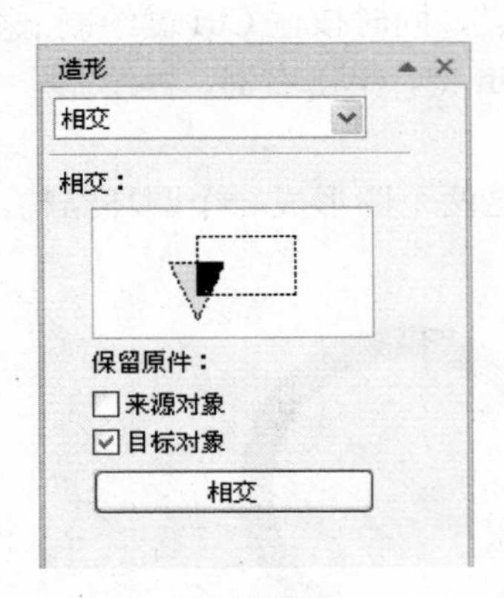

图 3-25 设置相交选项

图 3-26 蓝色圆环和橙色圆环相交

⑥ 利用上述方法继续在圆环相交的地方绘制矩形，按照图 3-25 所示的设置继续绘制其余几个圆环的相交部分，最终效果如图 3-27 所示。

图 3-27 五环标志

三、“效果”命令

1. “效果”命令的内容

CorelDRAW X4 中的效果命令有“艺术笔”、“调和”、“轮廓图”、“封套”、“立体化”、“斜角”和“透镜”，在“效果”菜单中可以看到这些基本命令。同时，在工具箱中还有一些交互式工具，包括“交互式调和工具”、“交互式轮廓图工具”、“交互式变形工具”、“交互式阴影工具”、“交互式封套工具”、“交互式立体化工具”和“交互式透明工具”，也可用来产生各种效果。

2. 各种效果

① 新建一个文件，并绘制一个矩形框，填充为 50%黑色，如图 3-28 所示。

② 选定矩形，再选择工具箱中的“交互式立体化工具”，从矩形中心位置开始，按住鼠标左键向外拖动，得到如图 3-29 所示的效果。

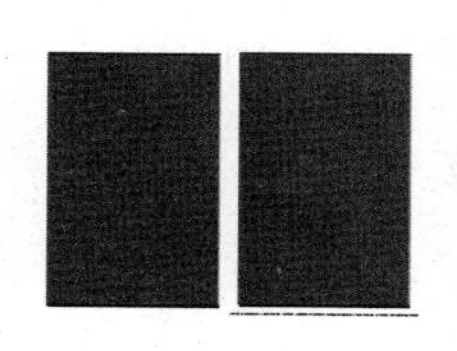

图 3-28　一个矩形

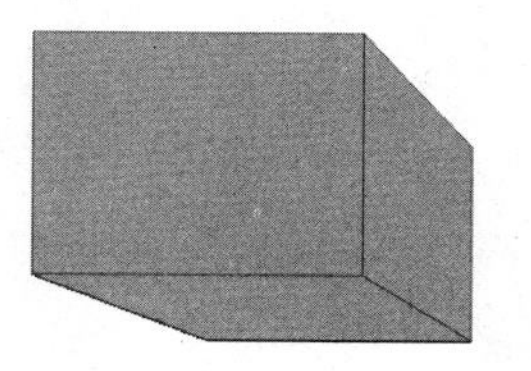

图 3-29　立体化

③ 按照上面的方法，再绘制 4 个矩形，分别选择“交互式调和工具”中的“轮廓图”、“变形”、“阴影”和“交互式透明”工具，分别对 4 个矩形进行操作，得到图 3-30 所示的效果。

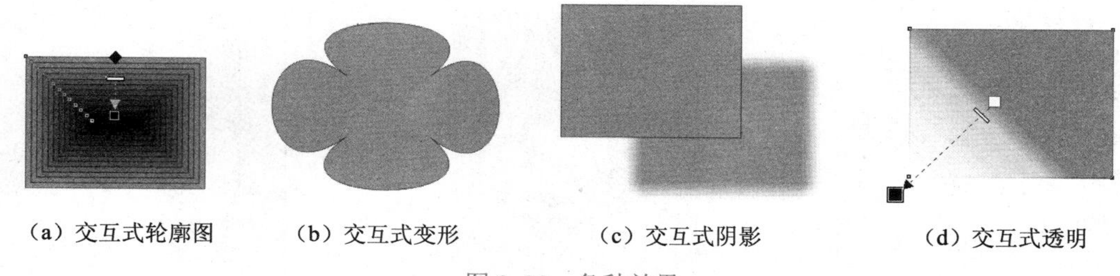

（a）交互式轮廓图　（b）交互式变形　（c）交互式阴影　（d）交互式透明

图 3-30　各种效果

④ 按照上述方法重新绘制一个矩形，选择“交互式封套工具”，此时矩形上会出现几个节点，拖动这些节点，可改变矩形的形状，如图 3-31 所示。

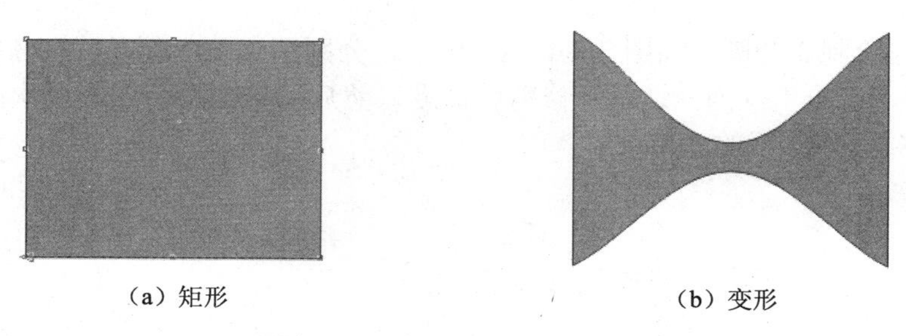

（a）矩形　（b）变形

图 3-31　应用“封套”工具

⑤ 为了说明调和效果，重新绘制两个矩形，一个填充 50%黑色，另一个填充 20%黑色。选择“交互式调和工具”，通过拖动可产生图 3-32 所示的效果。

3. “效果”命令的应用

① 新建一个文件并保存为“物品.cdr”。绘制一个矩形，填充 50%黑色；选择“效果”菜单下的“立体化”命令，显示“立体化”泊坞窗，单击“编辑”按钮，矩形框变成虚线结构，

调整好立方体的大小，单击“应用”按钮，效果如图3-33所示。

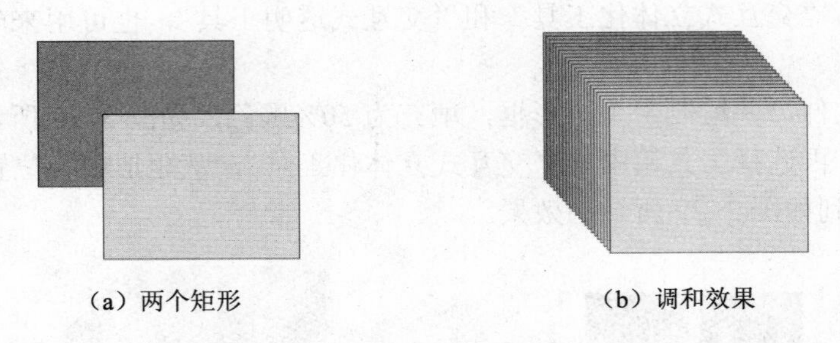

（a）两个矩形　　（b）调和效果

图3-32　应用调和效果

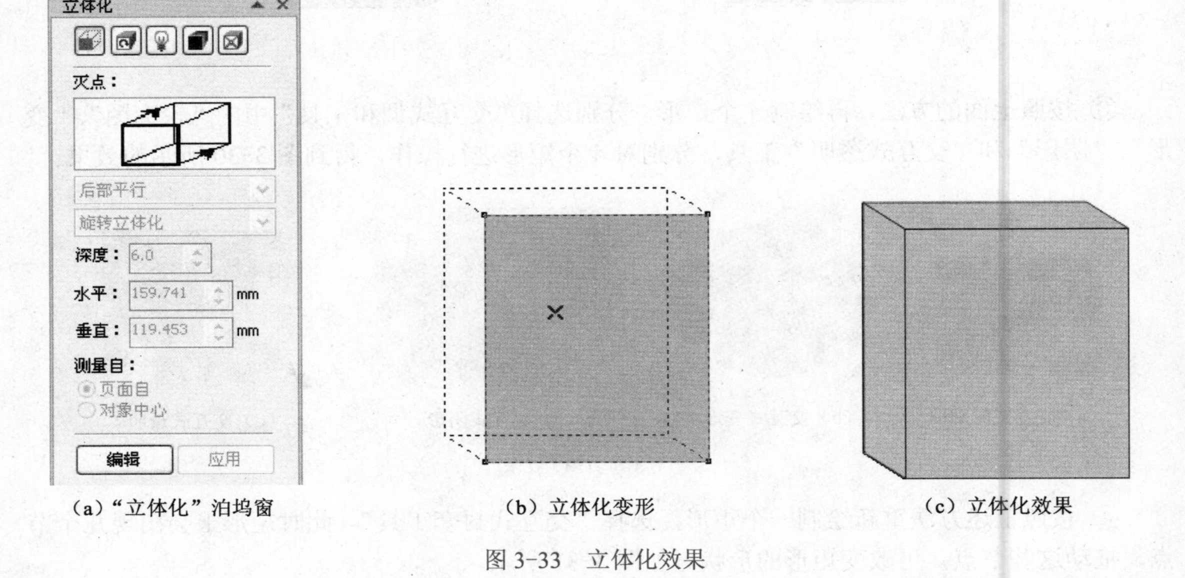

（a）“立体化”泊坞窗　　（b）立体化变形　　（c）立体化效果

图3-33　立体化效果

② 在工作区绘制3个圆，如图3-34（a）所示，分别填充20%黑色、50%黑色和无色。选中中间的两个圆，单击“排列→造形→修剪”命令，然后再框选所有圆，再次应用“修剪”命令，得到图3-34（b）所示的效果。

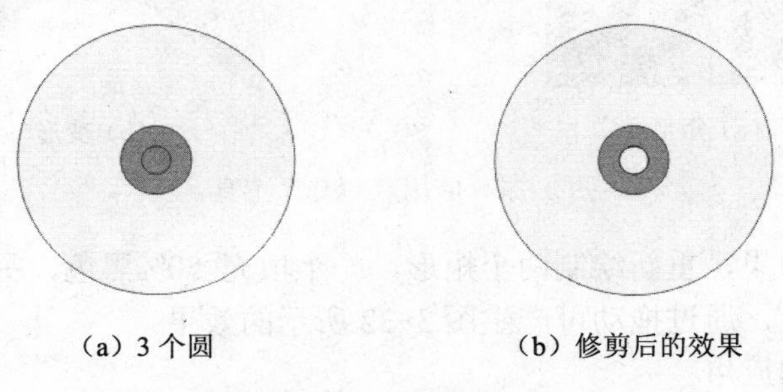

（a）3个圆　　（b）修剪后的效果

图3-34　“修剪”命令的应用

提示：两次修剪的目的是为了使图形中间成为空的。

③ 将图 3-27 所示的五环图复制到图 3-34（b）所示的圆上，调整好大小和位置，并将圆和五环群组，效果如图 3-35 所示。

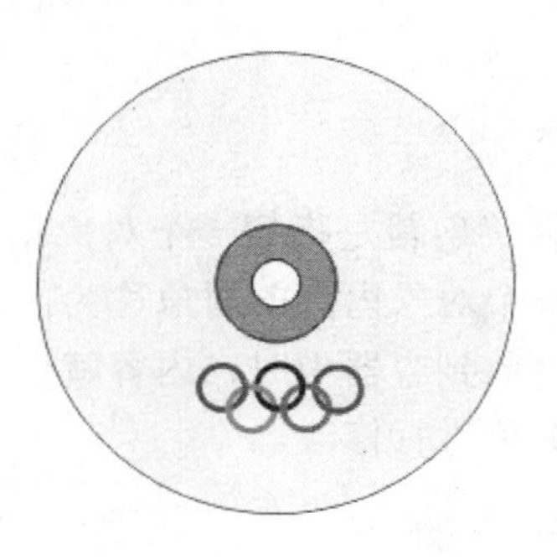

图 3-35　加入五环标志

④ 选择图 3-35 所示的图形，单击“效果→添加透视”命令，效果如图 3-36（a）所示；拖动网格上的 4 个角点到长方体的一侧，如图 3-36（b）所示；将圆形靠在长方体的一边上，最终效果如图 3-36（c）所示。

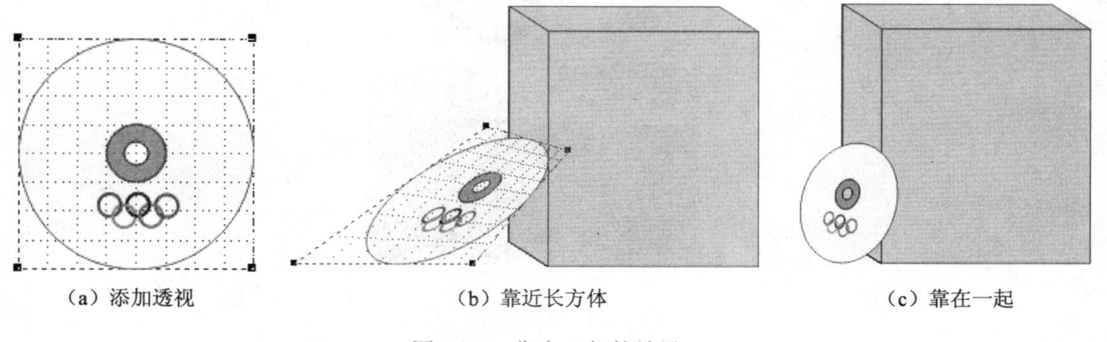

（a）添加透视　（b）靠近长方体　（c）靠在一起

图 3-36　靠在一起的效果

⑤ 选择圆形，单击工具箱中的“阴影”工具，从圆形中心向下拖曳，最终效果如图 3-37 所示。

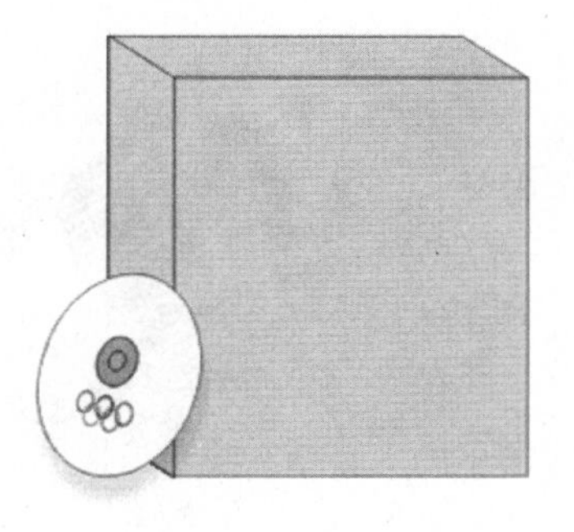

图 3-37　添加阴影后的效果

任务3 使用图框精确剪裁功能

一、图框精确剪裁功能简介

在 CorelDRAW X4 中，图框精确剪裁是指把一个对象粘贴到另一个对象的内部。这里涉及两个重要的概念：将要粘贴到另一个对象内部的对象称为内容；用来放置内容的对象被称为容器。容器可以是任何对象，将内容放到容器中时，内容就会被自动剪裁以适合容器的形状。当然，也可以根据需要对容器中的对象进行修改。

二、图框精确剪裁的基本操作

1. 创建图框精确剪裁对象

① 打开“五环.cdr”文件，导入素材文件“蓝天.jpg”，调整好相应位置，如图 3-38 所示。

图 3-38 导入素材图像

② 选择风景图像，单击“效果→图框精确剪裁→放置在容器中”命令，将鼠标移动到五环图形上，此时鼠标会变成黑色的水平箭头，单击鼠标左键，即可得到如图 3-39 所示的效果。

（a）置入容器前

（b）置入容器后

图 3-39 图框精确剪裁效果

2. 编辑图框精确剪裁对象的内容

可以看到，在上面的图形中，执行操作后图像是自动在五环内居中显示的。如果不想让图像自动居中显示，可以按照下面的方法来实现。

① 单击“工具→选项”命令，打开“选项”对话框，选择“工作区→编辑”选项，在右侧取消选中“新的图框精确剪裁内容自动居中”复选框，如图 3-40 所示。

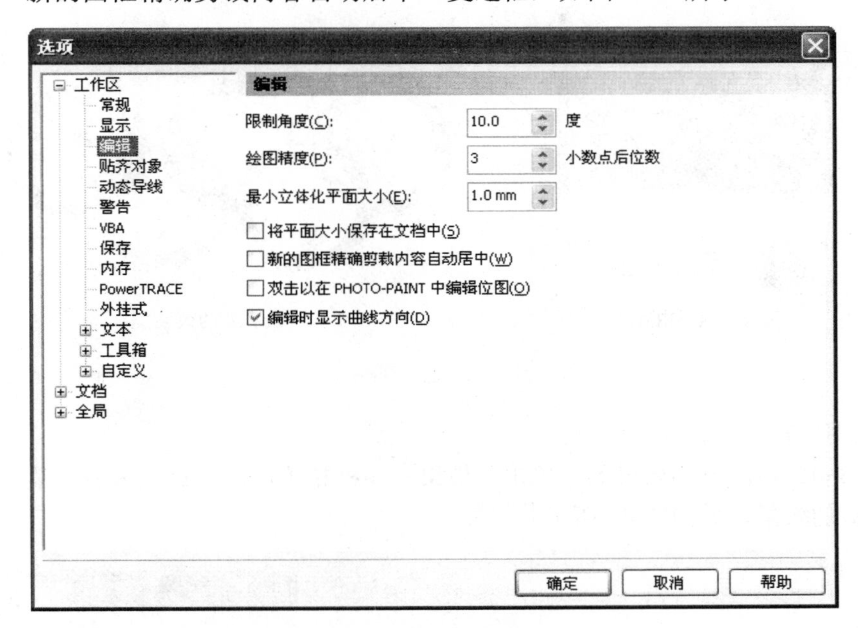

图 3-40　取消自动居中

② 选择图 3-39 中的五环图形，单击“效果→图框精确剪裁→编辑内容”命令，图像会全部显示出来，五环图形会显示出轮廓，如图 3-41 所示。

图 3-41　显示内容

提示：编辑时，容器对象以线框模式显示，此时不能对容器对象进行任何操作。

③ 将图像上移到图 3-42（a）所示位置，在其下面绘制 3 个椭圆，并填充为红色，单击“效果→图框精确剪裁→结束编辑”菜单项，效果如图 3-42（b）所示。

提示：在编辑操作过程中要特别注意，不管是编辑图像还是此时绘制新的图形，这些都是在五环这个容器中操作的，一旦结束编辑操作，只有在五环形状范围内的内容是可见的，其余的都不会显示出来，在CorelDRAW X4的工作区中也不会显示这些新添加的内容。因为在默认情况下，CorelDRAW X4会将内容和容器的位置自动锁定，移动容器的时候内容会随着容器一起移动。如果将容器和内容的位置不锁定（鼠标右键单击“容器”对象，从快捷菜单中选择“锁定图框精确剪裁的内容”命令），移动容器的时候，只在容器和内容相交的部分显示出内容，如图3-43所示。

（a）编辑内容 （b）新的效果

图3-42 编辑内容后的效果

3. 取消图框精确剪裁

选择图 3-42 中的五环效果图，单击“效果→图框精确剪裁→提取内容”菜单项，将取消图框精确剪裁的效果，如图3-44所示。

图3-43 容器和内容的位置未锁定

图3-44 取消图框精确剪裁的效果

三、图框精确剪裁功能的应用

① 打开“紫荆花.cdr”文件，将花瓣内部的弧线重新调整为0.5mm的宽度。绘制一正圆，线条为红色，调整好位置，如图3-45所示；选中花朵，单击“效果→图框精确剪裁→放置在容器中”菜单项，并用鼠标单击正圆，效果如图3-46所示。

② 打开手机图像文件，将图3-46所示的图形复制到其中，调整好适当大小和位置，效果如图3-47所示。

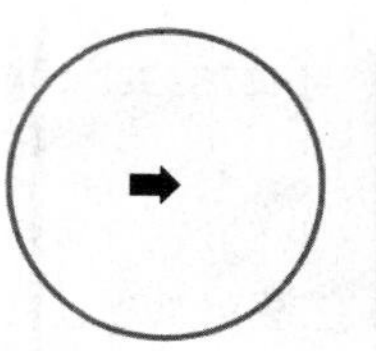

图 3-45 添加一个圆

图 3-46 图框精确剪裁效果

图 3-47 将紫荆花贴在手机上

③ 打开“物品.cdr”文件，将物品复制到手机文件中并适当调整，单击手机中的白色区域，将其移动到一边，如图 3-48 所示；选中物品，单击“效果→图框精确剪裁→放置在容器中”菜单项，效果如图 3-49 所示。

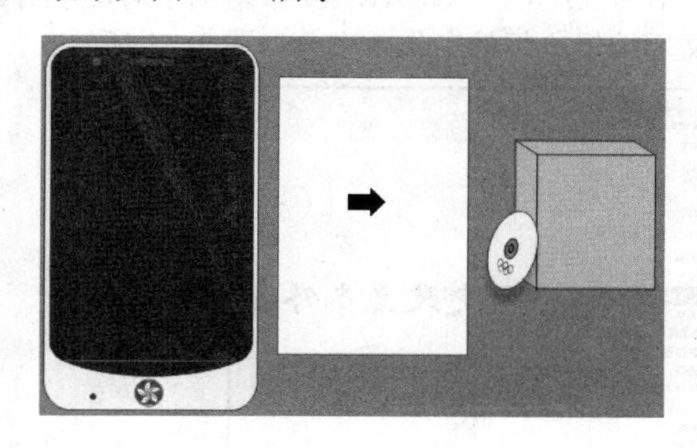

图 3-48 加入物品

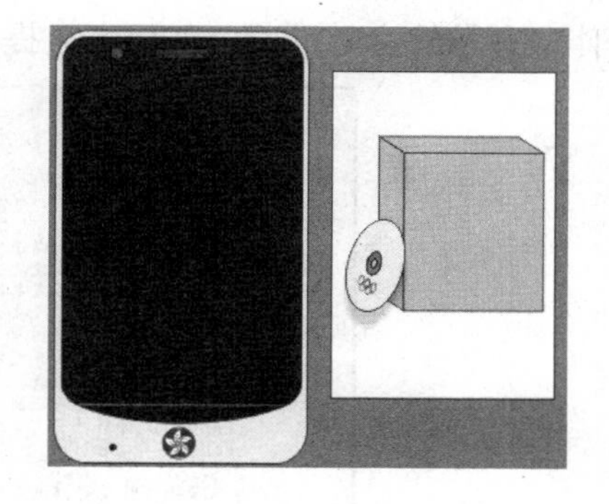

图 3-49 应用图框精确剪裁功能

④ 选中图 3-49 中右侧的图形，单击“效果→图框精确剪裁→放置在容器中”菜单项，在手机图像中间部位单击，最终效果如图 3-50 所示。

提示：“图框精确剪裁”命令中可实现剪裁的多级嵌套操作。

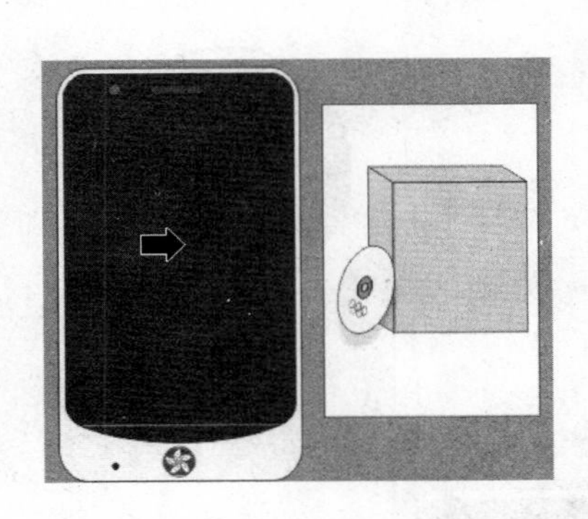

图 3-50　再次应用图框精确剪裁功能

项 目 小 结

通过本项目的制作，使读者体验了 CorelDRAW X4 中的几个常用命令的使用效果。通过手机案例的制作，我们在掌握手绘工具使用的基础上，对绘制的图形进行变换和添加一些基本的效果，同时通过使用“造形”命令和“图框精确剪裁”命令，在手绘图形的基础上进一步制作出更为复杂的图形效果。在案例制作的过程中，我们需要先对图形进行整体的分析，以确定我们需要制作的各个细节部分，以及这些细节部分通过哪种手绘工具更容易制作。当我们绘制出各个细小部分后，就可以将这些图形进行整合。当然这只是我们绘制的一个小小案例，我们也是寄希望这个小小案例能够让大家领会到 CorelDRAW 的神奇之处。

知识拓展：实时预览文字格式

在 CorelDRAW X4 之前的版本中，段落文本及美术字的字体、字号等设置均不提供实时预览功能，故在文本的编辑、处理、排版中效率不高。在 CorelDRAW X4 中增加了对文字对象预选字体、字号的实时预览，从而大大提高了文字编辑排版的工作效率，如图 3-51 所示。

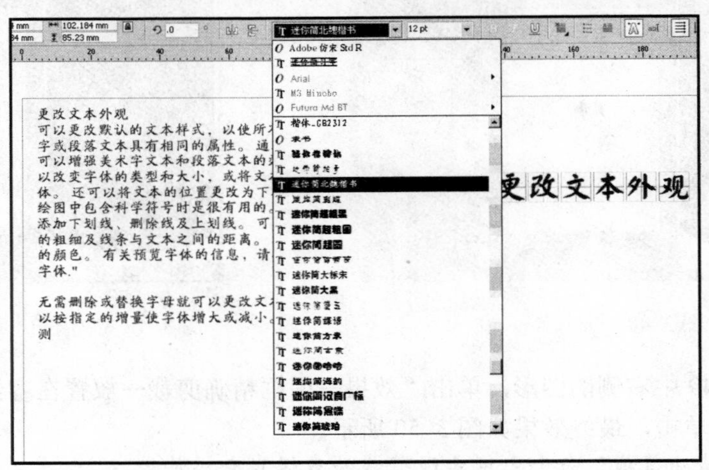

图 3-51　实时预览文字格式

练　习　3

1．绘制如 3-52 所示的电视机模型图。

图 3-52　电视机模型

操作提示：

（1）通过椭圆与长方形的相交操作，可得到如图 3-53 所示的月牙图形；再绘制一个长方形，如图 3-54 所示，焊接在一起并填充灰色后得到如图 3-55 所示的图形，作为电视机的外框模型（“相交”、“焊接”等操作将在项目 4 中详细介绍）。

图 3-53　月牙图形

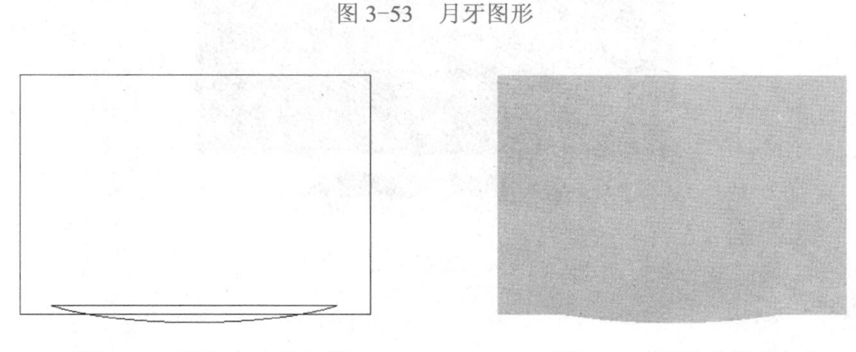

图 3-54　添加一个长方形　　图 3-55　焊接并填充灰色

（2）在此模型中绘制一些矩形，并填充不同程度的灰色（或黑色、白色），如图 3-56 所示。调整好这些图案的位置。

（3）输入文字“ASANO”，并调整好位置。

（4）电视机下方的圆形按钮由三个不同填充效果的圆形层叠而成，如图 3-57 所示。

（5）电视机的底座是 4 个不同填充色的长方形。

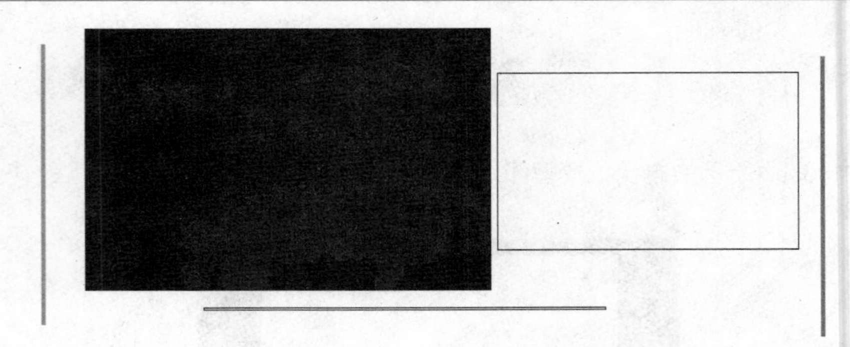

图 3-56 不同的矩形

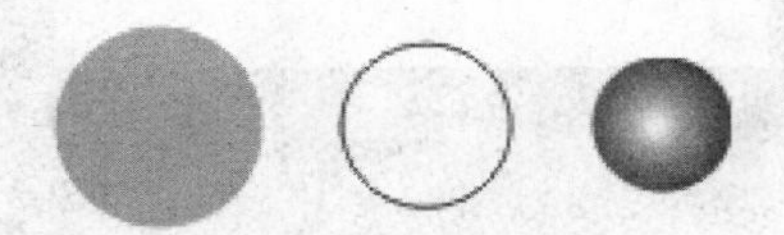

图 3-57 构成按钮的图形

（6）以上所有对象绘制完成后，其轮廓颜色均设置为无色。

2．在上一题的基础上，导入一幅位图文件（"风景.jpg"），使用"图框精确剪裁"功能将图像添加到电视机的白色区域，构成电视机的显示画面，如图 3-58 所示。

图 3-58 电视机的显示画面

项目 4　掌握各种基本绘图技能

本项目的任务目标：

- 掌握常用绘图工具的使用方法。
- 掌握属性栏的基本设置和调色板的使用方法。
- 掌握调整对象顺序的方法和图层的应用方法。
- 掌握对象的复制、重复、删除及变换的方法。
- 掌握样式的创建和应用方法。
- 掌握对象的对齐、分布、群组等操作方法。
- 掌握符号库的建立及使用方法。

通过对本项目的 9 个典型实例（如图 4-1 所示）制作，达到以上学习目标。这些任务目标是相互融合的，实际应用中需要综合运用相应的技能。

图 4-1　效果图

任务 1 自动备份及恢复文档

一、任务分析

如果在使用 CorelDRAW X4 的过程中出现系统故障，导致当前文档没有及时保存，则会对绘图进度造成一定的损失。CorelDRAW X4 可以自动保存绘图的备份副本，并在发生系统错误后重新启动程序时，提示用户恢复备份副本，这样就可尽量使用户的进度损失为最小。如果用户选择不恢复文件，那么正常关闭程序时，该备份文件将被自动删除。

可以使用“选项”对话框来设置自动备份文件的时间间隔，并指定要保存文件的位置。

二、知识点

CorelDRAW X4 中，单击“工具→选项”菜单项，可以打开“选项”对话框，在其“工作区”选项中设置自动备份功能。

在绘制过程中，如果出现故障导致文件不能正常保存，则可通过如下步骤由备份文件恢复工作文件：

① 出现故障后重新启动 CorelDRAW X4。

② 单击“文件恢复”对话框中的“确定”按钮。

③ 在指定文件夹中保存并重命名文件。

提示：如果单击“取消”按钮，CorelDRAW X4 将忽略备份文件，并在正常退出程序时将其删除。

三、实操步骤

在 CorelDRAW X4 的工作界面中，可随时进行自动备份设置。方法如下：

① 单击“工具→选项”菜单项，或者单击“标准”工具栏中的“选项”按钮，打开“选项”对话框，如图 4-2 所示。

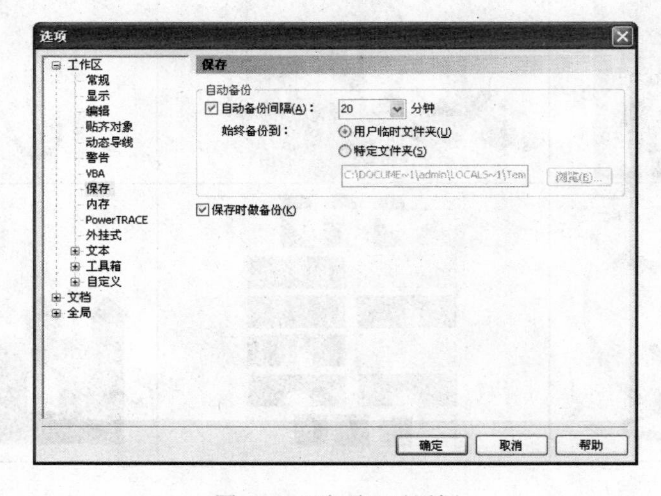

图 4-2 “选项”对话框

② 在“工作区”类别列表中，单击“保存”选项。

③ 选中“自动备份间隔”复选框，然后在“分钟”下拉列表框中选择一个值，默认为 20 分钟。我们在此选择 10 分钟。

④ 在“始终备份到”选项区，使用下列选项之一。

- “用户临时文件夹”：可用于将自动备份文件保存到临时文件夹中。
- “特定文件夹”：可用于指定保存自动备份文件的文件夹。

任务 2　调色板的应用

一、任务分析

图 4-3 所示是一个由七巧板拼成的人偶图案。绘制此图案主要使用了以下工具和方法：

① “手绘工具”：绘制各种大小不同的等腰直角三角形。

② “椭圆形工具”：绘制圆形。

③ 使用调色板设置各图形的填充色和边框色。

④ 使用“填充工具”设置矩形的填充图案。

图 4-3　人偶图案

二、知识点

1. 停放调色板

调色板既可以停放在主窗口边缘，也可以浮动于主窗口内的任何位置。单击并拖动调色板的顶部可以移出调色板，它会浮动在窗口中，可任意移动。一般来说，为了方便操作，调色板的摆放都采用默认方式，即停放在 CorelDRAW X4 主窗口的右边缘。

对调色板的设置，主要通过“选项”对话框中的“自定义”选项来操作。可以设置的内容如下：

- 更改停放后的调色板最大行数。
- 鼠标右键用于显示上下文菜单还是设置对象的轮廓颜色。
- 调整色样的边框和大小。
- 隐藏或显示“无色”方格⊠。

方法是：单击“工具→自定义”菜单项，弹出“选项”对话框，在其“自定义”选项中，单击“调色板”，再进行相应的参数设置即可，如图 4-4 所示。

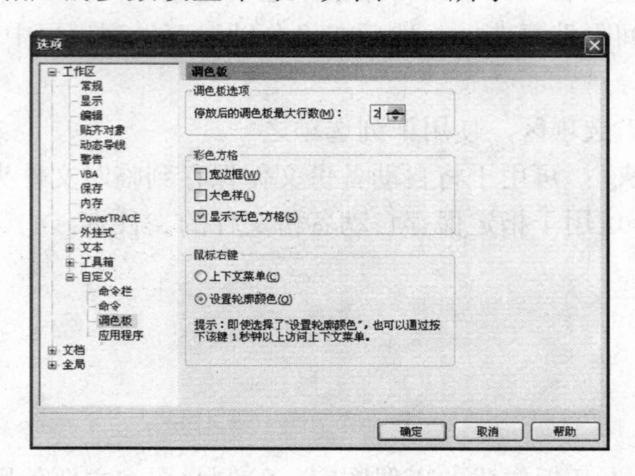

图 4-4　设置调色板

提示：靠边缘停放的调色板最多可设置七行。

单击调色板下方的 按钮，可以展开调色板，以选择更多的颜色。

2. 设置对象的填充颜色

只能对封闭的对象进行颜色填充。选中封闭的对象后，可使用下列方法之一进行颜色填充：

- 在调色板的色样格中单击，可对封闭区域进行颜色填充。
- 双击窗口右下方的“填充”按钮 ，打开“均匀填充”对话框，如图 4-5 所示，选择颜色进行填充。
- 单击“工具箱”中的“填充”按钮，展开填充方式列表，如图 4-6 所示，选择一种填充方式，将打开对应的对话框，进行不同方式的填充。

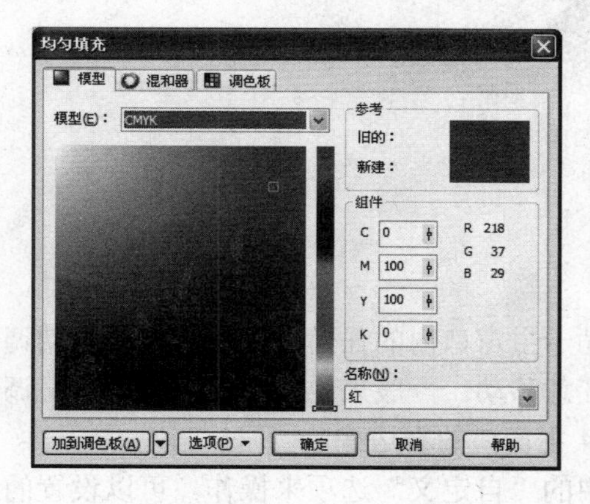

图 4-5　“均匀填充”对话框

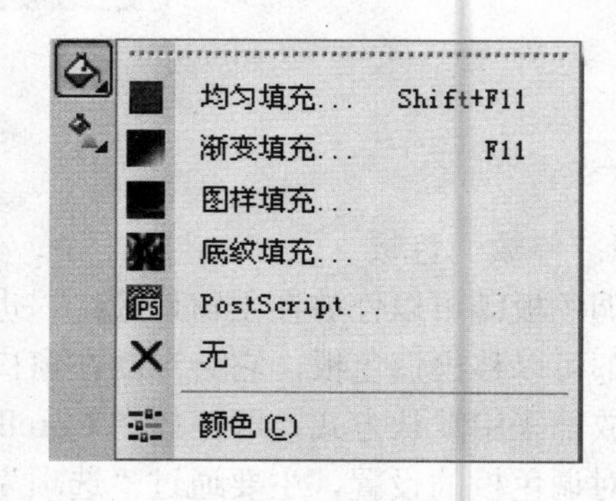

图 4-6　填充方式

3. 设置对象的轮廓颜色

选中对象后，可使用下列方法之一设置其轮廓色：

- 在调色板的色样格中右击，可设置对象轮廓色。
- 双击窗口右下方的“轮廓颜色”按钮 ，打开“轮廓笔”对话框，如图 4-7 所示，可设置轮廓的颜色、线宽、样式等多种属性。

● 使用“挑选工具”选中对象后，在窗口上方的属性栏中也有相应的工具可设置轮廓的属性，如图 4-8 所示。

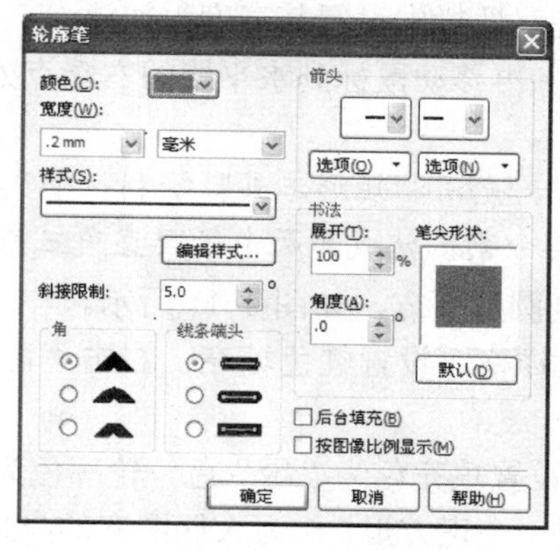

图 4-7　“轮廓笔”对话框

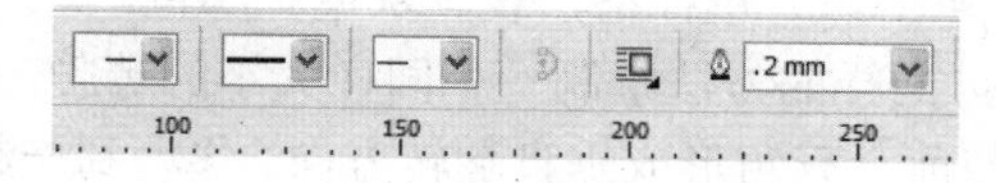

图 4-8　属性栏

三、实操步骤

① 在 CorelDRAW X4 中新建一个空白文档。

② 在“工具箱”中选择“矩形工具”，绘制一个矩形；在属性栏中设置此矩形的宽为 130.0 mm，高为 100.0 mm（参考数据）。

③ 保持矩形为选中状态。在“工具箱”中单击“填充”按钮，在展开的填充方式列表中选择“图样填充”，打开“图样填充”对话框，选择木纹位图填充，如图 4-9 所示，单击“确定”按钮后，矩形的填充效果如图 4-10 所示。

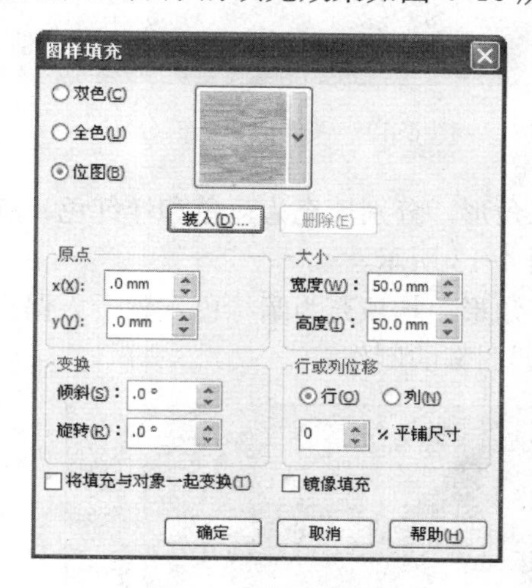

图 4-9　选择填充方式

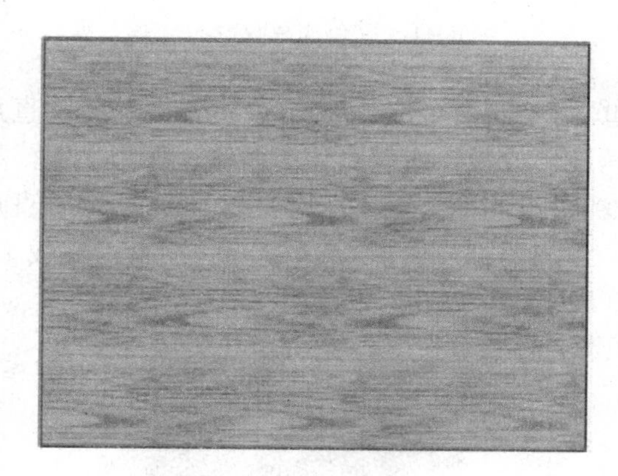

图 4-10　填充效果

④ 在“工具箱”中选择“椭圆形工具”，在此矩形上方的中央处绘制一个圆形（按下 Ctrl 键的同时，单击并拖动鼠标）。在调色板中单击“黄”色样格，进行颜色填充。在“调色板”中右击“40%黑”色样格，设置轮廓色。

⑤ 在“工具箱”中选择“手绘工具”，在页面中单击，在按下 Ctrl 键的同时沿水平方

向拖曳鼠标，到一定距离后单击鼠标绘制了一条水平线。在属性栏中设置其长度为 40 mm。

⑥ 继续使用“手绘工具”，在水平线的左端点处单击，在按下 Ctrl 键的同时沿垂直方向拖曳鼠标，到一定距离后单击鼠标，绘制了一条垂线。在属性栏中设置其高度为 40 mm。

⑦ 继续使用“手绘工具”，在垂线的下端点处单击，再移动鼠标到水平线的右端点处单击，就完成了一下等腰直角三角形。

提示： 绘制等腰直角三角形还可以使用另一种方法。先用“矩形工具”绘制一个宽高均为 40 mm 的正方形，再使用“刻刀工具”沿对角线将其分割，就成为两个等腰直角三角形了。

⑧ 使用“挑选工具”，将此等腰直角三角形移动到圆形下方，如图 4-11 所示。

⑨ 选中此三角形，在“调色板”中单击“红”色样格，设置红色填充，右击“调色板”中的“40%黑”色样格，设置灰色轮廓色。

⑩ 同样的方法绘制一个同样大小的等腰三角形，设置填充色为“绿”色，轮廓色为“40%黑”，与前一三角形成垂直翻转方向。移动到一起，构成一个正方形，作为人偶图案的身体部分，如图 4-12 所示。

提示： 可以使用复制功能生成第二个及更多的等角直角三角形。在任务六的学习中将介绍复制操作。

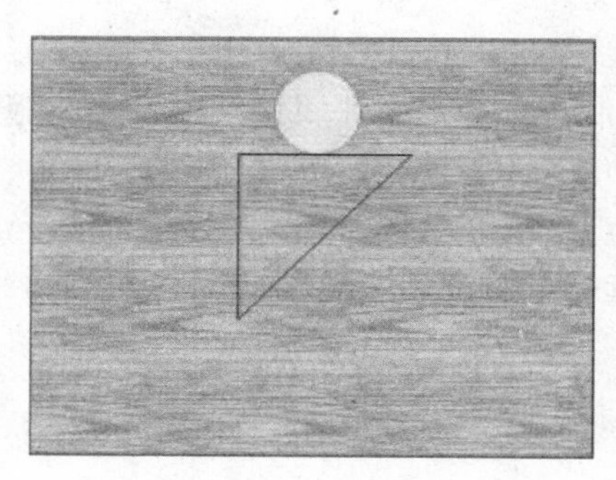

图 4-11　三角形与圆形的组合

图 4-12　人偶的身体部分

⑪ 再绘制两个宽、高均为 30 mm 的等腰直角三角形，分别填充为蓝色和洋红色。旋转一定的角度，放置在人偶身体的两侧，作为手臂，如图 4-13 所示。

⑫ 再绘制两个宽、高均为 20 mm 的等腰直角三角形，均填充为暗绿色，置于人偶身体的下方，作为两脚，如图 4-14 所示。至此，完成了人偶图案的制作。

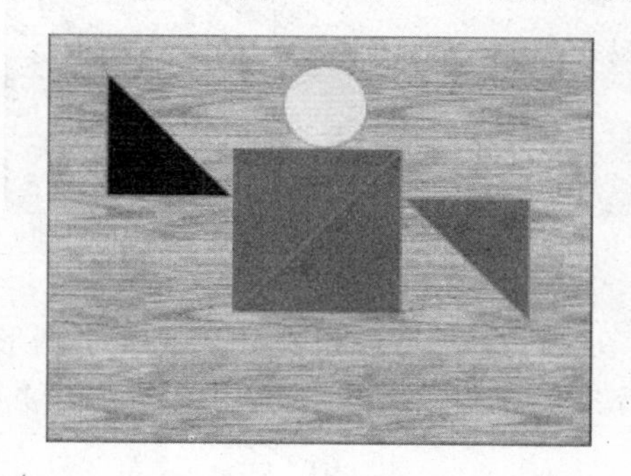

图 4-13　添加手臂

图 4-14　人偶图案完成

提示：画一般的三角形可以使用“多边形工具”。

任务 3　设置图层及对象的顺序

一、任务分析

图 4-15 所示是一些看似零乱的图形。使用图层来组织这些图形，就能构成如图 4-16 所示的卡通图案。

组织时，建立两个图层，分别命名为“蘑菇”和“五官”，再将相关的部件移动到对应图层的相应位置处。同一图层中的对象要注意其垂直叠放顺序。

图 4-15　一些看似零乱的图形

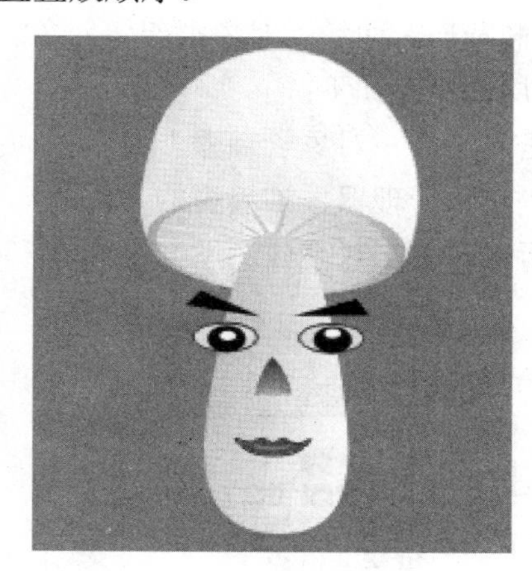

图 4-16　卡通图案

二、知识点

1. 图层

利用图层，可以设置多个图形对象之间的垂直叠放顺序，这种顺序决定了这些图形表达一个整体图案时的外观。

图层为我们组织和编辑复杂的图案提供了更大的灵活性。可以把一个图案划分成若干个图层，每个图层分别包含一部分图案内容，分别进行编辑。

CorelDRAW X4 允许在一个图层中绘制多个对象。

2. 局部图层和主图层

新建的每一个文件都包含有两个默认页面：页面 1 和主页面。

页面 1 包含“导线”图层（“辅助线”图层）和图层 1。辅助线层上布置辅助线。图层 1 是默认的局部图层。在页面上绘制对象时，这些对象都将添加到图层 1 上。对于结构复杂的对象，1 个图层显然不能很好地管理对象，需要新建多个图层。

主页面中的对象可应用于文档中所有的页面。可以在主页面中添加图层，以保留页眉、页脚或静态背景等内容。默认情况下，主页面包含以下图层。

①“导线”图层（“辅助线”图层）：包含用于文档中所有页面的辅助线。

②“桌面”图层：包含绘图页面边框外部的对象。该图层可以存储以后可能要包含在绘图中的对象。

③“网格”图层：包含用于文档中所有页面的网格。网格始终为底部图层。

主页面上的默认图层不能被删除或复制。默认情况下，主页面上的图层将显示在所有图层对象的顶部。可在“对象管理器”泊坞窗中单击“图层管理器视图”按钮来更改图层顺序，也可用鼠标拖动来改变图层顺序。

3. 新建图层

“对象管理器”泊坞窗可用以管理图层以及图层中的对象，如图4-17所示，“图层1”中包含有矩形、椭圆形、曲线、对象群组等对象。

创建图层的步骤如下：

① 单击“工具→对象管理器”菜单项，打开“对象管理器”泊坞窗。

② 在“对象管理器”泊坞窗的右上角，单击“对象管理器选项”按钮，展开下拉菜单，如图4-18所示，单击“新建图层”。

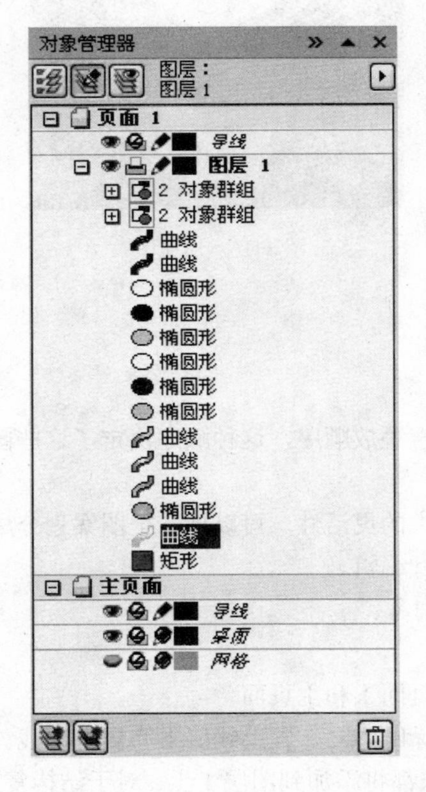

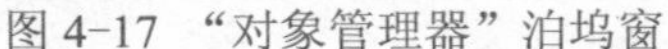

图4-17 “对象管理器”泊坞窗

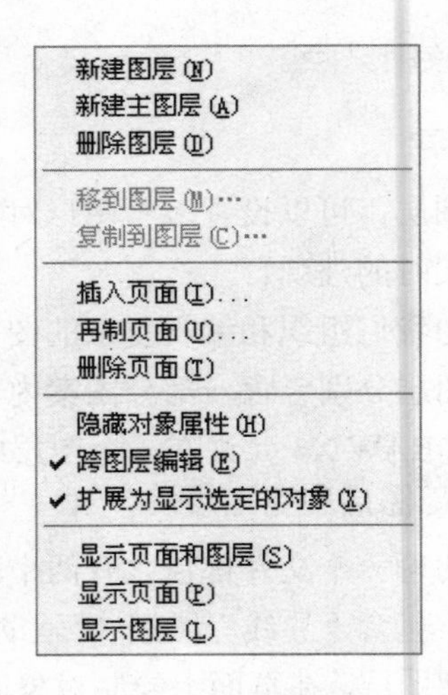

图4-18 “对象管理器选项”菜单

提示：也可在“对象管理器”泊坞窗中单击“新建图层”按钮来新建图层。

绘图过程中，应先单击选择正确的图层，使之成为活动图层，再绘制图形。活动图层的名称以红色粗体显示，该图层的名称以及当前选择的对象显示在主窗口底部的状态栏中。

4. 删除图层

删除图层的步骤如下：

① 打开“对象管理器”泊坞窗。

② 单击要删除的图层的名称。

③ 单击“对象管理器选项”按钮▶，然后单击“删除图层”。

也可以通过在“对象管理器”泊坞窗中先选中图层，再单击“删除”🗑来删除图层。选中图层后，直接按键盘上的Delete键也可删除图层。

删除图层时，会同时删除该图层上的所有对象。

5. 对象的顺序

图层中的对象是有垂直排列顺序的，前面图层中的对象可以遮盖后面图层中的对象。通过调整对象的前后顺序，可以实现不同的效果。

更改对象顺序的方法如下：

① 选择对象。

② 单击“排列→顺序”子菜单，然后单击下列某个菜单项。

- “到页面前面”：将选定对象移到页面上所有其他对象的前面。
- “到页面后面”：将选定对象移到页面上所有其他对象的后面。
- “到图层前面”：将选定对象移到活动图层上所有其他对象的前面。
- “到图层后面”：将选定对象移到活动图层上所有其他对象的后面。
- “向前一层”：将选定的对象向前移动一层。
- “向后一层”：将选定的对象向后移动一层。
- “置于此对象前”：将选定对象移到用户在绘图窗口中单击的某对象的前面。
- “置于此对象后”：将选定对象移到用户在绘图窗口中单击的某对象的后面。

也可以对多个对象的垂直顺序进行反转，即反向改变其垂直顺序，方法如下：

① 选择对象。

② 单击“排列→顺序→反转顺序”菜单项。

三、实操步骤

① 在CorelDRAW X4中打开素材文件e4_3.cdr。

② 单击“工具→对象管理器”菜单项，打开“对象管理器”泊坞窗。

③ 在“对象管理器”泊坞窗中右击“图层 1”名称，在快捷菜单中选择“重命名”，将该图层命名为“蘑菇”。

④ 用同样的方法，将“图层 2”重命名为“五官”。

⑤ 在页面中选中蘑菇盖部分，此时“对象管理器”泊坞窗中相应的对象名称也处于选中状态，鼠标右击此名称，在快捷菜单中选择“重命名”，将其命名为“菌盖”，如图4-19所示。

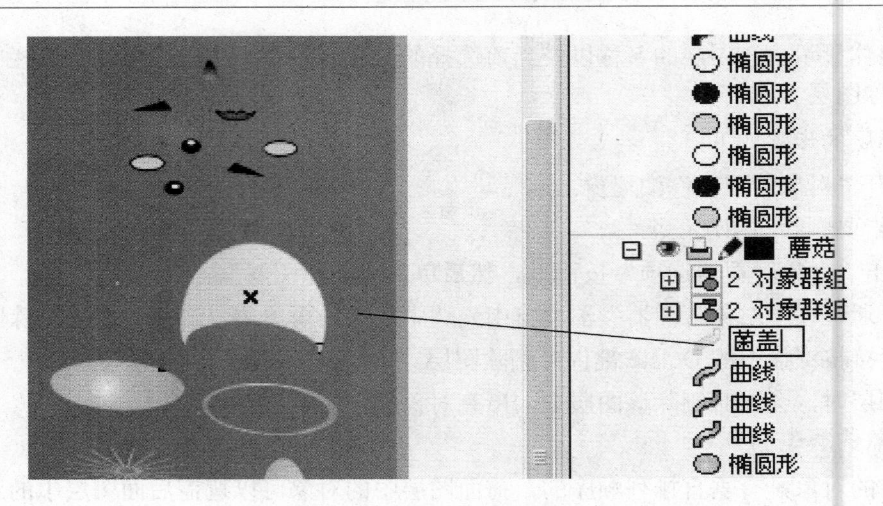

图 4-19　重命名蘑菇盖对象

⑥ 类似地，重命名所有的对象，如图 4-20 及图 4-21 所示。

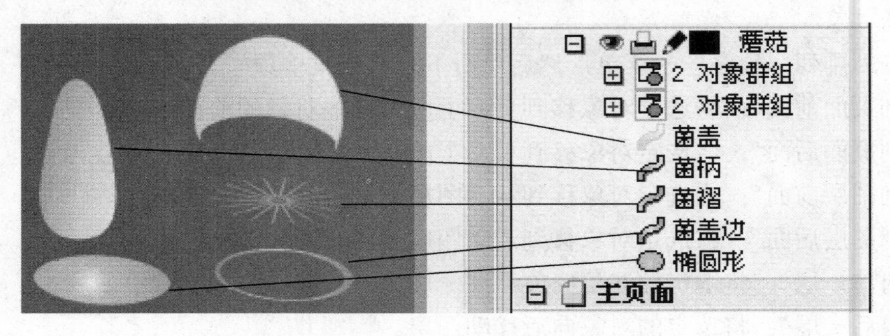

图 4-20　重命名蘑菇的各个部分

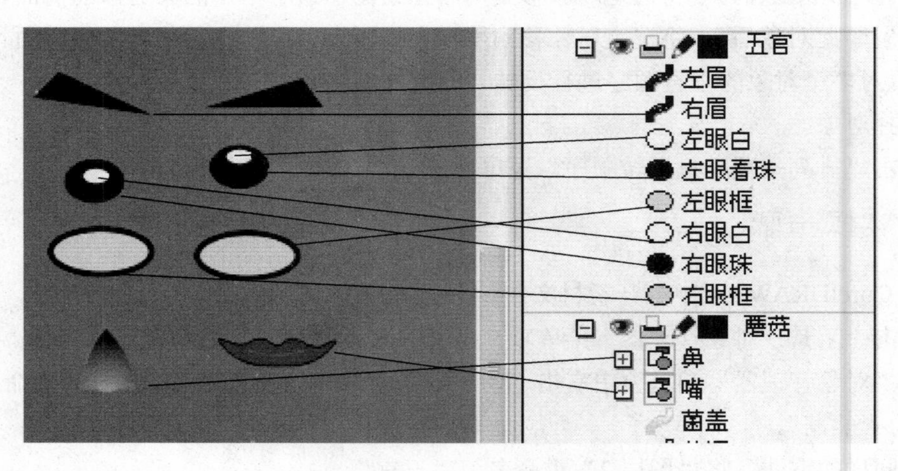

图 4-21　重命名五官

⑦ 在“对象管理器”泊坞窗中，鼠标单击并拖动对象，可以移动对象的层叠顺序，如图 4-22 所示。

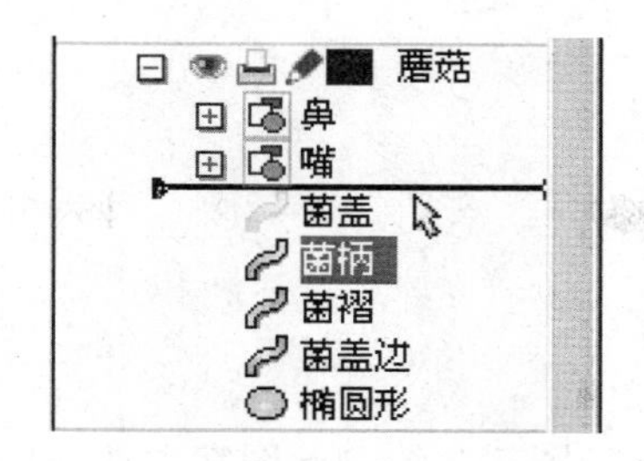

图 4-22　改变对象的层叠顺序

⑧ 分别将构成图案的对象移动到对应的图层中，并调整好顺序，如图 4-23 所示。

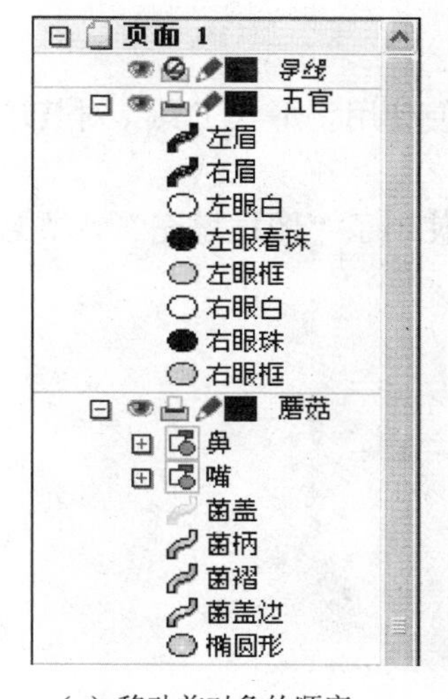

（a）移动前对象的顺序

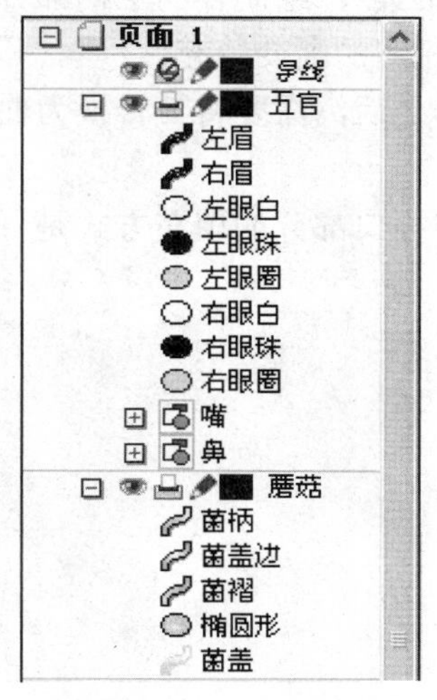

（b）移动后对象的顺序

图 4-23　调整对象在图层中的位置

⑨ 使用“挑选工具”，在页面中将各对象移动到对应的位置，做好定位，完成最终效果，如图 4-24 所示。

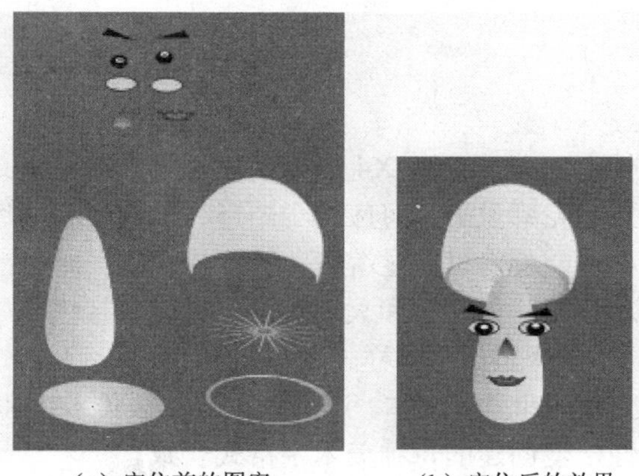

（a）定位前的图案　（b）定位后的效果

图 4-24　最终效果

⑩ 保存文件。

任务 4　样式的设置和应用

一、任务分析

图 4-25 所示是一只手绘水杯的图案。绘制此图案主要使用了以下工具和方法。

① “矩形工具”：绘制杯体及杯子的底托。

② “椭圆形工具”：绘制杯口部分。

③ “贝塞尔工具”：绘制杯的手柄部分。

④ 使用灰白相间的渐变填充。

在绘制完矩形之后，需要将其转换为曲线，以便使用“形状工具”对其进行变形，生成水杯的弧线杯体。

水杯的杯体和杯口部分的填充方式是一致的，使用了“图样填充”方式来快速填充。

图 4-25　水杯

二、知识点

1. 样式

样式就是一套格式属性。CorelDRAW X4 的样式分为图形样式和文本样式。

图形样式包括填充设置和轮廓设置，可应用于矩形、椭圆形和曲线等图形对象。如果多个图形都使用了同一种图形样式，就可以通过编辑该图形样式来同时更改各对象的样式。

文本样式就是一套文本设置，如字体和大小等，也可以包括填充属性和轮廓属性。例如，可以创建带底纹填充且应用 48 磅黑体字的样式。

文本样式分为两类：美术字和段落文本。还可以更改默认美术字和段落文本的属性。例如，可以更改默认美术字的属性，使创建的每种美术字格式一致。

将样式应用于对象时，样式的所有属性就一次性全部应用于该对象。对于那些格式一致的对象，使用样式可以节省大量时间。

2. 创建样式

既可以根据现有对象的属性来创建图形或文本样式，也可以从头新建图形或文本样式，两种情形下创建的样式都会被保存起来。

根据现有对象创建样式的步骤如下：

① 右击要保存其样式属性的对象。

② 在快捷菜单中单击“样式→保存样式属性”选项。

③ 弹出“保存样式为”对话框。可选择“填充”、“轮廓”复选框。

④ 在“名称”文本框中输入样式的名称，单击“确定”按钮即可，如图 4-26 所示。

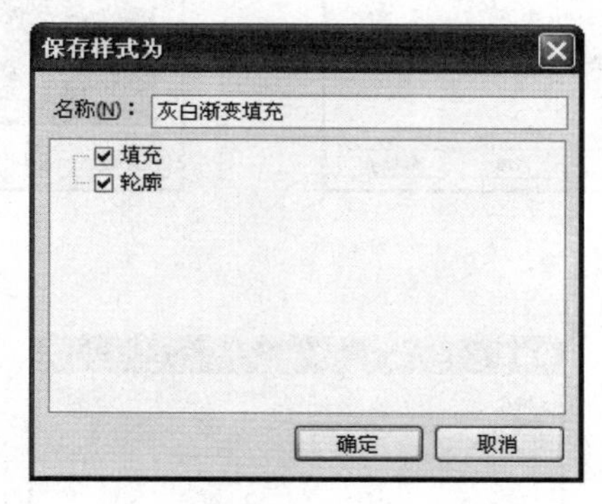

图 4-26　保存样式

从头新建图形或文本样式的步骤如下：

① 单击“工具→图形和文本样式”菜单项，打开“图形和文本”泊坞窗中。

② 在“图形和文本”泊坞窗中，单击其上方的“选项”按钮，展开下拉菜单。

③ 单击“新建”选项，从“图形样式”、“美术字样式”或“落文本样式”中选择一种样式，如图 4-27 所示。

④ 在“图形和文本”泊坞窗中就新建了一个空的样式。

⑤ 右击此样式名，弹出快捷菜单，单击“属性”，弹出“选项”对话框，如图 4-28 所示。

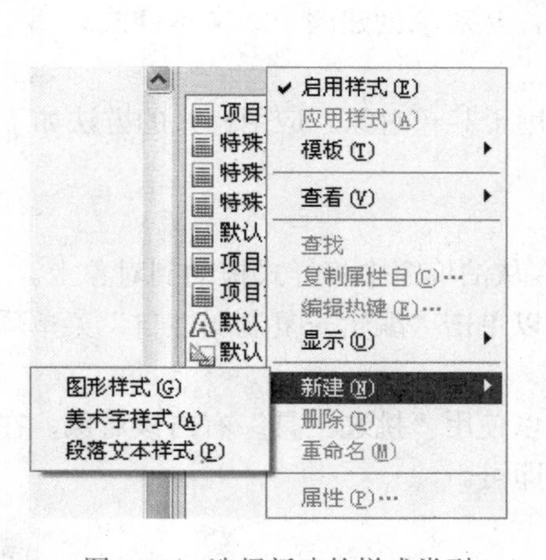

图 4-27　选择新建的样式类型

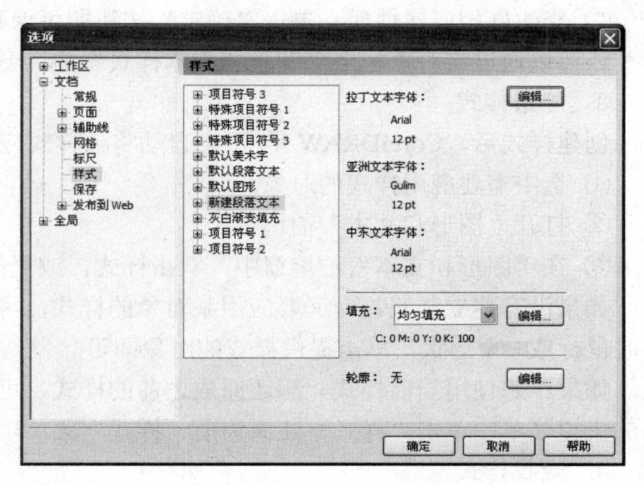

图 4-28　样式的“选项”对话框

⑥ 单击某个属性对应的“编辑”按钮，将弹出相应的对话框进行样式设置，如图 4-29、图 4-30 及图 4-31 所示。

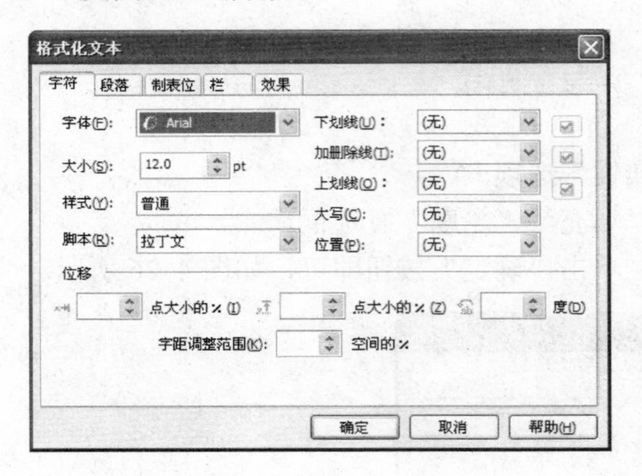

图 4-29　设置文本样式

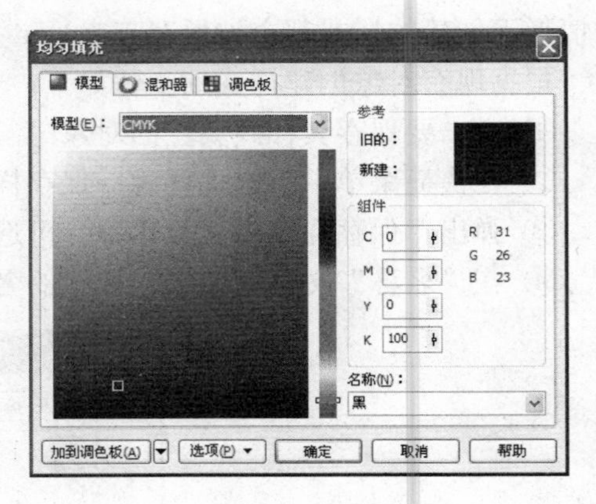

图 4-30　设置填充

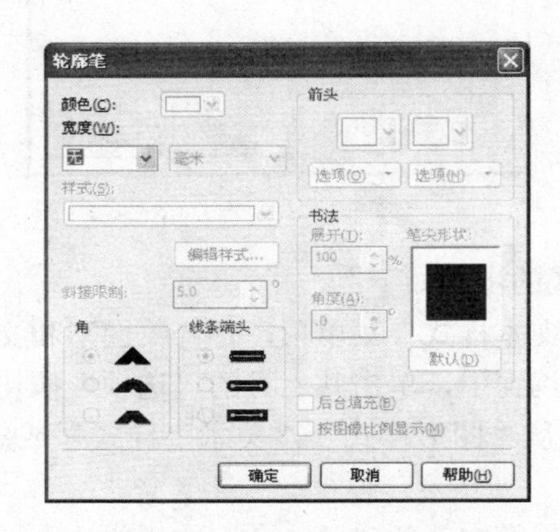

图 4-31　编辑轮廓

⑦ 修改好相应属性后，单击“确定”按钮即可保存此样式。

还可以通过将对象拖至“图形和文本样式”泊坞窗，从对象创建图形或文本样式。

3. 应用样式

创建样式后，CorelDRAW X4 不会自动将该样式应用于某一对象。应用样式的方法如下：

① 选中需要应用样式的对象。

② 打开“图形和文本”泊坞窗。

③ 在“图形和文本”泊坞窗中，双击样式，或直接从泊坞窗中将样式拖动到对象上。

如果没有建立样式，而又要应用某对象的样式，可以单击“编辑→复制属性自”菜单项。此时鼠标成➡形状，单击提供样式的对象即可。

如果不想使用当前样式，想还原成之前的样式，可以使用“挑选工具”右击该对象，在弹出的快捷菜单中单击“样式→还原为前一样式”菜单项即可。

4. 查找样式

要查找使用了某种样式的对象，方法如下：

① 在“图形和文本”泊坞窗的列表中右击该样式。

② 在弹出的快捷菜单中单击“查找”，即可在当前文档找到应用该样式的对象。

③ 如果继续查找其他应用了该样式的对象，可重复步骤①和②。

三、实操步骤

① 新建一个空白文档。

② 在“工具箱”中选择“矩形工具”，绘制一个矩形，如图 4-32 所示。

③ 单击属性栏中的“转换为曲线”按钮，将矩形转换成曲线。

④ 在“工具箱”中选择“形状工具”。

⑤ 逐一选中矩形的四个顶点，单击属性栏中的“转换直线为曲线”按钮。这样矩形的四条边就转换成为曲线，作为杯身。

⑥ 分别选中四个顶点，调整四边条的曲率，如图 4-33 所示。

图 4-32　矩形

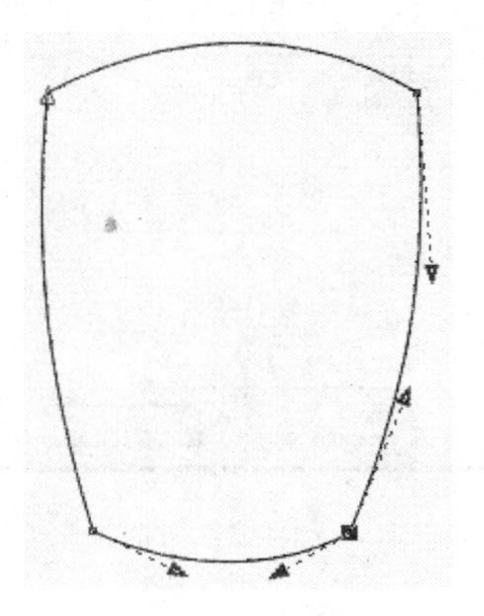

图 4-33　转换为曲线

⑦ 保持杯身为选中状态。在“工具箱”中单击“填充工具”→“渐变填充”，打开“渐变填充”对话框。设置“类型”为“线性”，“颜色调和”为“自定义”；双击渐变色标区，添加 3 个渐变色标，从左到右色标的颜色分别是“20%黑”、“白”、“40%黑”，其中白色标居填充线的 30%处，如图 4-34 所示，杯身的填充效果如图 4-35 所示。

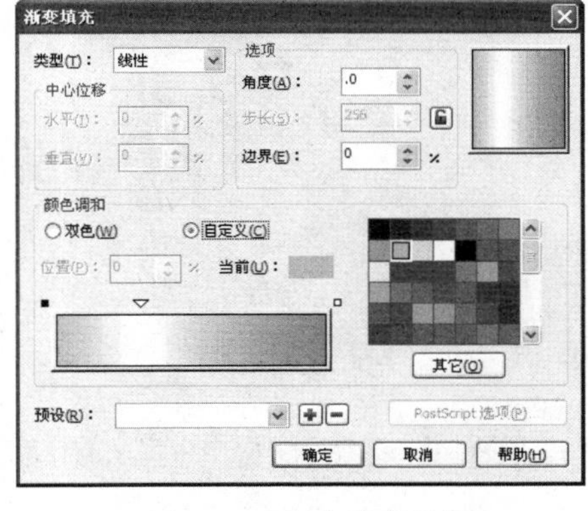

图 4-34　渐变填充设置

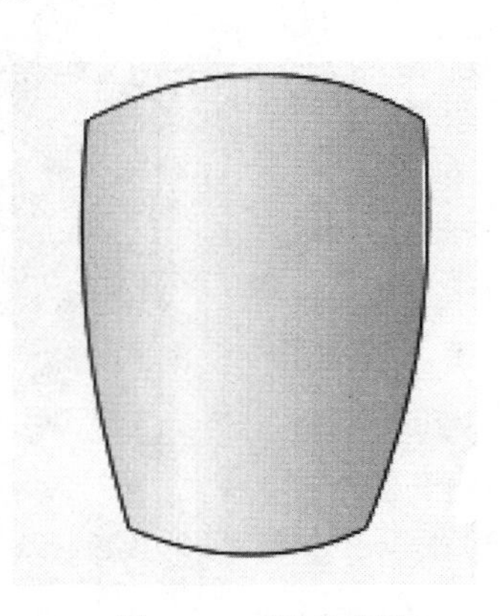

图 4-35　填充效果

⑧ 杯身左右两侧的填充略有不足。在“工具箱”中选择“交互式填充工具”，单击杯身，出现填充交互标志，单击并拖动两端的手柄以调整填充范围，如图 4-36 所示。

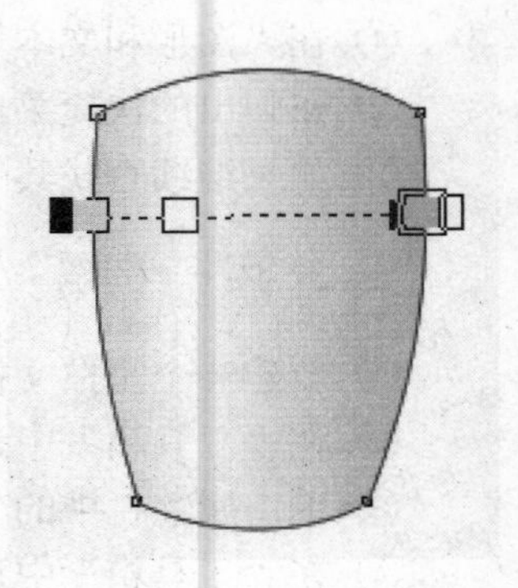

图 4-36 交互式填充

⑨ 选中杯身，在“调色板”中右击“无色”方格☒，设置轮廓线为无色。

⑩ 在“工具箱”中选择“挑选工具”，右击杯身，在快捷菜单中单击“样式→保存样式属性”菜单项，弹出“保存样式为”对话框，给样式命名为“灰白渐变”，如图 4-37 所示，单击“确定”按钮，保存样式。此时，打开“图形和文本”泊坞窗，其列表中就会显示出刚刚创建的“灰白渐变”样式，如图 4-38 所示。

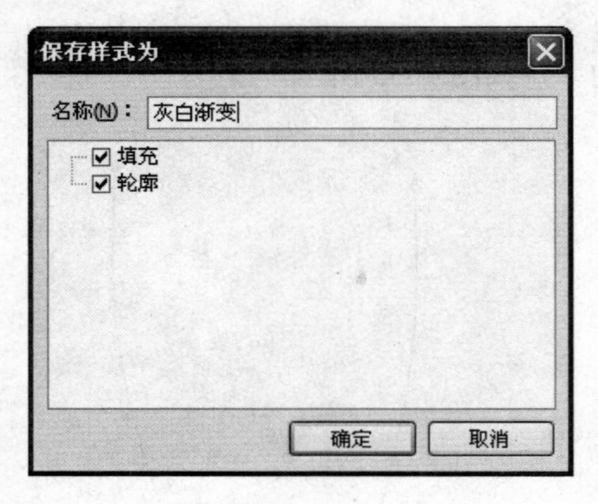

图 4-37 保存样式

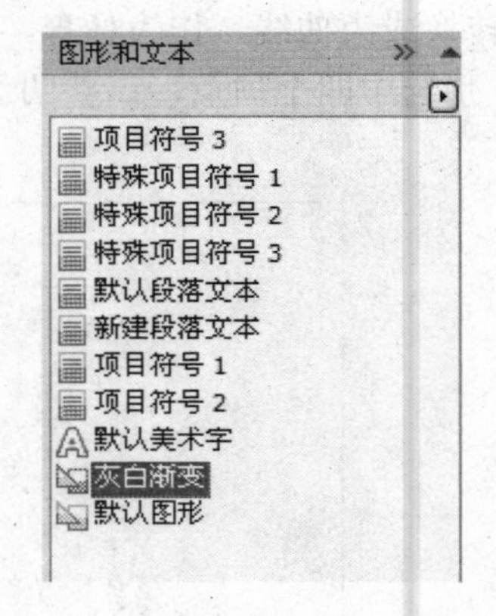

图 4-38 自定义的样式

⑪ 在“工具箱”中选择“椭圆形工具”，在杯口处绘制一个椭圆，如图 4-39 所示。

⑫ 从“图形和文本”泊坞窗中单击并拖动“灰白渐变”样式到此椭圆中，然后使用“交互式填充工具”改变填充方向，效果如图 4-40 所示。

图 4-39 绘制杯口

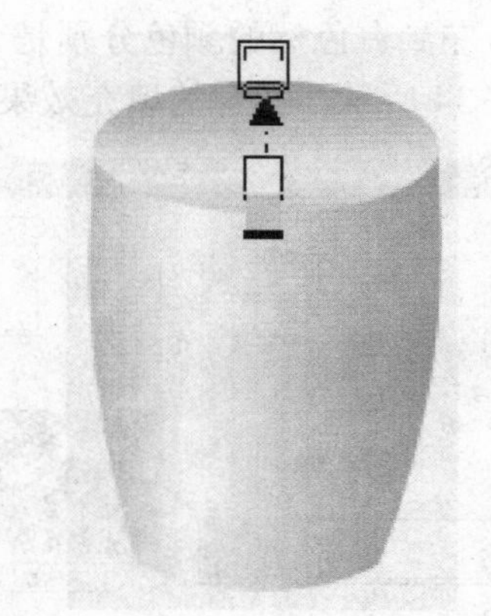

图 4-40 在杯口中应用自定义的样式

⑬ 在此椭圆内部再绘制一个稍小一点的同心椭圆。从“图形和文本”泊坞窗中单击并拖

动“灰白渐变”样式到此小椭圆中，然后使用“交互式填充工具”调整其填充范围，并稍向右调整中间白色标的位置，效果如图 4-41 所示。

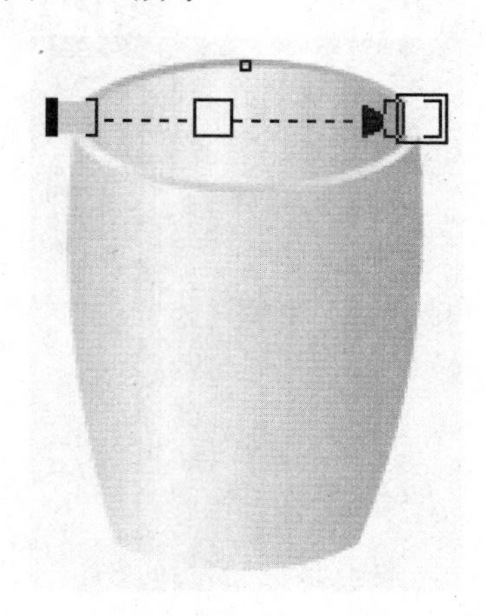

图 4-41　添加杯口的内环

提示：在绘制前最好单击“视图→贴齐对象”菜单项，取消“贴齐对象”功能，以便在任意位置绘制图形。

⑭ 在杯子的下方绘制一个矩形，其宽度约等于杯底的宽度，并将其转换成曲线，如图 4-42 所示。

⑮ 使用“形状工具”改变各边的曲率，使之与杯底部相吻合，如图 4-43 所示。

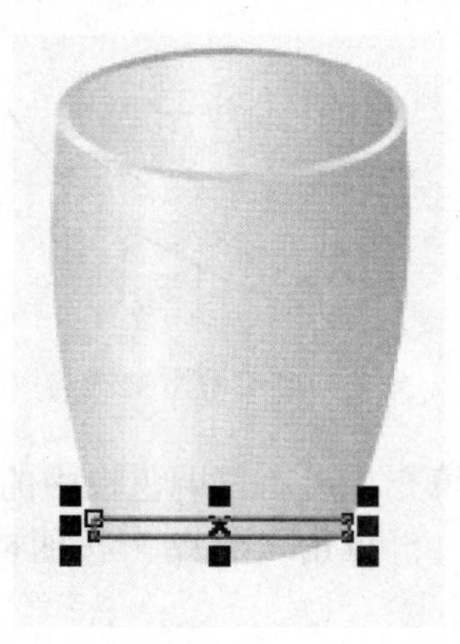

图 4-42　矩形

图 4-43　杯子底座

⑯ 通过“渐变填充”对话框，给此杯子底座填充从左到右为“白”到“10%黑”的渐变，并设置其轮廓为“无色”。

⑰ 单击“标准”工具栏上的“复制”按钮，再单击“粘贴”按钮，将底座复制一份。

⑱ 按两次键盘上的向下光标键，使得复制后的图形与原图形产生垂直方向上的错位。

⑲ 从“图形和文本”泊坞窗中将“灰白渐变”样式拖动到底座中，再使用“交互式填充工具”调整其填充范围，并稍向右调整中间白色标的位置，效果如图 4-44 所示。

图 4-44　完成后的底座

⑳ 选择“贝塞尔工具”，在空白处绘制一个手柄形状，如图 4-45 所示。

㉑ 使用“形状工具”改变各边的曲率，成为一个圆滑的手柄形状，如图 4-46 所示。

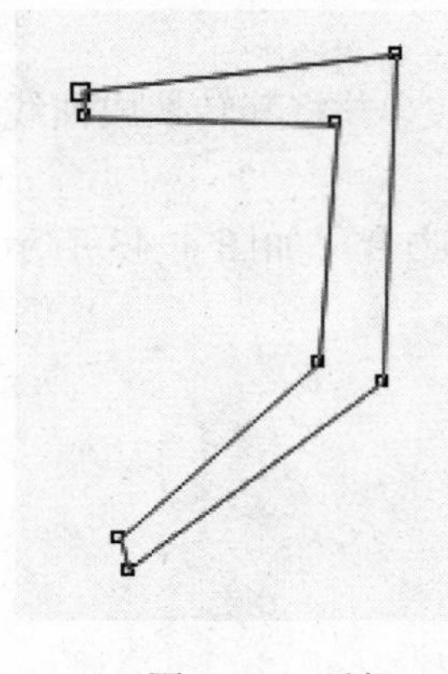

图 4-45　手柄

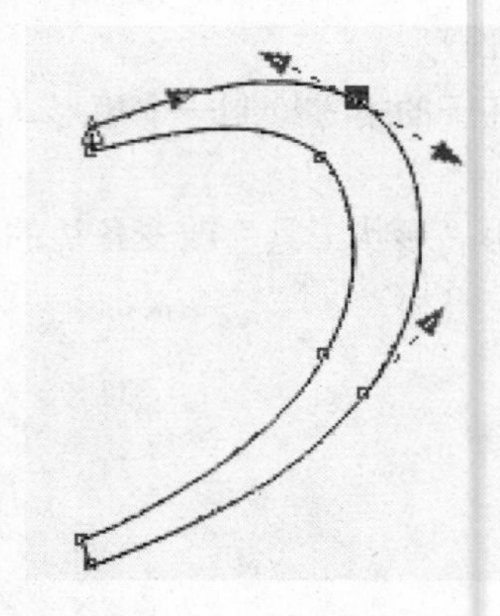

图 4-46　修改后的手柄

㉒ 单击调色板中的“30%黑”色样格进行灰色填充，再右击调色板中的“无色”方格。

㉓ 单击“标准”工具栏上的“复制”按钮，再单击“粘贴”按钮，将此手柄复制一份。

㉔ 分别按两次（参考数据）键盘上的“向下”和“向右”光标键，使得复制后的图形与原图形产生垂直和水平方向上的错位，与原图组合在一起产生三维效果。

㉕ 通过“渐变填充”对话框，给复制后的图形进行“30%黑”到“白色”的线性渐变。

㉖ 使用“交互式填充工具”调整其填充范围，并稍向下调整中间色标的位置，效果如图 4-47 所示。

㉗ 使用“挑选工具”选中作为手柄的这两个图形（框选），移动到水杯的右侧，再右击这两个对象，在快捷菜单中单击“顺序→到图层后面”菜单项。

㉘ 适当调整手柄的大小和位置。水杯图案就完成了，如图 4-48 所示。

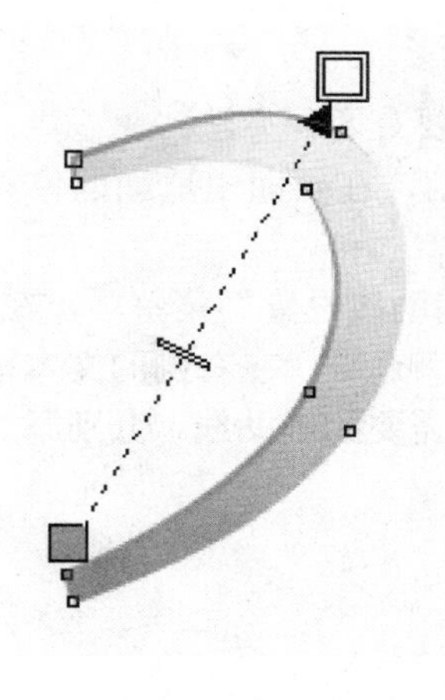

图 4-47　手柄

图 4-48　杯子

任务 5　对象的对齐与分布

一、任务分析

绘制图 4-49 所示的国际象棋，包括木质棋盘和相应的棋子。绘制方法如下:

① 由于棋格的大小相同，分布均匀，且连续整齐排列，可使用 CorelDRAW X4 中的网格来辅助制作。

② 用“对齐和分布”功能来对齐和分布棋子。

图 4-49　国际象棋

二、知识点

在图形设计过程中，经常会使用到标尺、辅助线及网格等辅助工具，利用这些辅助工具对图形进行定位和对齐，使绘制的图形更加精准。

1. 显示/隐藏标尺

单击“视图→标尺”菜单项，即可在页面中显示或隐藏标尺。

2. 辅助线的应用

建立辅助线的前提是先显示标尺。辅助线的创建主要有两种方法：

- 在水平或垂直标尺上按住鼠标左键向页面中拖动，在页面中适当的位置释放鼠标，即可拉出一条水平或垂直方向上的辅助线。
- 精确设置辅助线的位置。单击“视图→设置→辅助线设置”菜单项，在弹出的“选项”对话框左侧的列表框中选择“文档→辅助线→垂直/水平”选项，在右侧的文本框中输入合适的数值，如图 4-50 所示，单击“添加”按钮，为页面添加需要的辅助线，分别添加水平和垂直辅助线，可得到如图 4-51 所示的辅助线效果。

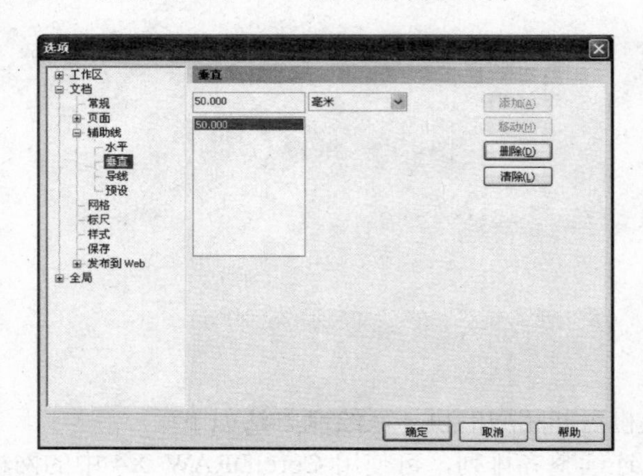

图 4-50 “选项”对话框

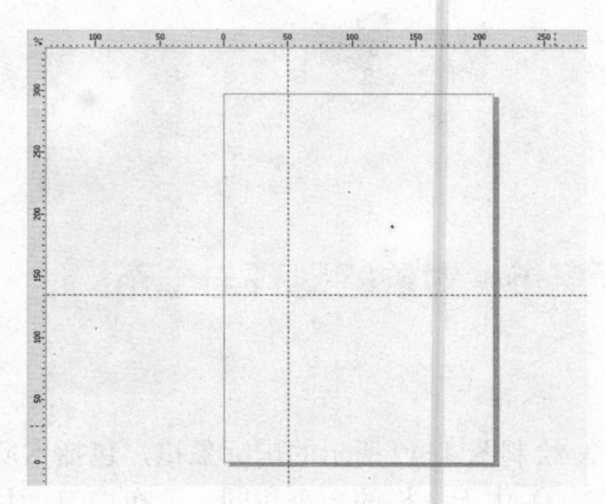

图 4-51 辅助线

单击辅助线可将其选中，此时辅助线呈红色虚线状态。鼠标指向辅助线时，鼠标指针为左右方向↔或上下方向↕箭头形状，此时按住鼠标左键拖动，可以更改辅助线的位置。

在辅助线选中的状态下，按键盘上的 Delete 键可以删除所选中的辅助线。

单击“视图→贴齐辅助线”菜单项，选中该菜单项时，“对齐辅助线”功能被启用，绘图过程中或移动对象过程中，当对象靠近辅助线时，会自动吸附到辅助线上，自动对齐。

如果在辅助线上右击，从弹出的快捷菜单中选择“锁定对象”命令，可以锁定辅助线，防止编辑对象时误操作移动辅助线。需要解锁时，再次右击辅助线并选择“对象解锁”命令，即可解除辅助线的锁定。

单击“视图→辅助线”菜单项，可显示或隐藏辅助线，但不会删除辅助线。

3. 显示/隐藏网格

网格工具的显示与隐藏操作与辅助线类似，单击“视图→网格”菜单项即可。在“对象管理器”中，单击“主页面”下方“网格”前的“显示”或“隐藏”按钮，也可显示或隐藏网格。

单击“视图→贴齐网格”菜单项，可开启网格捕捉模式。

单击“视图→设置→网格和标尺设置”菜单项，弹出“选项”对话框，如图 4-52 所示，可以根据需要修改网格频率或间距等参数。

4. 对齐对象

选中多个对象，单击“排列→对齐和分布→对开和分布”菜单项，或单击属性栏中的“对齐和分布”按钮，将弹出如图 4-53 所示的“对齐与分布”对话框。

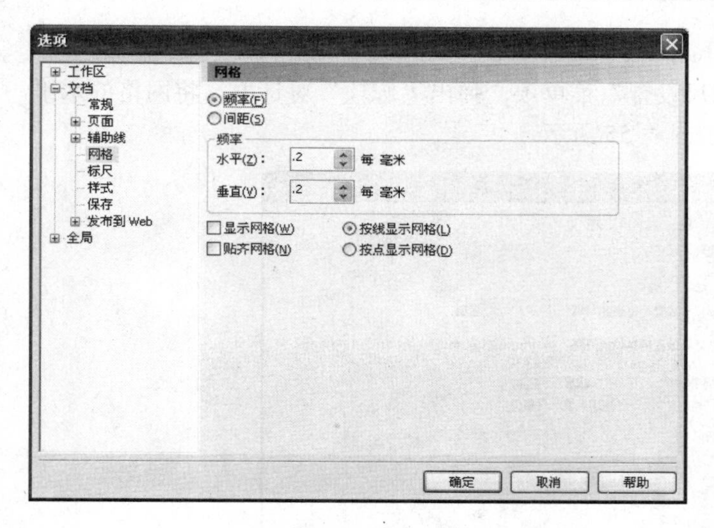

图 4-52　设置网格

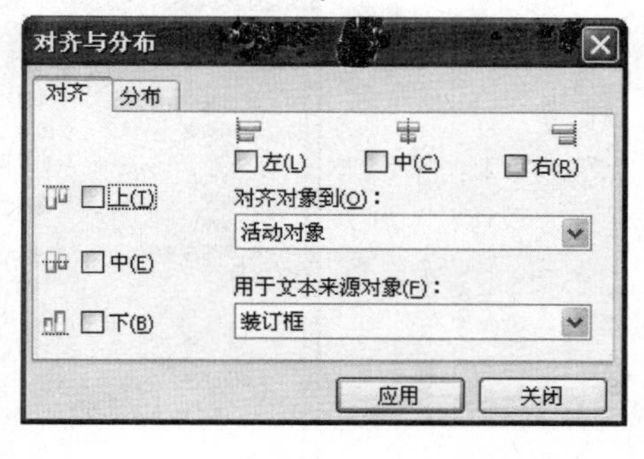

图 4-53　“对齐与分布”对话框

在“对齐”选项卡中，有水平对齐和垂直对齐两种对齐方式，这两种对齐方式可以单独使用，也可以配合使用。

“对齐对象到”：该选项用来确定对齐对象的基准点或对齐方式。下拉列表框中提供了 5 种对齐方式，分别是“活动对象”、“页边”、“页面中心”，“网格”和“指定点”。

“用于文本来源对象”：该选项用来确定文本对象的对齐方式。“用于文本来源对象”下拉列表中提供了 3 种对齐方式，分别是“第一条线的基线”、“最后一条线的基线”和“装订框”。

5. 分布对象

在“对齐与分布”对话框中切换到“分布”选项卡，如图 4-54 所示。

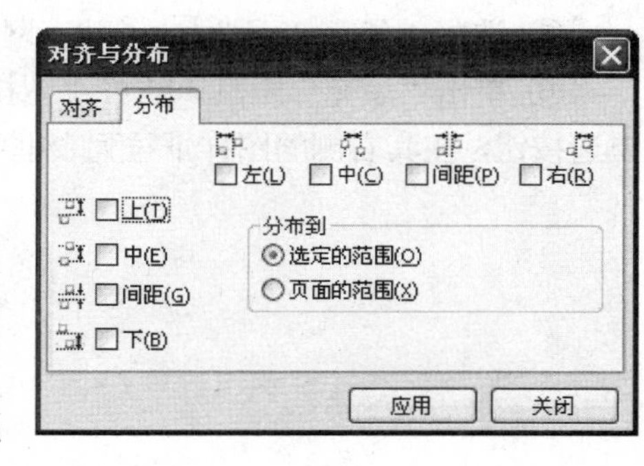

图 4-54　“分布”选项卡

选项卡中竖排选项：

- “上”：使所有选择的对象按上部间距相等分布。
- “中”：使所有选择对象按垂直方向上的中心间距相等分布。
- “间距”：使所有选择对象按垂直方向上的间距相等分布。
- “下”：使所有选择对象按下部间距相等分布。

选项卡中横排选项：

- “左”：使所有选择的对象按左侧的间距相等分布。
- “中”：使所有选择的对象按水平方向上的中心间距相等分布。
- “间距”：使所有选择的对象按水平方向上的间距相等分布。
- “右”：使所有选择的对象按右侧的间距相等分布。

三、实操步骤

① 在 CorelDRAW X4 中新建一个文档，在“对象管理器”泊坞窗中将“图层 1”重命名为

“棋格”。

② 单击“视图→设置→网格和标尺设置”菜单项，弹出“选项”对话框，将网格的水平间距和垂直间距均设置为 15.0 毫米，如图 4-55 所示。

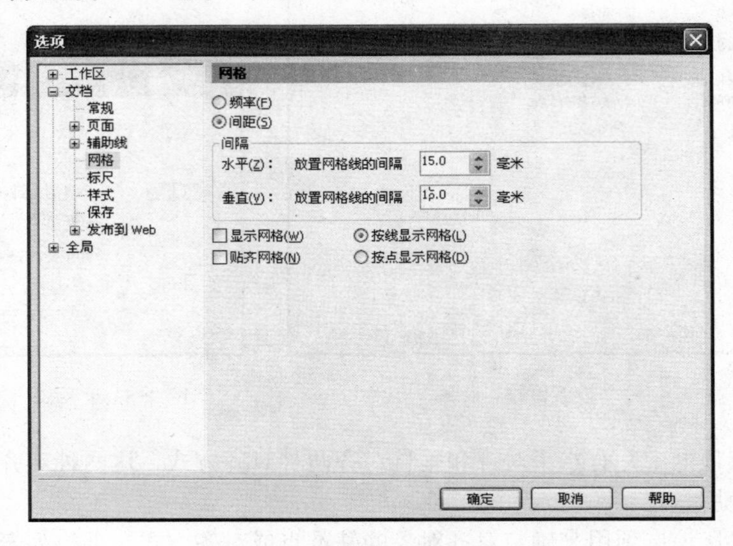

图 4-55 设置网格间距

③ 单击“视图→网格”菜单项，页面中显示网格。

④ 单击“视图→贴齐网格”菜单项，在绘制过程中，可使图形对象自动贴齐网格。

⑤ 选择“矩形工具”，贴齐网格绘制一个正方形，如图 4-56 所示。

⑥ 单击“填充”工具选择“图样填充”，在打开的“图样填充”对话框中选择“位图”单选按钮，在其右侧的图样下拉列表框中选择“木纹”图样，如图 4-57 所示，单击“确定”按钮。

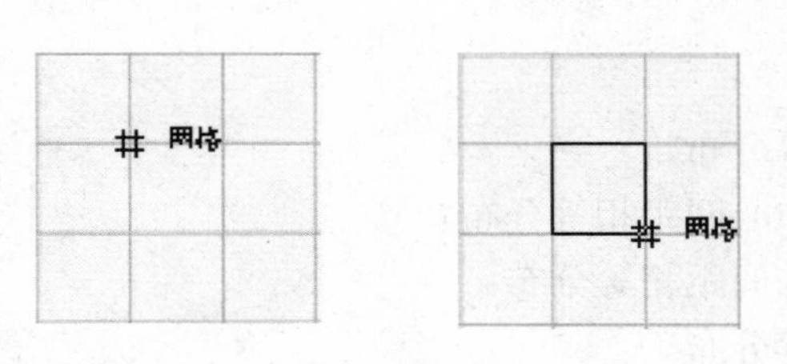

图 4-56 绘制一个正方形

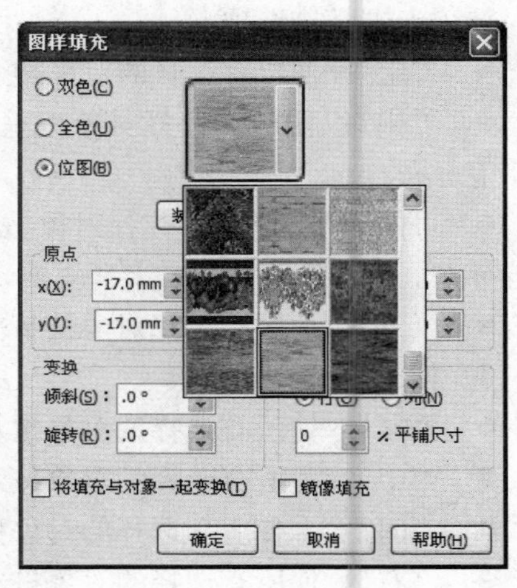

图 4-57 选择木纹图样

⑦ 用同样的方法在其右侧再绘制一个正方形，并选择深色的木纹图样填充，如图 4-58 所示。

⑧ 分别复制这两个正方形到下方的网格中，如图 4-59 所示。

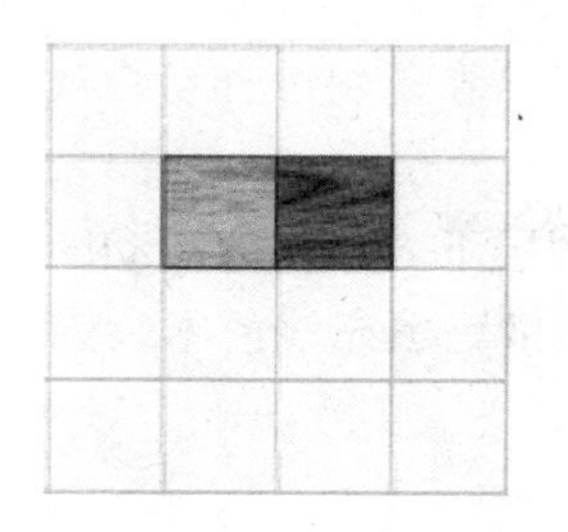

图 4-58　填充深色木纹

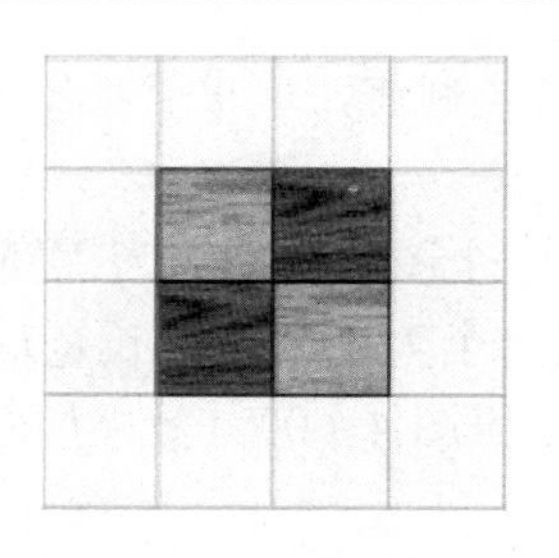

图 4-59　复制后

⑨ 选择“交互式透明工具”，单击选中左上角的正方形，在属性栏中设置透明参数，如图 4-60 所示。用同样的方法给右下方的正方形设置相同参数，效果如图 4-61 所示。

⑩ 选择“交互式填充工具”，调整这两个有透明效果的正方形的填充方式，如图 4-62 所示。

图 4-60　透明参数设置

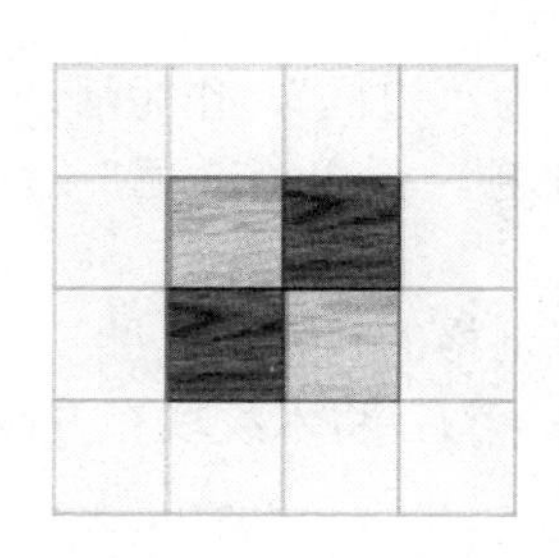

图 4-61　透明效果

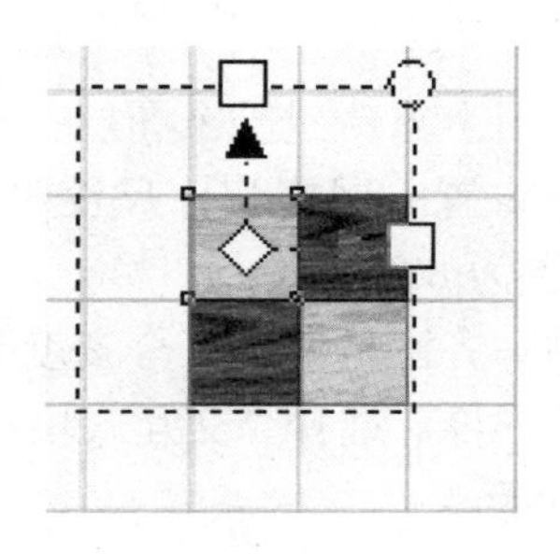

图 4-62　调整填充方式

⑪ 使用“挑选工具”选中正方形，分别进行横向、纵向复制，形成棋盘效果。全选所有正方形，单击属性栏中的“群组”按钮，将其群组，如图 4-63 所示。

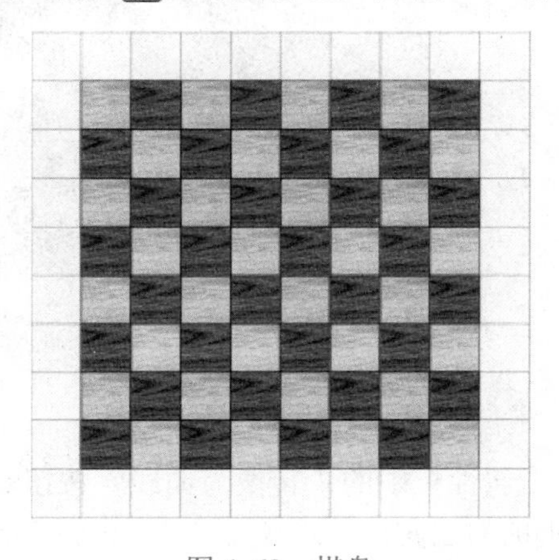

图 4-63　棋盘

提示：在复制前，选中“视图→贴齐网格”菜单项，可以在复制时自动将被复制对象贴齐网格布置。

⑫ 新建一个图层，命名为“底板”，移动到“棋格”图层下方，作为活动图层。

⑬ 绘制一个大正方形，长宽均比刚制作的棋盘格大两格。填充浅色木纹图样，设置透明度为40%（参照图4-60），效果如图4-64所示。

图4-64 棋盘的底板

⑭ 在“棋格”图层上方新建一个图层。重命名为“边框”，作为活动图层。

⑮ 单击“视图→设置→网格和标尺设置”菜单项，弹出“选项”对话框，将网格的水平间距和垂直间距均设置为8.0毫米。

⑯ 在底板的左侧贴齐网格绘制一个宽度为一个网格的长方形。

⑰ 填充深色木纹图样。选择“交互式填充工具”，将木纹填充方向旋转90°角，并作适当调整，如图4-65所示。

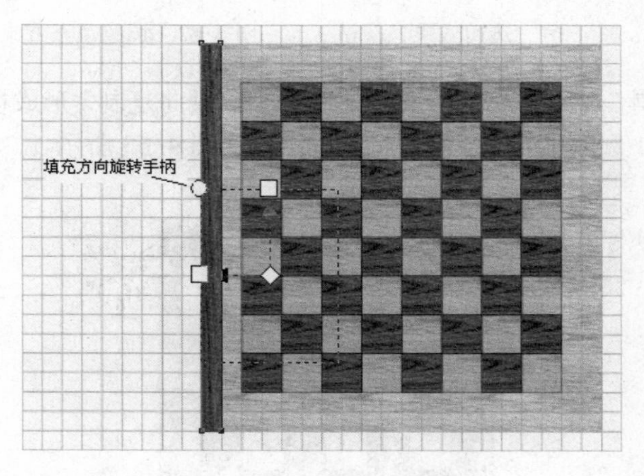

图4-65 调整填充方向

⑱ 选择“挑选工具”，单击属性栏中的“转换为曲线”按钮。

⑲ 单击并向下拖动长方形的右上角成45°角，如图4-66所示。

⑳ 同样的方法拖动长方下形右下角成45°角，绘制出如图4-67所示的木制左边框。

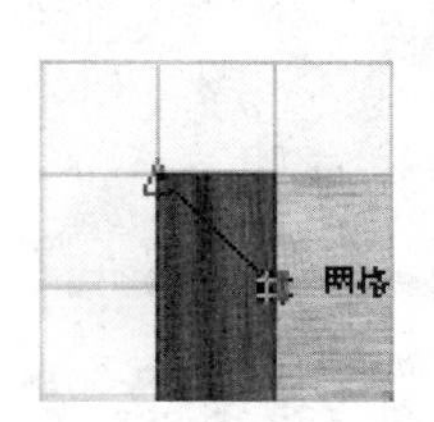

图 4-66　制作木框的斜角

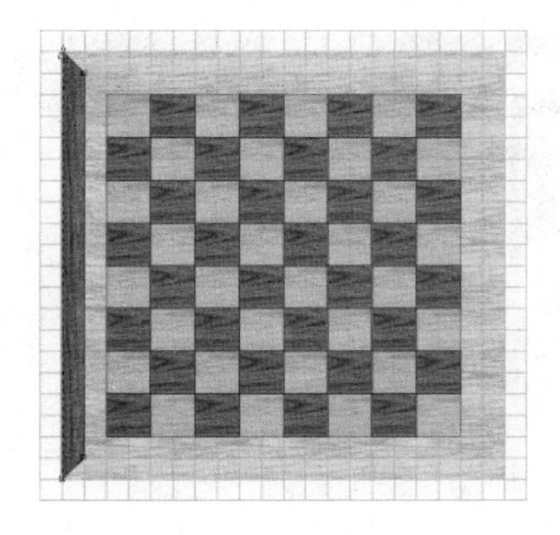
图 4-67　左边框

㉑ 将左边框复制一份并置于棋盘右侧，然后单击属性栏中的“水平镜像”按钮。

㉒ 左边框再复制两份，分别置于棋盘的上下两侧，再分别向左、右旋转 90°，并使用“交互式填充工具”调整填充方向，得到如图 4-68 所示效果。

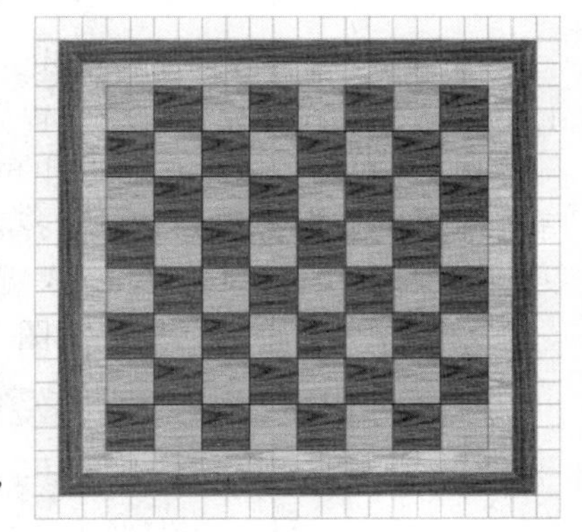
图 4-68　完成边框

㉓ 在“边框”图层上方新建一个“文字”图层，作为活动图层。

㉔ 选择“文本工具”，在棋盘下边框内输入文字“abcdefgh”，文本大小设置为 18 pt，字体设置为 Arial。

㉕ 单击“文本→字符格式化”命令，弹出“字符格式化”泊坞窗，如图 4-69 所示，设置对齐方式为“强制调整”，并适当调整文本框的宽度和高度，使得文字与每列棋盘格居中对齐。

㉖ 在棋盘左侧边框内纵向隔行输入字符“87654321”，字符大小设置为 20 pt，适当调整位置，得到如图 4-70 所示的棋盘。

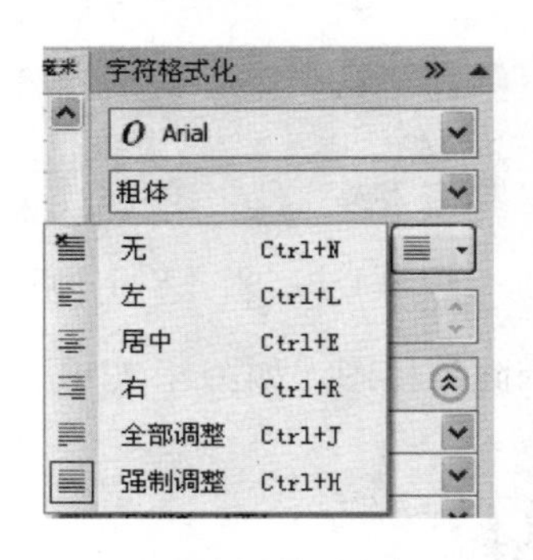

图 4-69　“字符格式化”泊坞窗

图 4-70　完成的棋盘

㉗ 单击“文件→导入”菜单项，打开“导入”对话框，选择素材文件夹 xq 中的所有文件，如图 4-71 所示，单击“导入”按钮。

㉘ 将导入的图片放置到当前页面中，如图 4-72 所示。

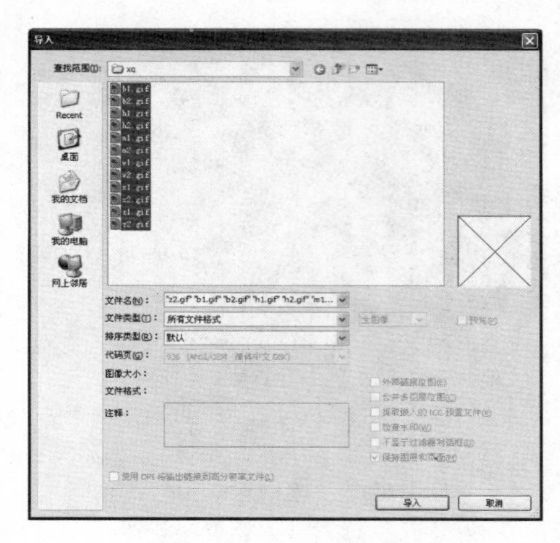

图 4-71　导入素材

图 4-72　导入棋子图片

㉙ 通过复制、移动等操作，将这些图片布置到棋盘的相应位置处，各图片大小均设置为 12 cm×12 cm（在属性栏中设置）。

㉚ 如果布置这些图片时出现对不齐的情况，在粗略布置后，可将同一行中的对象选中，单击“排列→对齐和分布→对齐和分布”菜单项，在打开的“对齐与分布”对话框中设置对齐方式为“上”对齐，如图 4-73 所示；分布方式为“间距”，如图 4-74 所示。

对齐和分布前后的效果如图 4-75 和图 4-76 所示。

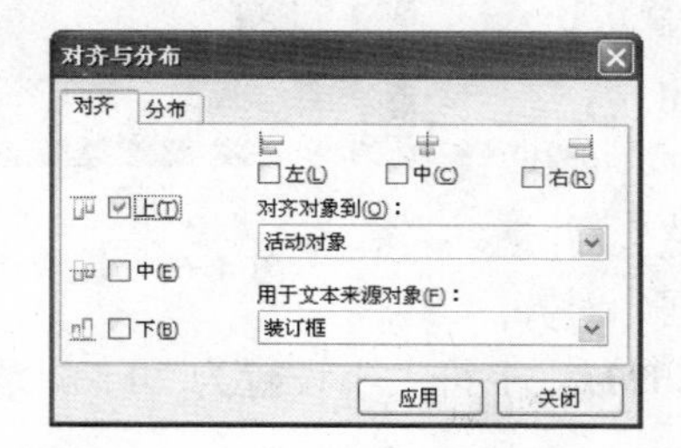

图 4-73　“上”对齐

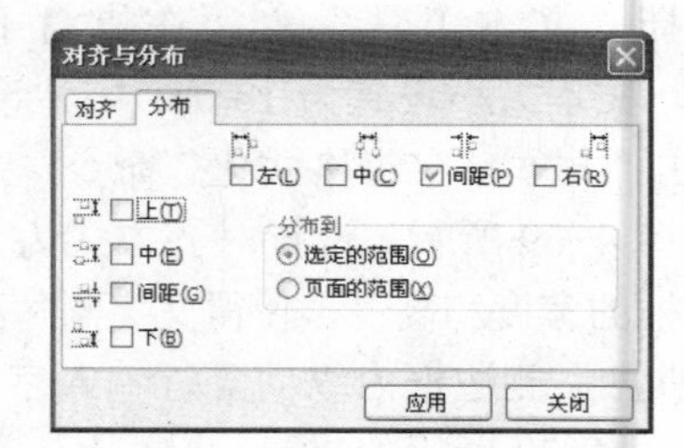

图 4-74　按间距分布

图 4-75　对齐和分布前

图 4-76　对齐和分布后

㉛ 同样的方法布置其他三行棋子，得到最终的国际象棋图，如图 4-77 所示。

图 4-77　国际象棋图

任务 6　对象的再制与组合

一、任务分析

制作如图 4-78 所示的美丽花草图案。制作中使用了对象的复制、再制、变换、交互式填充、网状填充等功能，然后与艺术笔喷绘的图案组合而成。

图 4-78　花草图案

二、知识点

1. 复制对象

复制对象的方式分为两种：复制对象的外形和复制对象的属性。

复制对象外形的方法有很多，主要有剪切、复制、粘贴、原位复制（选择对象，按小键盘上的“+”键）、手动再制（Ctrl+D）、变换命令再制、仿制等。

要复制对象的属性，可以单击“编辑→复制属性自”菜单项，可以复制图形的轮廓色、轮廓线、填充色、文字属性等，但不能复制图形。复制属性就是复制样式，在任务 4 中已经介绍过。

2. 再制对象

（1）手动再制对象

方法一：单击页面空白处，在窗口上方的页面属性栏中的“再制距离”文本框 5.0 mm 5.0 mm 中输入适当的参数，再选择对象，单击“编辑→再制”菜单项（Ctrl+D），进行再制。

第一次再制时会弹击如图 4-79 所示的对话框，输入数值，可以手动调整再制距离，与页面属性栏中的“再制距离”的功能相同。

方法二：按住鼠标拖动对象，松开左键之前单击鼠标右键，可复制对象。若配合 Ctrl 键，则可进行垂直或水平方向上的复制。

再制对象后，多次按 Ctrl+D，可以得到相应数目的再制对象。

（2）使用“变换”命令再制对象

单击“排列→变换”子菜单中的任何一个命令，可打开“变换”泊坞窗，如图 4-80 所示。设置参数后，单击“应用到再制”按钮，可以对选取的对象进行移动、旋转、镜像、缩放和倾斜等变换后再制；若单击“应用”按钮，则只做变换不进行再制。

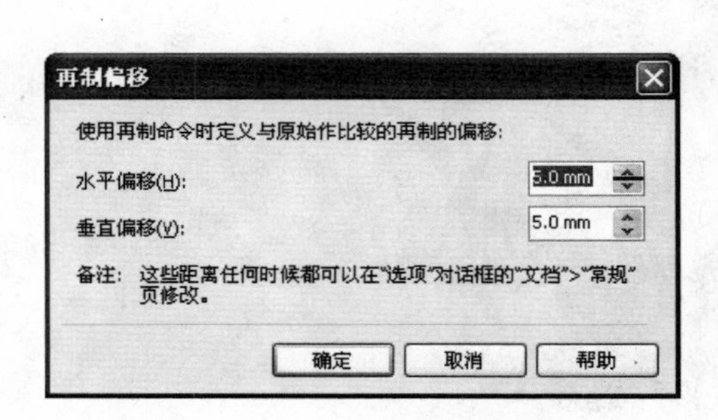

图 4-79 “再制偏移”对话框

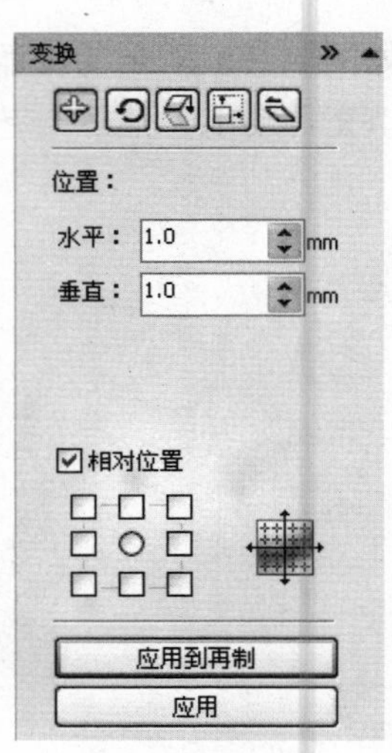

图 4-80 “变换”泊坞窗

1）再制位移对象

在“变换”泊坞窗中单击“位置”按钮（Alt+F7），切换到“位置”面板。当选中“相对位置”复选框时，对应的 8 个控制点将控制对象的移动方向，输入的“水平”、“垂直”参数值为再制对象中心点相对于所选对象中心点的距离。当取消选中“相对位置”复选框时，“水平”、“垂直”参数值为再制对象在页面中的坐标值。

如图 4-81 所示，选择图形对象，修改“水平”、“垂直”参数值分别为 50.0mm 和 0.0mm，然后单击两次“应用到再制”按钮，即可得到两个水平复制的图形。

（a）再制前 （b）位移设置 （c）再制后

图 4-81 再制位移对象

2）再制旋转对象

选择图形对象，在“变换”泊坞窗中单击“旋转”按钮（Alt+F8），切换到“旋转”面板，如图 4-82 所示，设置旋转角度为 15.0°，选择“相对中心”的下方控制点，单击“应用到再制”按钮 23 次，得到如图 4-83 所示的图形效果。也可以取消选中“相对中心”复选框，在

“中心”对话框中输入对象控制点以外的值，可得到其他效果。

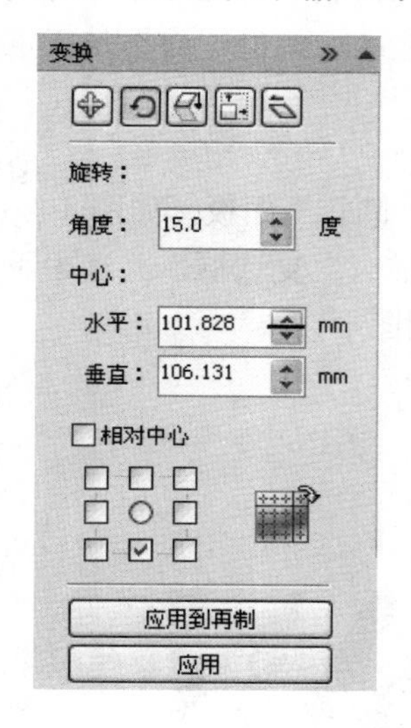

图 4-82　旋转设置

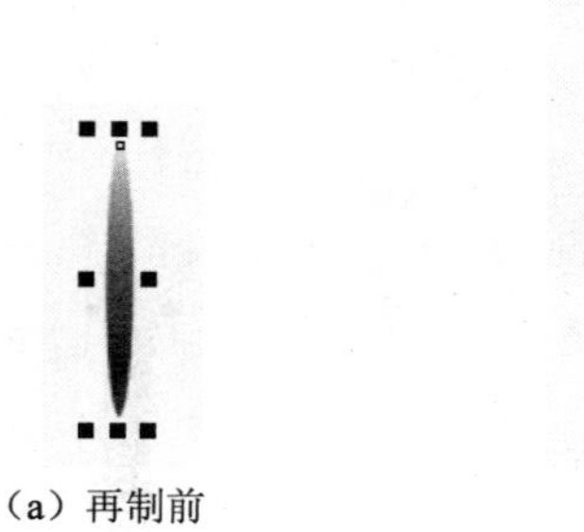

（a）再制前

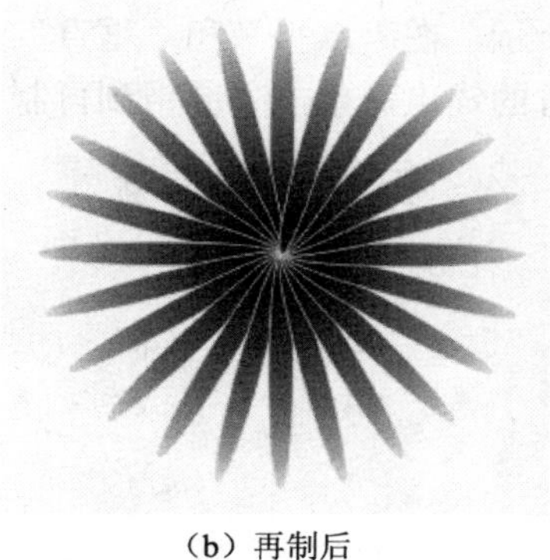

（b）再制后

图 4-83　再制旋转对象

3）再制缩放对象

选择图形对象，在“变换”泊坞窗中单击“缩放和镜像”按钮 （Alt+F9），弹出“缩放和镜像”面板，如图 4-84 所示，设置水平和垂直方向的缩放比例均为 80.0%，单击“应用到再制”按钮 3 次，效果如图 4-85 所示。

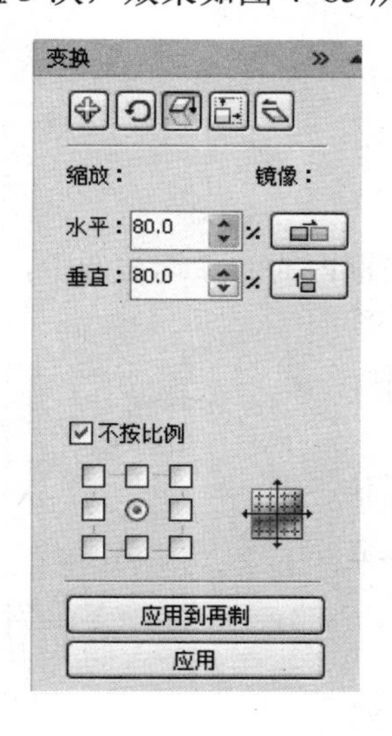

图 4-84　缩放

（a）再制前　　（b）再制后

图 4-85　再制缩放对象

4）再制对象大小

选择图形对象，在“变换”泊坞窗中单击“大小”按钮 （Alt+F10），弹出“大小”面板。

在“水平”和“垂直”文本框中输入再制对象的大小值，单击“应用到再制”按钮，即可得到指定大小的复制对象。与再制缩放对象的结果相似，缩放对象时设置缩放比例值，而不是指定具体的尺寸。

5）再制倾斜对象

选择图形对象，在“变换”泊坞窗中单击“倾斜”按钮，弹出“倾斜”面板，如图4-86所示，在“水平”和“垂直”文本框中输入倾斜的角度，选中“使用锚点”复选框，并选中下方的锚点，单击“应用到再制”按钮3次，即可得到如图4-87所示的图形。

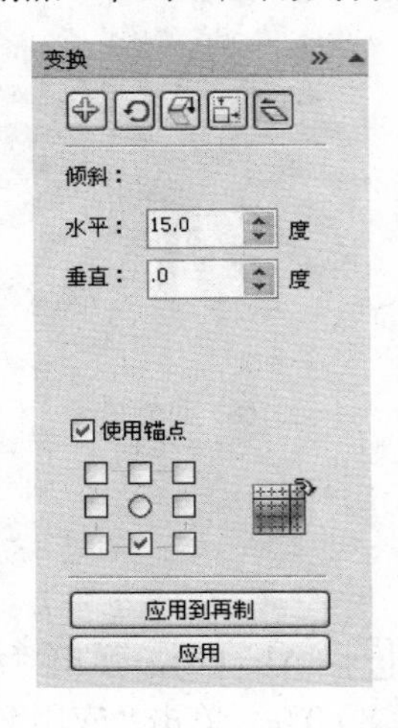

图4-86　倾斜设置

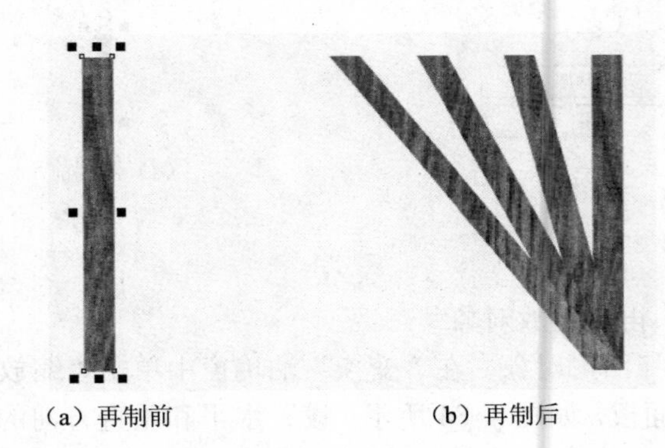

（a）再制前　（b）再制后

图4-87　再制倾斜对象

3. 选中多个对象

选中多个对象的方法有两种。

（1）框选法

使用“挑选工具”在窗口中单击并拖动出一个虚线框，所有在框内的对象均被选中，不在框内或部分在框内的对象不会被选中。如图4-88所示，圆形和矩形处于虚线框中，它们会被选中；而五边形和三角形，因此不会被选中。

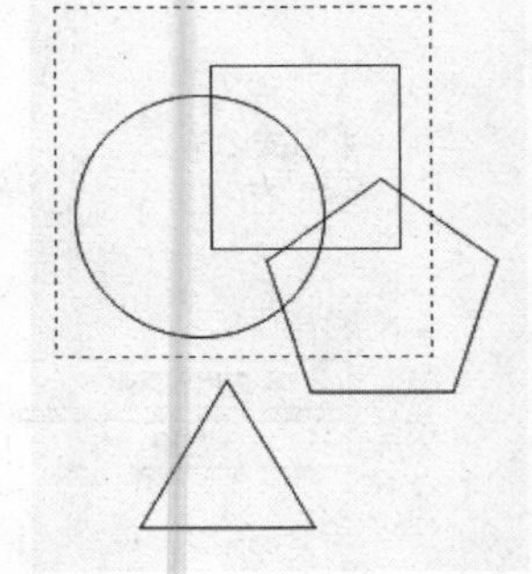

图4-88　框选对象

（2）Shift键+逐个单击法

使用“挑选工具”，先选中一个对象，再按住键盘上的Shift键不放，同时单击其他对象，可选中这些象。按住Shift键不放，在已经选中的对象上单击，则取消选中此对象。

4. 群组与取消群组

选择多个对象，单击属性栏中的“群组”按钮，或执行“排列→群组”命令，或按组合键Ctrl+G，可将所选对象群组。群组可以嵌套，既可以群组多个图形，也可以将多个群组对象再次进行群组。群组后的对象各自属性不变，可整体移动、调序、填充。

单击属性栏中的“取消群组”按钮，或执行“排列→取消群组”命令，或按组合键Ctrl+U，可以取消最后一次群组的对象。

单击“取消全部群组”按钮，可以解散全部群组对象。

5. 结合与打散

选择两个或多个对象，单击属性栏中的“结合”按钮，或执行“排列→结合”命令，或按组合键 Ctrl+L，可将对象结合在一起。

“结合”命令将多个对象合并为一个整体，对象重叠的部分被镂空。该命令多用于融合曲线、结合文字等，结合后的图形属性与最后选中的图形对象属性相同，如图 4–89 和图 4–90 所示。

选择结合对象，单击属性栏中的“打散”按钮，或执行“排列→打散曲线”命令，或按组合键 Ctrl+K，可将结合对象打散。打散后的对象成为独立对象，但不能恢复结合之前的属性. 如图 4–91 所示。

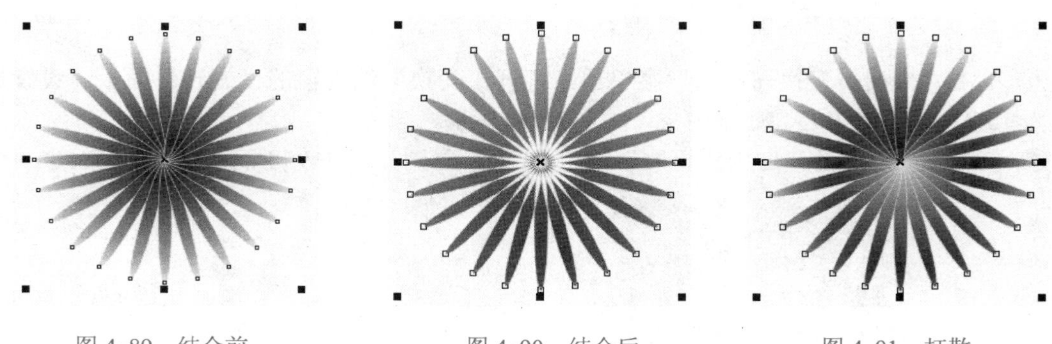

图 4–89　结合前　　图 4–90　结合后　　图 4–91　打散

“结合”与“打散”命令也可以用于文本对象。多个文本结合成美术字文本或段落文本时，组合顺序与选择文本对象的先后顺序一致。每次对文本对象执行“打散”命令时，可将文本打散到不同程度。例如，对于一个有段落、行、空格的文本，第一次执行“打散段落文本”命令时，将文本按段落分成独立文本对象；选中段落，再次执行“打散段落文本”命令时，将把段落打散成行；选中带有空格的一行文本，执行“打散段落文本”命令时，将以空格为界，将行文本打散成词；选中没有空格的文本对象，执行“打散段落文本”命令，将把文本打散成独立的字。

三、实操步骤

① 在 CorelDRAW X4 中新建一个空白文档。

② 在“对象管理器”泊坞窗中，将“图层 1”重命名为“花朵”，并保持此图层为活动图层。

③ 使用“椭圆形工具”在页面上绘制一个椭圆。

④ 保持椭圆为选中状态，在工具箱选择“填充”工具→“渐变填充”，弹出“渐变填充”对话框，设置“类型”为“射线”，“中心位移”的“水平”为 0%，“垂直”为 50%。“颜色调和”为“双色”，从“黄”到“宝石红”，如图 4–92 所示。

⑤ 保持椭圆为选中状态，在窗口右侧的“调色板”中右击“黄”色样，将椭圆轮廓设置

为黄色，结果如图 4-93 所示。

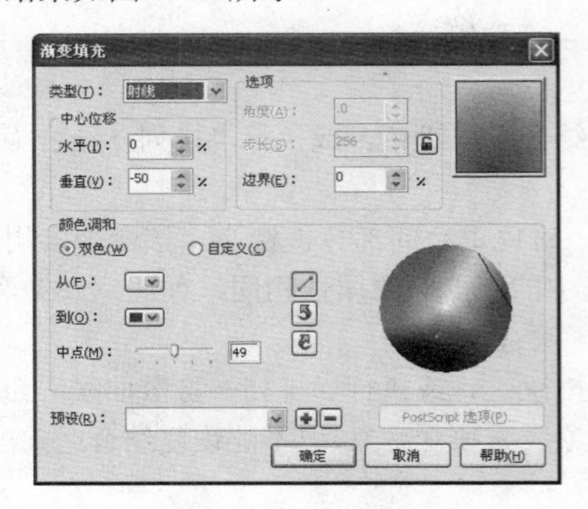

图 4-92 渐变填充设置

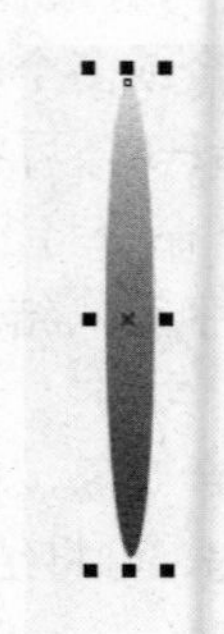

图 4-93 设置轮廓的颜色

⑥ 单击“排列→变换→旋转”菜单项，打开“变换”泊坞窗的“旋转”面板，设置旋转角度为 15.0°，相对中心为底部中央，如图 4-94 所示。

⑦ 单击该面板中的“应用到再制”按钮 23 次，得到如图 4-95 所示的花状图案。

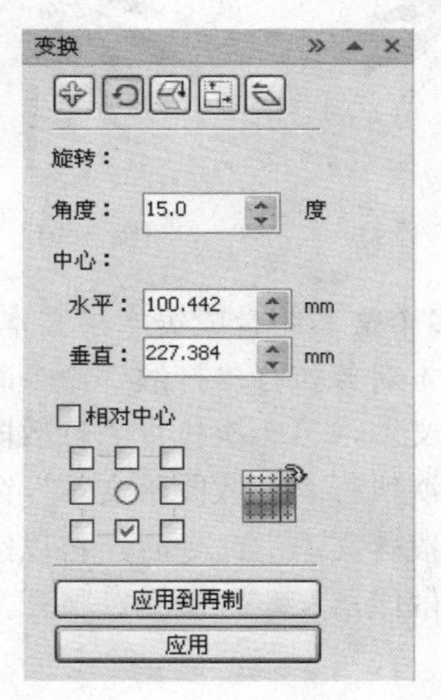

图 4-94 旋转设置

图 4-95 花状图案

⑧ 框选所有 24 个椭圆，单击“排列→结合”菜单项或按组合键 Ctrl+L，将其结合在一起，得到如图 4-96 所示的图案。

⑨ 选择“交互式填充工具”，设置花朵图案的填充方式，如图 4-97 所示。

⑩ 再选择“椭圆形工具”，按下 Ctrl 键并拖曳鼠标，绘制一个正圆。在窗口右侧的“调色板”中单击“黄”色样，设置黄色填充；再右击“无色”方格☒，设置无轮廓色，如图 4-98 所示。

⑪ 移动此正圆到花状图案中心。在“对象管理器”中调整圆形的垂直顺序到花朵图案下方，得到黄色的花蕊效果，如图 4-99 所示。

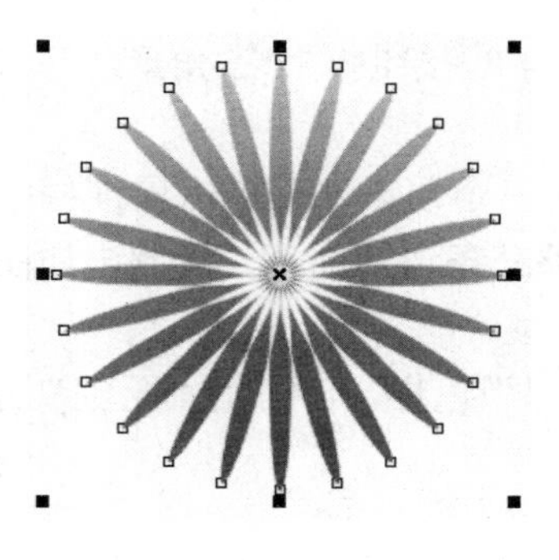
图 4-96　结合后

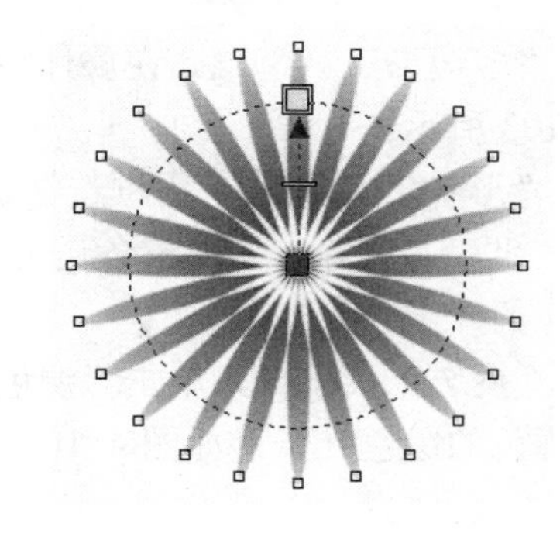
图 4-97　填充效果

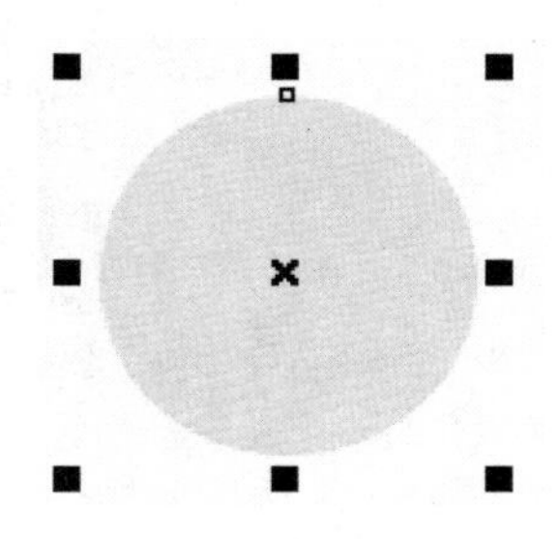
图 4-98　黄色的圆

图 4-99　花蕊效果

⑫ 选中所有对象，按组合键 Ctrl+G 进行群组。

⑬ 选择“矩形工具”，绘制一个长矩形，如图 4-100 所示。

⑭ 单击属性栏中的“转换为曲线”按钮，将矩形转为曲线。

⑮ 选择“形状工具”，用框选法选中矩形的所有顶点，单击属性栏中的“转换直线为曲线”按钮；调整矩形两条竖边的曲率，制成弯曲的形状，如图 4-101 所示。

⑯ 单击“调色板”中的“绿”色样，进行绿色填充，作为花茎，如图 4-102 所示。

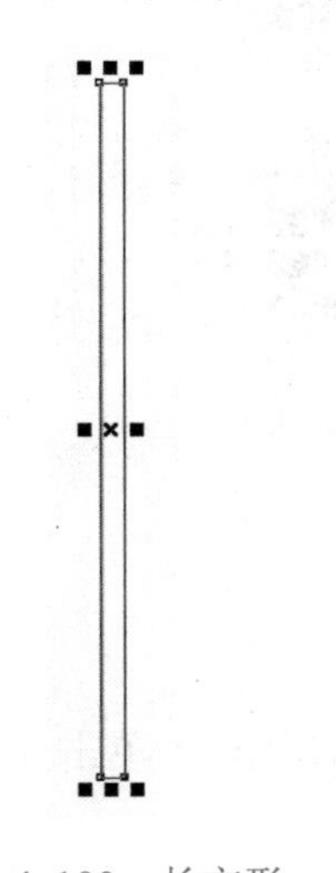
图 4-100　长方形

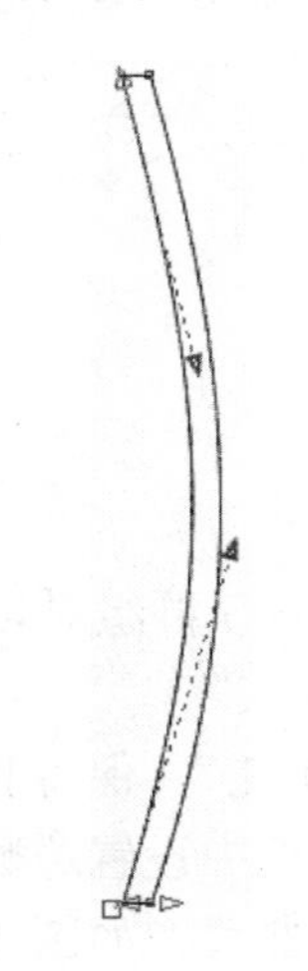
图 4-101　弯曲

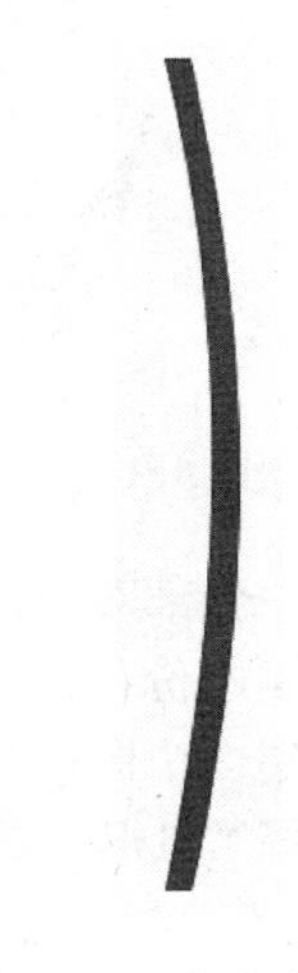
图 4-102　绿色的花茎

⑰ 选择“多边形工具”，在属性栏中设置边数为 3，绘制一个三角形，并将其转换为曲线，如图 4-103 所示。

⑱ 选择“形状工具”，用框选法选中三角形的三个顶点，再单击属性栏中的“转换直线为曲线”按钮。删除三角形三条边上的中点。调整三条边的曲率，绘制出如图 4-104 所示形状，作为花的叶子。

⑲ 选择“挑选工具”，单击“调色板”中的“绿”色样，再右击“无色”方格☒，绘制成一片无轮廓色的绿色叶子，如图 4-105 所示。

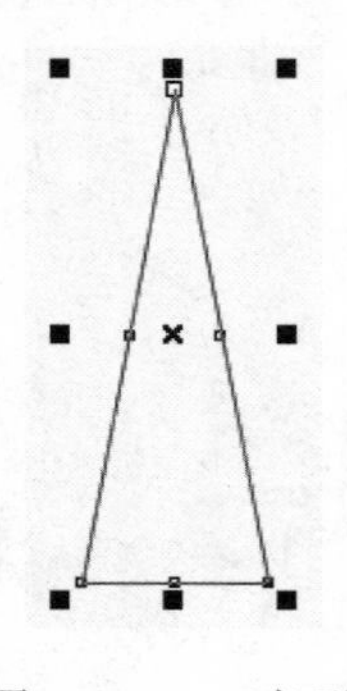
图 4-103 三角形

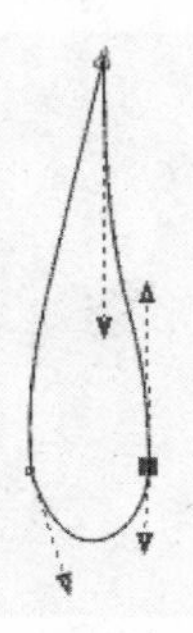
图 4-104 叶子形状

图 4-105 绿叶

⑳ 复制一片叶子，并将两片叶子分别向左右旋转一定角度。

㉑ 移动花茎及两片叶子与花层叠在一起，形成一朵完整的花，如图 4-106 所示。在“对象管理器”泊坞窗中各对象的图层顺序如图 4-107 所示。

图 4-106 完整的花朵

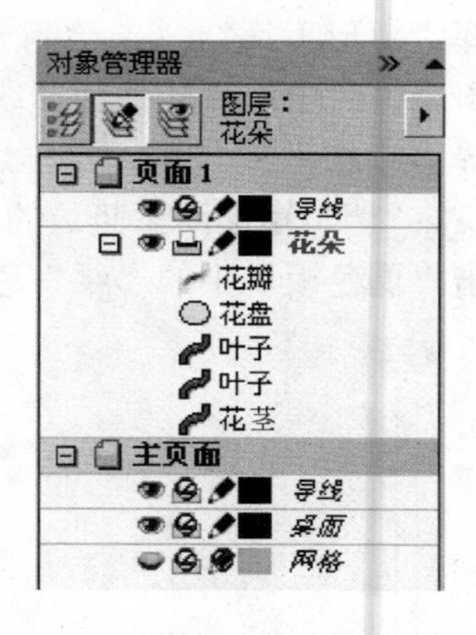

图 4-107 图层顺序

㉒ 选中全部对象，按组合键 Ctrl+G 群组对象。

㉓ 复制两份花朵，并适当缩小。

㉔ 新建一个图层，命名为“五星花”，保持其为选中状态。

㉕ 选择“星形工具”，在属性栏中设置边数为 5，按下 Ctrl 键的同时，单击并拖曳鼠标，绘制一个正五角星，然后将其转换为曲线，如图 4-108 所示。

㉖ 选择“形状工具”，用框选法选中五角星的所有顶点，单击属性栏中的“转换直线

为曲线”按钮。调整各边的曲率以及内顶点的位置，绘制出一朵五星花的轮廓，如图 4-109 所示。

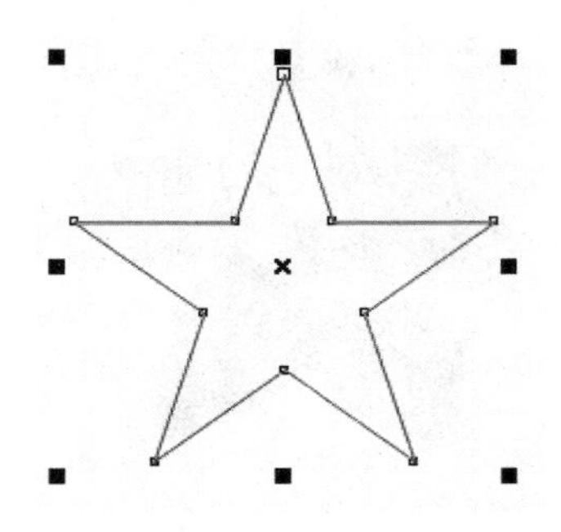

图 4-108　五角星

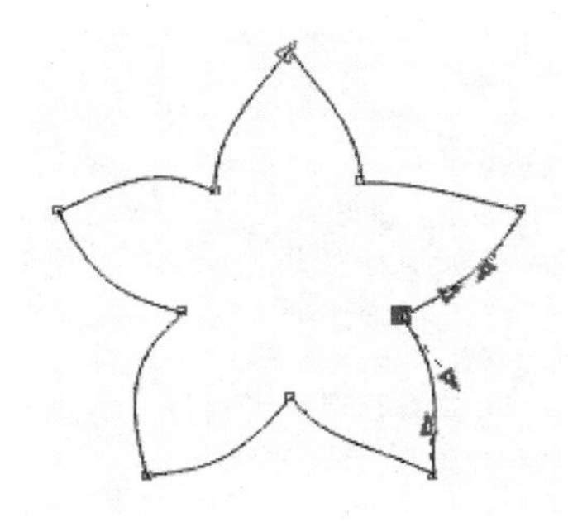

图 4-109　五星花

㉗ 保持五星花为选中状态，在工具箱选择“填充”→“渐变填充”，在弹出的“渐变填充”对话框中设置“类型”为“射线”，“中心位移”的“水平”方向和“垂直”方向均为 0%。“颜色调和”为“双色”，从“蓝蓝光紫”到“浅蓝光紫”，如图 4-110 所示；再设置其轮廓为“紫色”，得到如图 4-111 所示的紫色五星花。

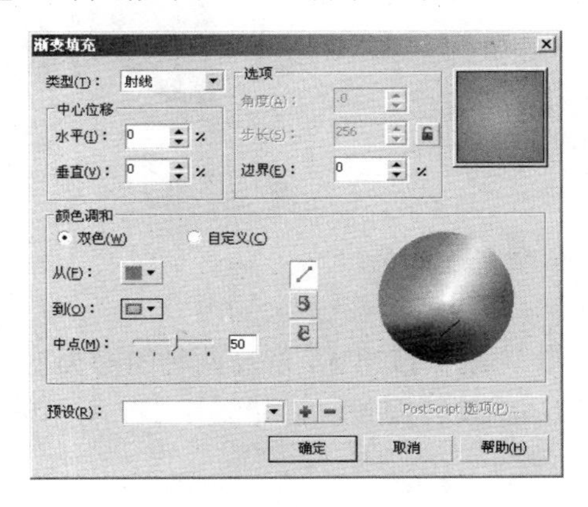

图 4-110　设置渐变填充

图 4-111　紫色五星花

㉘ 保持五星花为选中状态，在“变换”泊坞窗中单击“缩放和镜像”按钮，水平和垂直方向的缩放比例均设置为 80.0%，如图 4-112 所示；单击“应用到再制”按钮 3 次，效果如图 4-113 所示。

㉙ 使用“椭圆形工具”绘制上下相连的两个椭圆，上方小椭圆填充黄色，下方长椭圆填充 10%黑色，均无边框色，如图 4-114 所示。

㉚ 选中这两个椭圆，在“变换”泊坞窗单击“旋转”按钮，设置旋转角度为 30°，相对中心为底部中央，单击“应用到再制”按钮 11 次，得到如图 4-115 所示的花蕊。

㉛ 选中这些花蕊，按组合键 Ctrl+G 将其群组，并适当调整大小，移动到五星花的中心，得到如图 4-116 所示的花朵。

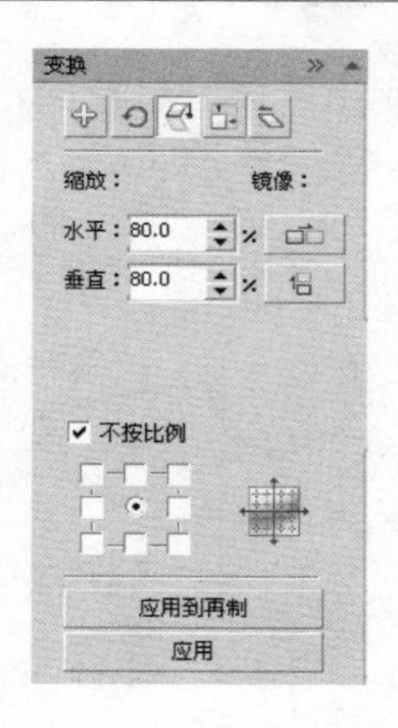

图 4-112 缩放设置

图 4-113 变换效果

图 4-114 两个椭圆

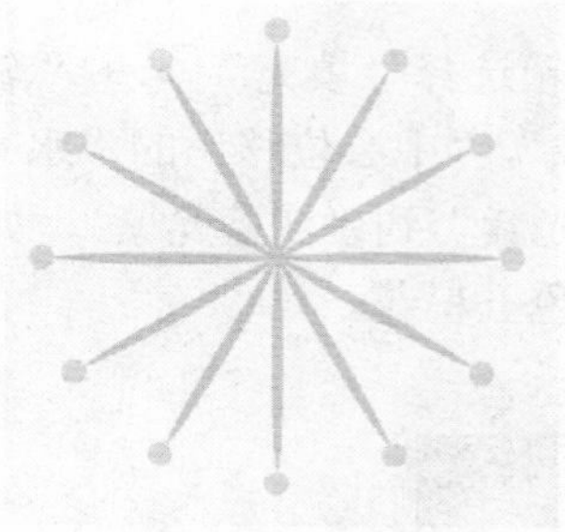

图 4-115 花蕊

图 4-116 五星花

㉜ 选中花朵和花蕊，将其群组，形成一朵完整的花朵。

㉝ 复制两朵五星花，并适当调整其大小。

㉞ 选择“艺术笔工具”，在属性栏中单击“喷灌”按钮，选择两种喷涂类型和，喷涂出草和花朵的图案，并做适当旋转调整，得如图 4-117 所示的效果。

㉟ 各图层顺序如图 4-118 所示。

图 4-117 完成的花丛

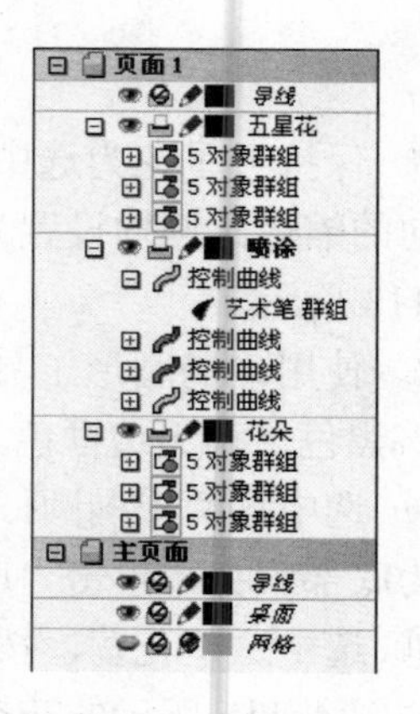

图 4-118 图层设置

任务 7　对象的造形

一、任务分析

本任务要绘制图 4-119 所示的遮阳伞。绘制此图案主要使用了 CorelDRAW X4 的造形功能。

- 伞面部分使用四个圆形的相互修剪来完成。
- 伞柄部分主要使用修剪和焊接功能来完成。
- 伞头部分主要采用焊接功能来完成。

其中还使用了渐变填充来实现立体效果。

二、知识点

在进行图形设计的时候，经常需要绘制一些形态比较复杂的图形。在绘制前，通过对图形进行分析，将图形对象分解为几个比较容易绘制的基本形状，再利用“造形”命令通过焊接、修剪、相交等操作将基本形状组合成所需要的图形。

执行“排列→造形”子菜单中的“造形”命令，可弹出“造形”泊坞窗。“造形”选项有“焊接”、“修剪”、“相交”、“简化”、“移除后面对象”、“移除前面对象”六项，如图 4-120 所示。

图 4-119　遮阳伞

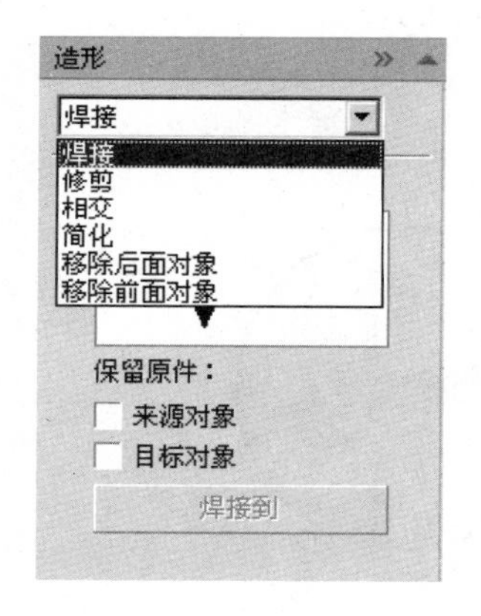

图 4-120　“造形”泊坞窗

在该泊坞窗中，当选择“焊接”、“修剪”或“相交”选项进行造形操作时，会出现“保留原件”选项区域（包括“来源对象”和“目标对象”两个复选框），其中，先选择的对象为来源对象，将要对其执行操作的对象为目标对象。操作过程中，可根据需要选中“来源对象”和“目标对象”两个复选框。

1. **焊接对象**

焊接用于将两个或多个重叠或分离的对象连接在一起，成为一个独立的对象。焊接后对象的颜色填充和轮廓属性与目标对象相同，如图 4-121 和图 4-122 所示，“造形”泊坞窗的设置如图 4-123 所示。

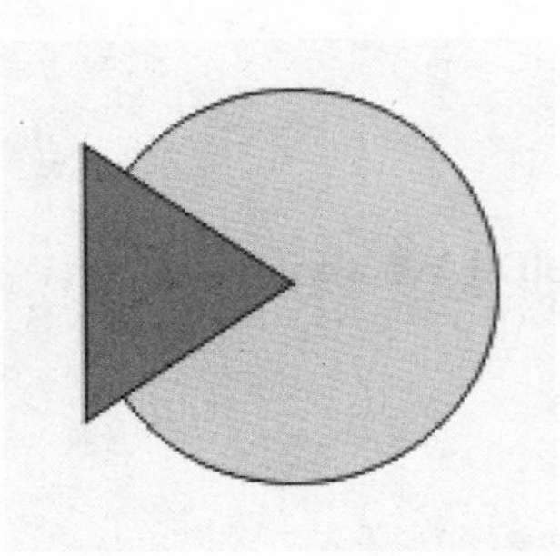

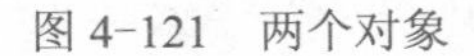
图 4-121 两个对象

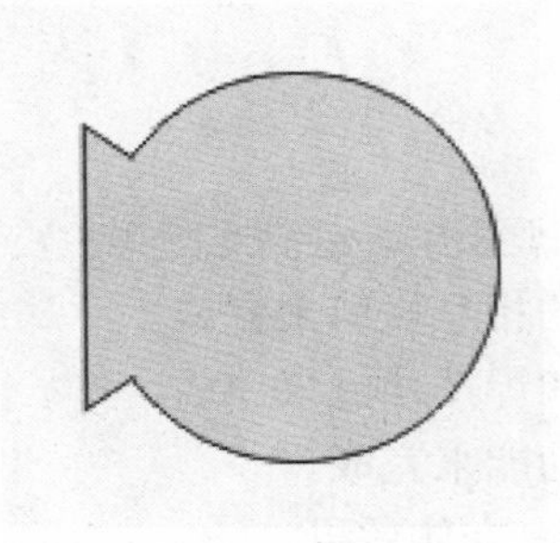
图 4-122 焊接效果

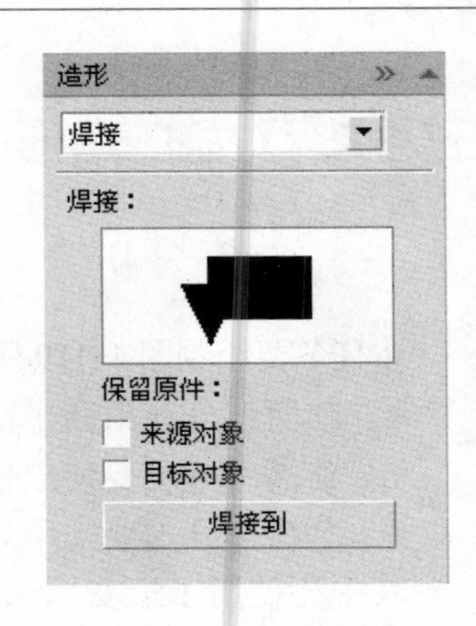

图 4-123 “造形”泊坞窗设置

2. **修剪对象**

修剪用于将一个对象中不需要的部分剪掉，做修剪操作的两个对象必须是重叠的。先选择的对象相当于一把剪刀，将要被修剪的对象是目标对象，目标对象中与来源对象重叠的部分被剪掉，其他属性保持原样。修剪对象一般不保留目标对象和来源对象，但如果后面还要用到来源对象，则选择保留来源对象。修剪前、后效果及“造形”泊坞窗设置如图 4-124、图 4-125 及图 4-126 所示。

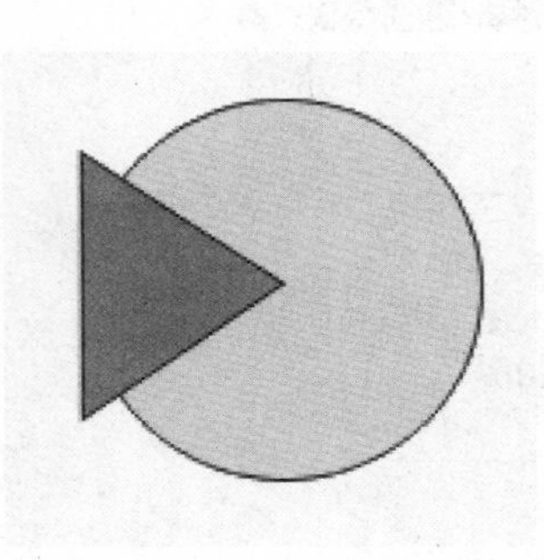
图 4-124 修剪前

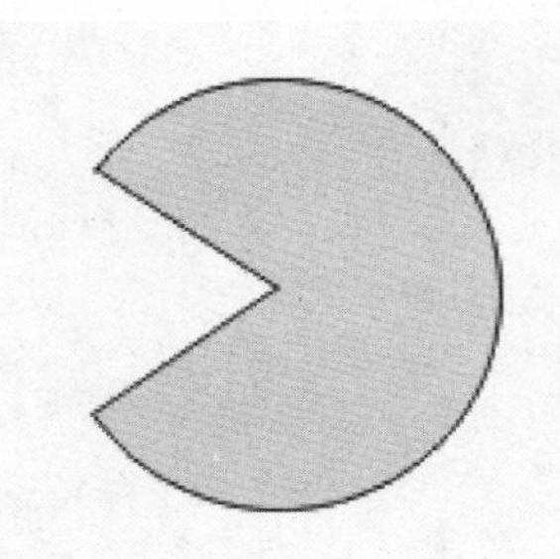
图 4-125 修剪后

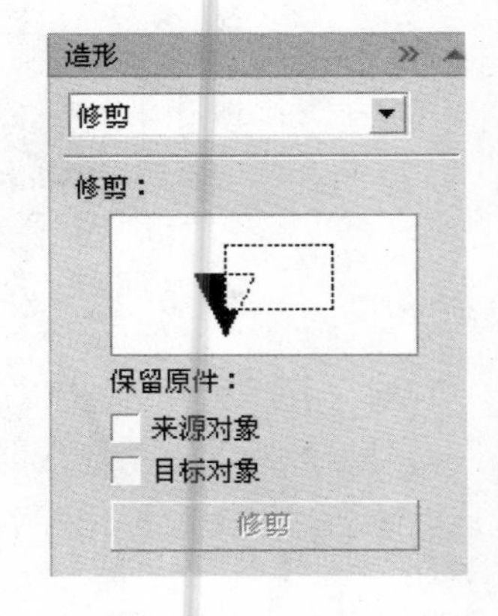

图 4-126 “造形”泊坞窗设置

3. **相交对象**

相交用于提取两个对象之间重叠的部分，使其成为一个独立的新对象。相交得到的对象的属性与目标对象属性相同，相交前、后及“造形”泊坞窗设置如图 4-127、图 4-128 及图 4-129 所示。

4. **简化对象**

“简化”选项的功能与“修剪”选项相似，用于修剪掉两个或多个重叠图形中被遮盖的不可见的部分。上面的对象被视为来源对象，下面的对象被视为目标对象。简化前、后及“造形”泊坞窗设置如图 4-130、图 4-131 及图 4-132 所示。

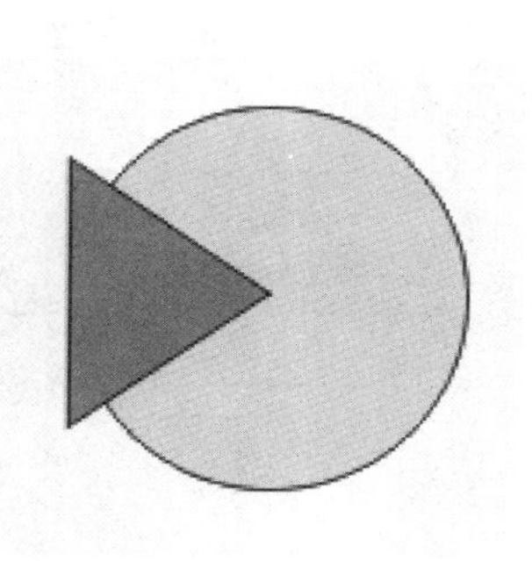

图 4-127　相交前

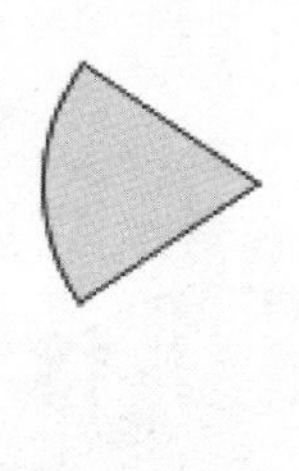

图 4-128　相交后

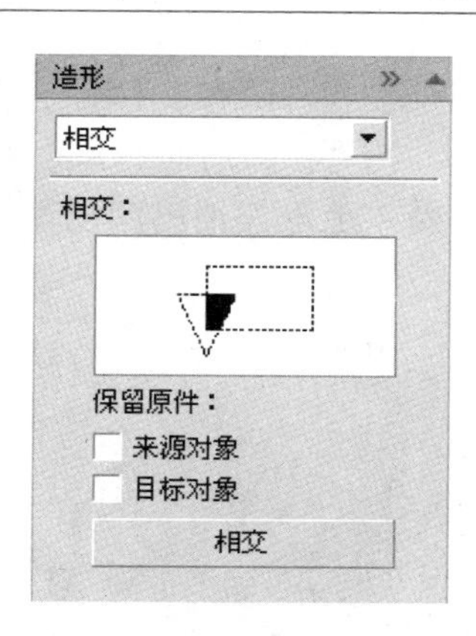

图 4-129　“造形”泊坞窗设置

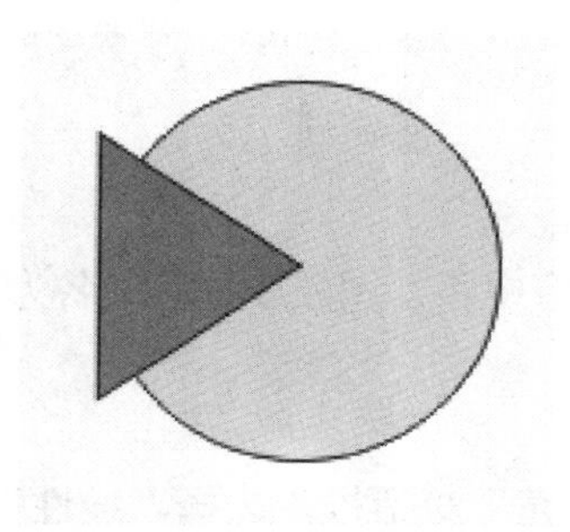

图 4-130　简化前

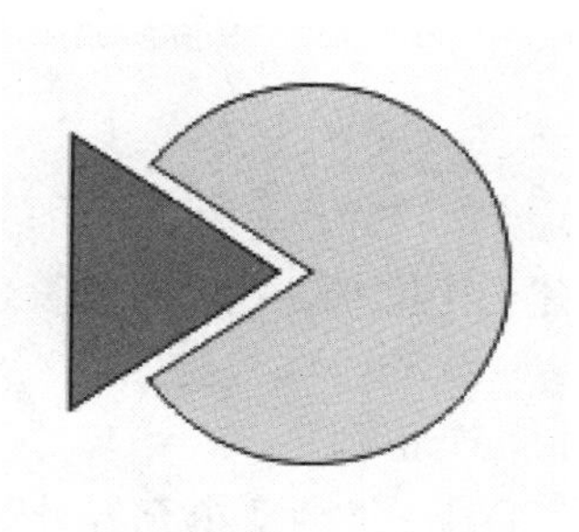

图 4-131　简化后

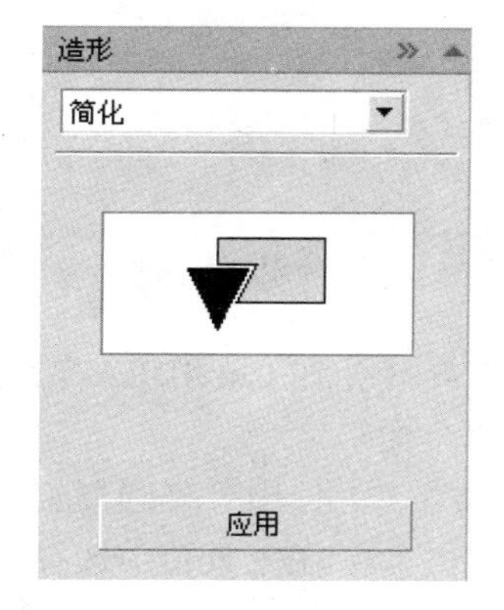

图 4-132　“造形”泊坞窗设置

5. **移除后面对象**

“移除后面对象”选项的作用是用处于下层的图形对上层的图形进行修剪，并保留修剪后的最上层图形，即下层图形相当于来源对象，上层图形相当于被修剪的目标对象。移除后面对象前、后及“造形”泊坞窗设置如图 4-133、图 4-134 及图 4-135 所示。

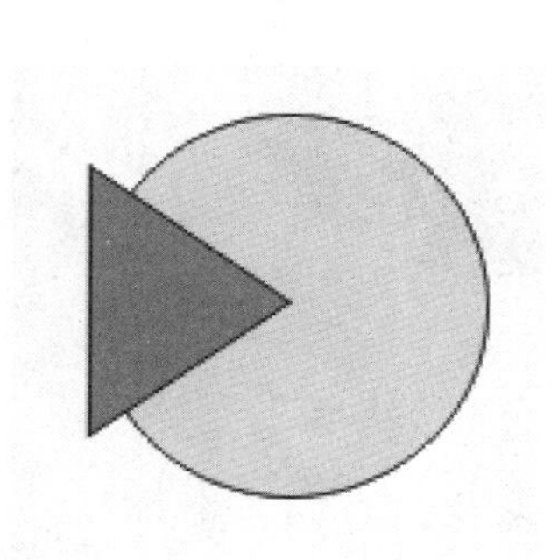

图 4-133　移除后面对象前

图 4-134　移除后面对象后

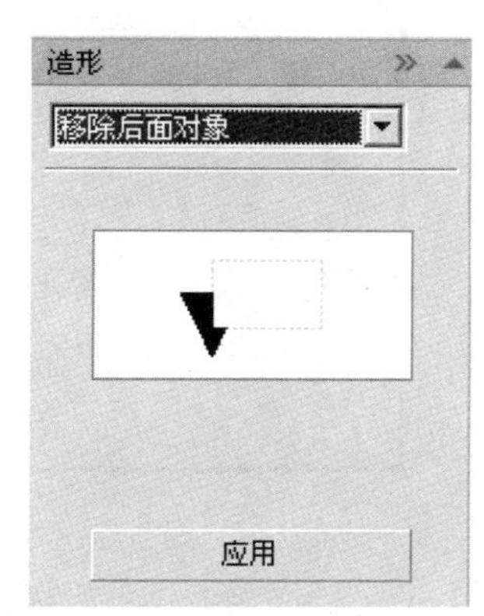

图 4-135　“造形”泊坞窗设置

6. 移除前面对象

与“移除后面对象”选项的功能正好相反，被修剪的是处于下层的图形。移除前面对象前、后及“造形”泊坞窗设置对象面板如图 4-136、图 4-137 及图 4-138 所示。

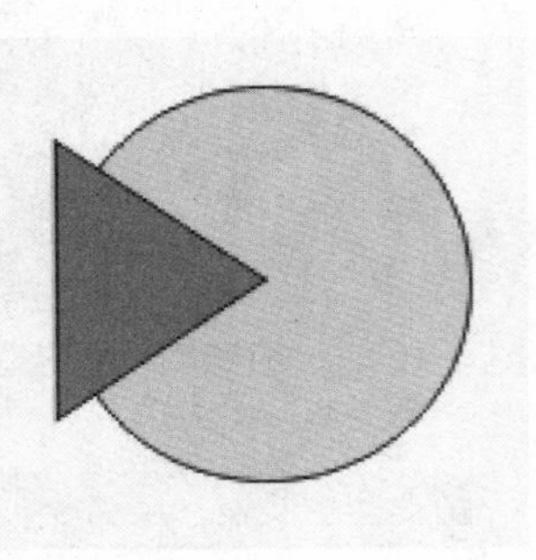

图 4-136　移除后面对象前

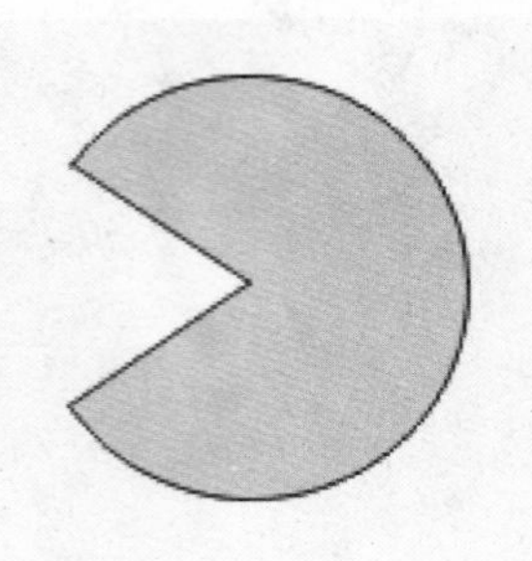

图 4-137　移除后面对象后

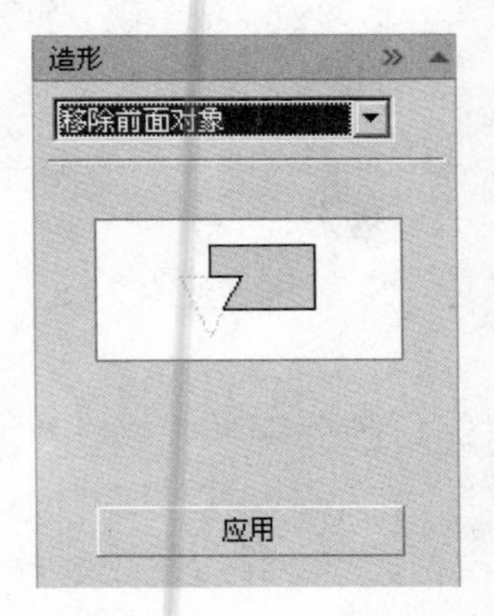

图 4-138 “造形”泊坞窗设置

三、实操步骤

① 在 CorelDRAW X4 中新建一个文档。在“对象管理器”泊坞窗中将“图层 1”重命名为“伞面”。

② 使用“椭圆形工具”绘制一个正圆。

③ 在工具箱中选择“填充”工具→“渐变填充”，打开“渐变填充”对话框，选择“线性”渐变类型，“颜色调和”为“双色”，从“淡黄”到“粉”色，“角度”为–35°，“边界”为 20%，如图 4-139 所示；单击“确定”按钮，得到如图 4-140 所示的圆形。

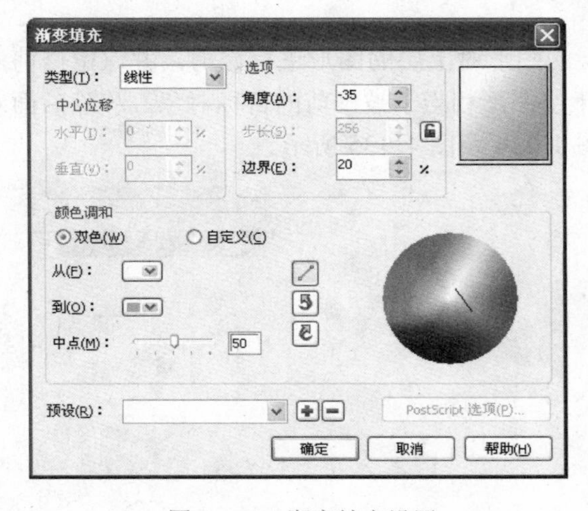

图 4-139　渐变填充设置

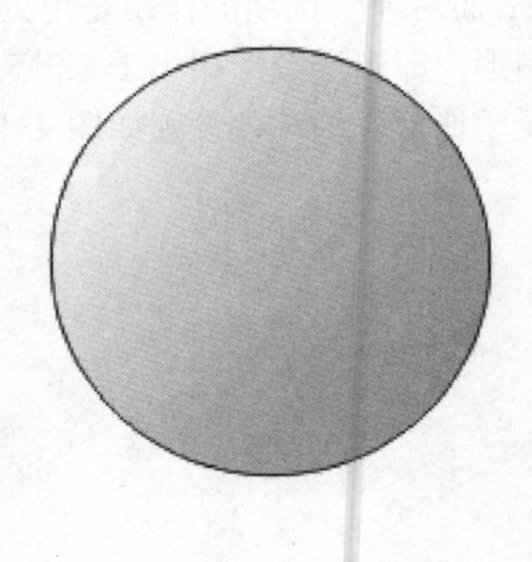

图 4-140　渐变填充的圆

④ 再绘制三个正圆，填充色为白色，叠放在这个填充圆上方，并适当调整位置，如图 4-141 所示。

⑤ 用框选法选中这四个圆，单击属性栏中的“移除前面对象”按钮，得到如图 4-142 所示的伞面效果。

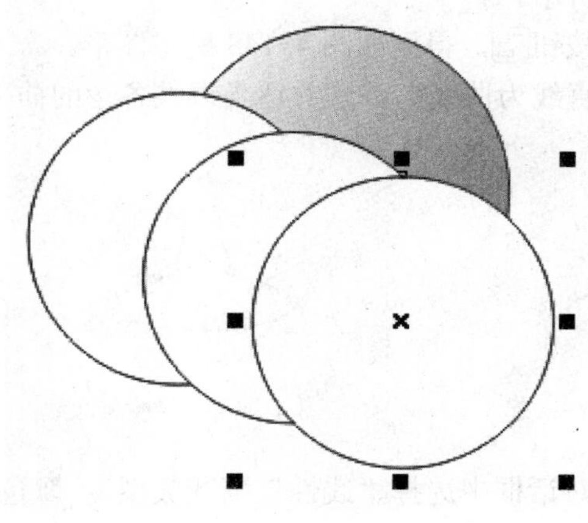

图 4-141　再绘制三个正圆

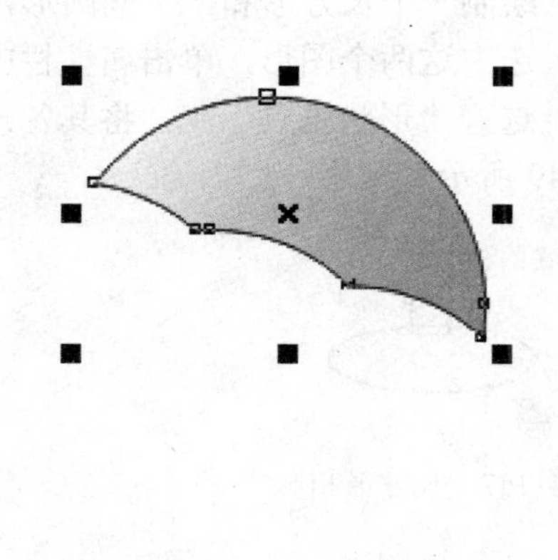

图 4-142　伞面

⑥ 选择“贝塞尔工具”在伞面中部绘制一个三角形，如图 4-143 所示。

⑦ 选择“形状工具”，将三角的三条边都“转换直线为曲线”，并适当调整三条边的曲率，如 4-144 所示。

⑧ 给这个图形进行渐变填充。在“渐变填充”对话框中选择“线性”渐变类型，“颜色调和”为“双色”，从“淡黄”到“粉”色，“角度”为 155°，“边界”为 20%；单击“确定”按钮，得到如图 4-145 所示的图形。

⑨ 用同样的方法，在伞面右侧也绘制一个渐变填充的三角形，并调整三条边的曲率，使之正好与伞面的边缘相重合，如图 4-146 所示。

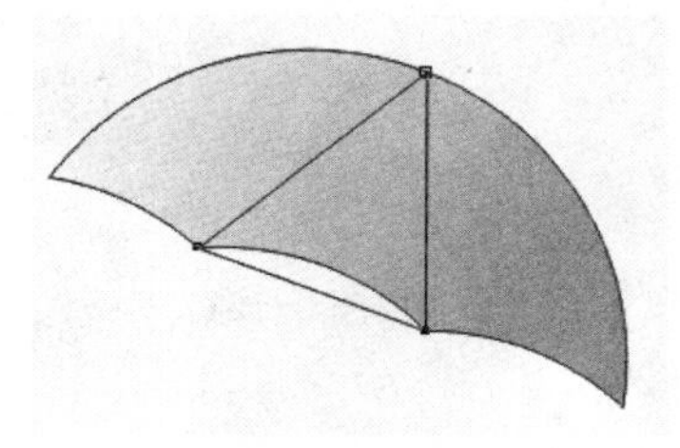

图 4-143　绘制一个三角形

图 4-144　调整三条边的曲率

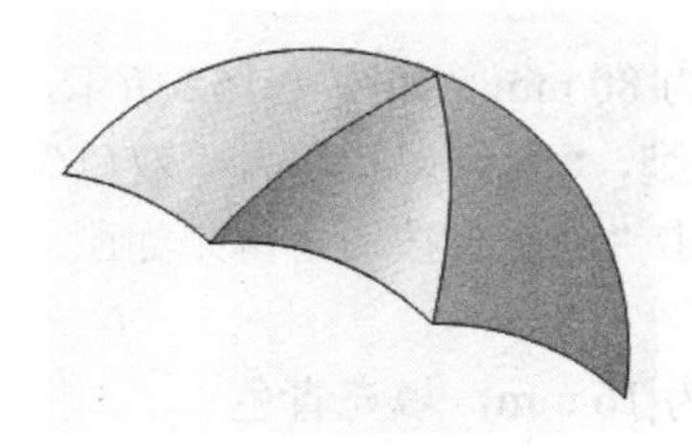

图 4-145　对三角形进行渐变填充

图 4-146　在右侧绘制一个渐变填充三角形

⑩ 在“对象管理器”面板中新建一个图层，命名为“伞头”，并将此图层置于“伞面”图层的上方。

⑪ 绘制一个长方形和一个椭圆形，如图 4-147 所示。

⑫ 选中这两个图形，单击属性栏中的“焊接”按钮，得到如图 4-148 所示图形。

⑬ 选择“形状工具”，将其各顶点都“转换直线为曲线”，并适当调整各边的曲率，如 4-149 所示。

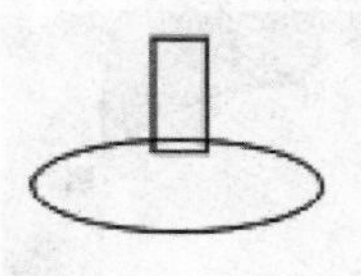

图 4-147 长方形和椭圆

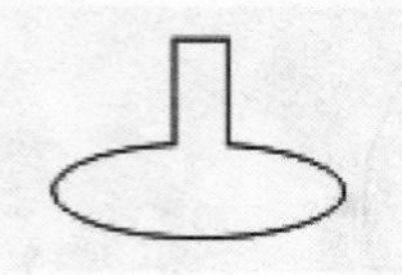

图 4-148 焊接在一起

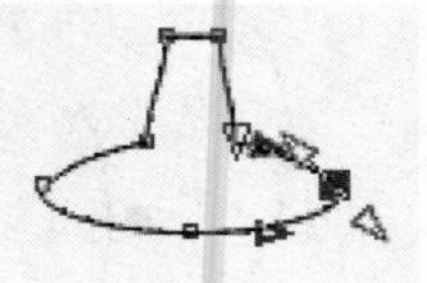

图 4-149 转换为曲线

⑭ 给这个图形进行渐变填充。在“渐变填充”对话框中选择“线性”渐变类型，“颜色调和”为“双色”，从“白色”到“灰 40%”色，“角度”为-30°，“边界”为 20%，如图 4-150 所示；单击“确定”按钮，得到如图 4-151 所示的图形。

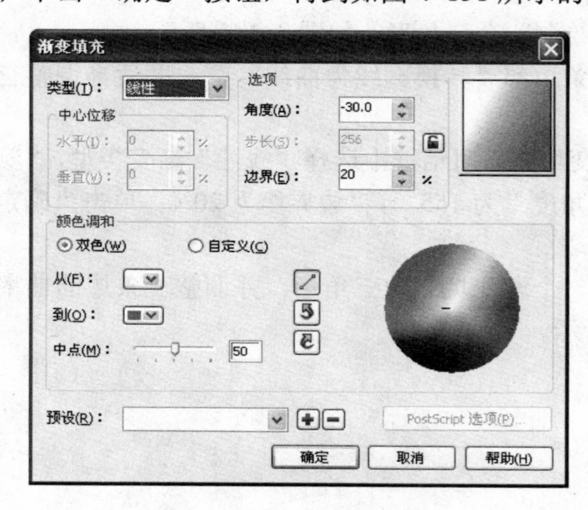

图 4-150 渐变填充设置

图 4-151 伞头

⑮ 将“伞头”旋转一定角度，放置在伞的顶部。

⑯ 在“对象管理器”泊坞窗中新建一个图层，命名为“伞柄”，并将此图层置于“伞面”图层的下方。

⑰ 绘制一个长方形，设置其宽度为 2 mm，高度为 80 mm，如图 4-152 所示。

⑱ 在“渐变填充”对话框中选择“线性”渐变类型，“颜色调和”为“双色”，从“白色”到“灰 40%”色，“角度”为 0°，“边界”为 0%；单击“确定”按钮，得到如图 4-153 所示的图形。

⑲ 绘制一个长方形，设置其宽度为 3 mm，高度为 16 mm，填充青色。

⑳ 绘制一个正圆，直径为 30 mm，填充青色。

图 4-152　长方形　　　　图 4-153　伞柄

㉑ 再绘制一个正圆，直径为 24 mm，填充白色。

㉒ 选中这两个圆，使用“对齐与分布”对话框，设置对齐方式的水平和垂直对齐均为“中”，将两圆的圆心对齐，如图 4-154 所示。

㉓ 选中这两个圆，单击“移除前面对象”按钮，得到一个圆环。

㉔ 绘制一个矩形，与这个圆环相交，如图 4-155 所示。

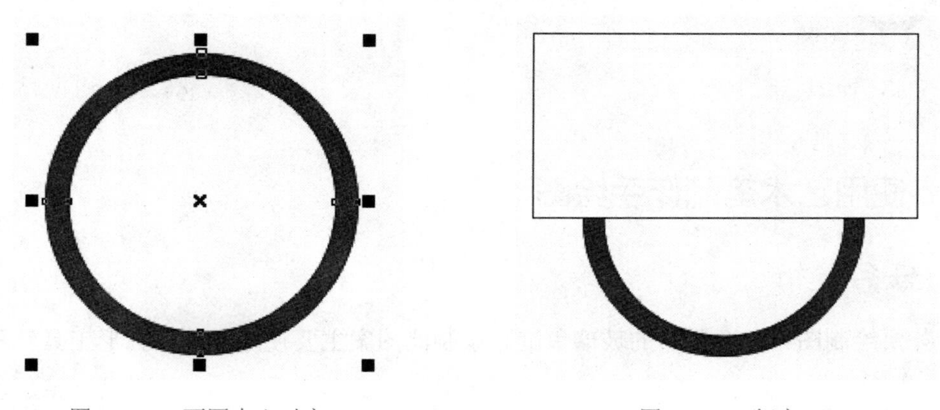

图 4-154　两圆中心对齐　　　　图 4-155　相交

㉕ 选这两个对象，单击“移除前面对象”按钮，得到半个圆环，如图 4-156 所示。

㉖ 将这半个圆环与第⑲步所制的长方形相边接。选中这两个对象，单击属性栏中的“焊接”按钮，得到如图 4-157 所示图形，作为伞把。

图 4-156　半个圆环

图 4-157　伞把

㉗ 将伞把与伞柄组合在一起，并旋转一定角度，置于伞面下方，如图 4-158 所示。

㉘ 在“对象管理器”泊坞窗中新建一个图层，命名为“角饰”，并将此图层置于“伞头”图层的上方。

㉙ 绘制一个小矩形，填充粉色；选择“形状工具”，单击并拖动其顶点，使之成圆角矩形。

㉚ 复制 3 个圆角矩形，并分别旋转不同角度，安放在伞面的 4 个尖角处，如图 4-159 所示，即完成遮阳伞的制作。

图 4-158　组装

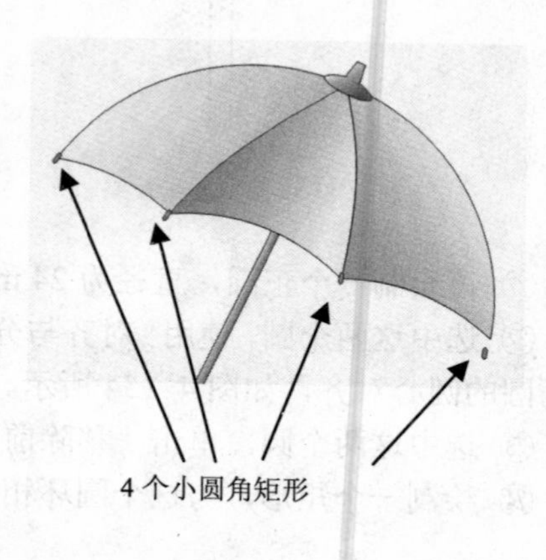

图 4-159　装饰

任务 8　使用艺术笔制作手绘图

一、任务分析

本任务要绘制图 4-160 所示的玻璃鱼缸。绘制此图案主要使用了“椭圆形工具”和“艺术笔工具”。

① 鱼缸的外形使用“椭圆形工具”绘制，再使用“艺术笔工具”设置笔画效果。

② 金鱼、水草、彩石等使用“艺术笔工具”喷涂。

③ 鱼缸中的浮萍使用自定义的花色图案喷涂。

图 4-160　玻璃鱼缸

二、知识点

1. 艺术笔工具

“艺术笔工具”具有丰富的艺术笔触和笔刷图案，可以在绘制线条时模拟书法钢笔的效果，用于绘制各种粗细的线条。还可以进行图案喷绘，生成具有特殊艺术效果的图案。

“艺术笔工具”属性栏中有 5 种笔触模式，分别是“预设”、“笔刷”、“喷罐”、“书法”和“压力”，如图 4-161 所示。

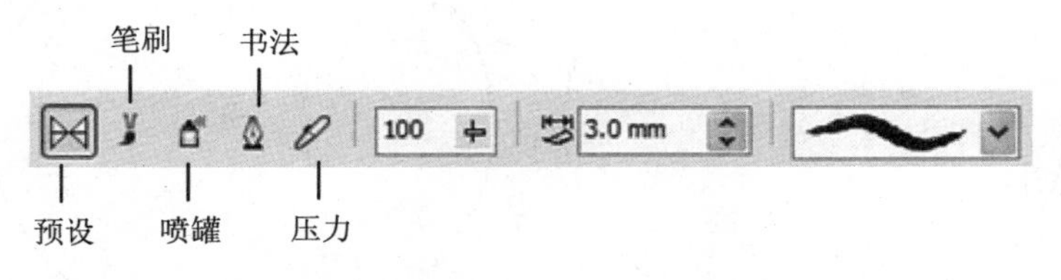

图 4-161　“艺术笔工具”属性栏

各笔触模式的作用如下。

“预设”模式：可使用 CorelDRAW X4 自带的 23 种常见笔触样式绘制线条，可调整笔触的宽度和平滑度。

“笔刷”模式：可使用 CorelDRAW X4 自带的 24 种常见笔触样式绘制图形线条。用户也可以自定义新的笔刷样式。

“喷罐”模式：可使用 CorelDRAW X4 自带的 24 种常见图案沿线条方向喷绘。用户可以自定图案。除图形和文本对象外，还可导入位图和符号来沿线条喷绘。

用户可以调整对象之间的间距，改变线条上对象的顺序。

“书法”模式：可模仿各类书法效果来绘制线条图案。

“压力”模式：可绘制具有压力效果的线条图案。

各种笔触效果如图 4-162 所示。

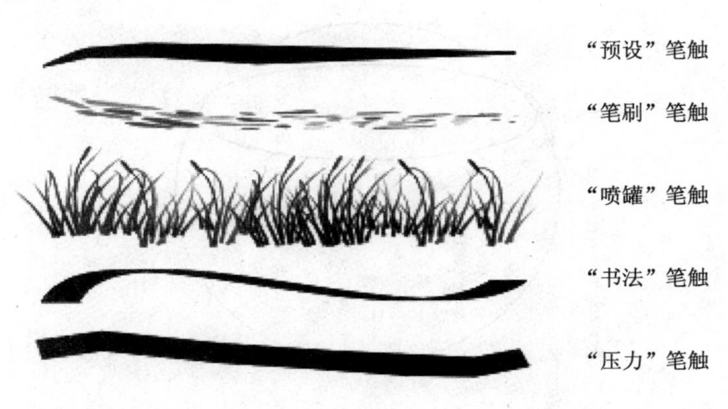

图 4-162　各种笔触效果

2. 断开曲线

本任务中的鱼缸由缸口、缸体、缸底三部分构成，这三部分均呈椭圆形。绘制时先画出相应的椭圆形，再使用“断开曲线”工具将椭圆曲线断开，开成虚实相间的曲线，组合成一个完整的鱼缸。

“断开曲线”功能是针对曲线的。如果是圆、矩形、多边形等闭合形状，断开前应先使用“转换为曲线”按钮，将其转为曲线后，才能使用“形状工具”工具在适当的位置处将其断开，如图4-163所示。

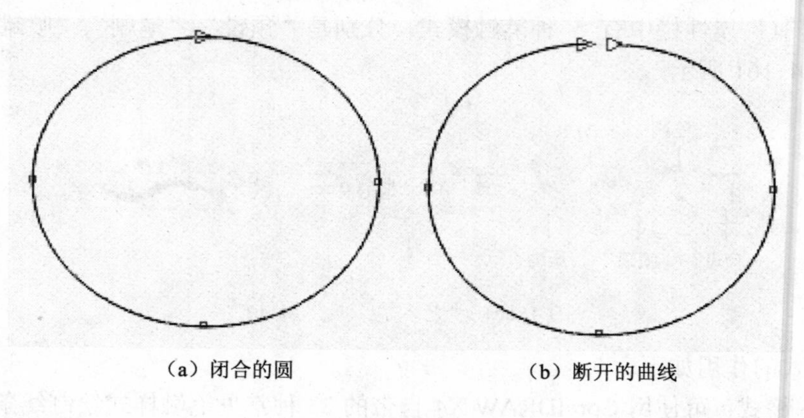

图4-163　断开曲线

三、实操步骤

① 在CorelDRAW X4中新建一个空白文档。

② 使用“椭圆形工具”绘制一个椭圆形，作为鱼缸的缸口。

③ 再绘制一个圆形作为鱼缸的缸体。单击“转换为曲线”按钮将椭圆和圆转换成曲线。

④ 在工具箱中选择“形状工具”，单击缸体圆中相应的位置，单击属性栏中的“添加节点”按钮，增加两个节点，如图4-164所示。

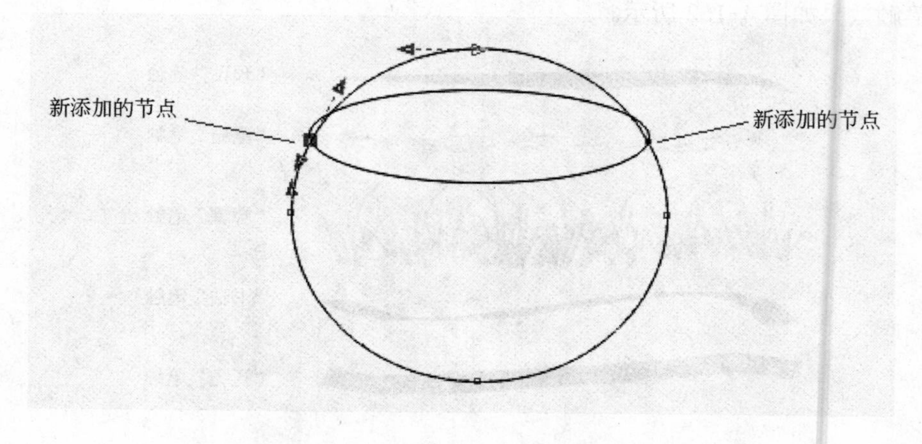

图4-164　添加节点

⑤ 分别选中这两个新添加的点，使用属性栏中的“断开曲线”按钮从这两处断开。

⑥ 单击“排列→打散”菜单项（或按组合键Ctrl+K），将这两段曲线打散。

⑦ 使用“挑选工具”选中上方的曲线，按 Delet 键将其删除。再选中下方曲线，适当调整大小和位置，如图 4-165 所示。

⑧ 使用“形状工具”在缸口椭圆的适当位置添加两个节点，并将其断开。再将断开处稍稍移开一点空隙，如图 4-166 所示。

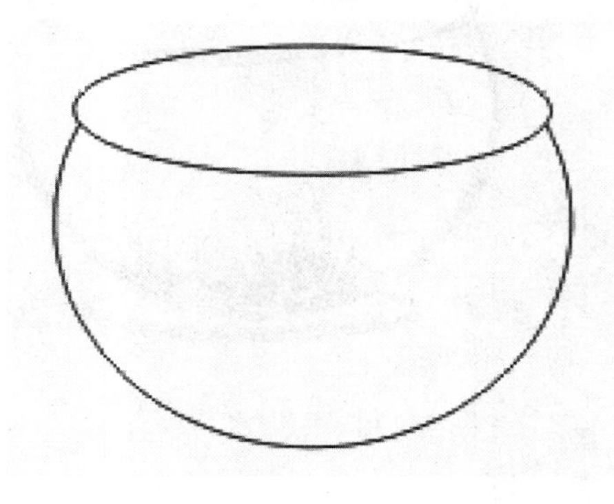

图 4-165　缸体

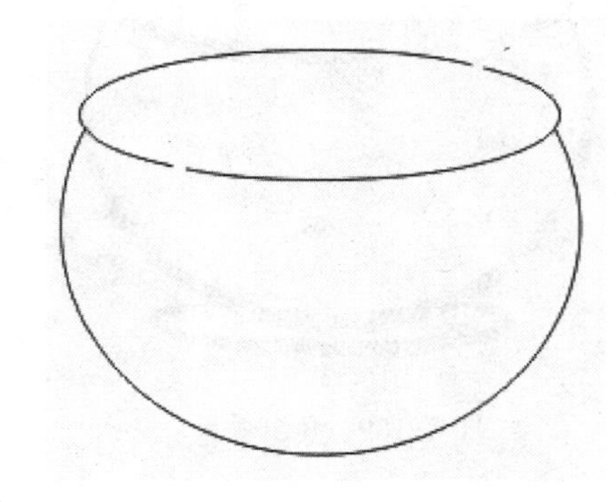

图 4-166　断开缸口曲线

⑨ 在鱼缸的底部绘制一个椭圆，采用上述方法将其断开，并与缸体相配合，作为缸底，如图 4-167 所示。

⑩ 在工具箱中选择“艺术笔工具”，选中属性栏中的“预设”按钮，设置“手绘平滑”为 100，“艺术笔工具宽度”为 5.0 mm；单击缸口曲线，再从属性栏的“预设笔触列表”中选择一种笔触，此时缸口曲线的效果如图 4-168 所示。

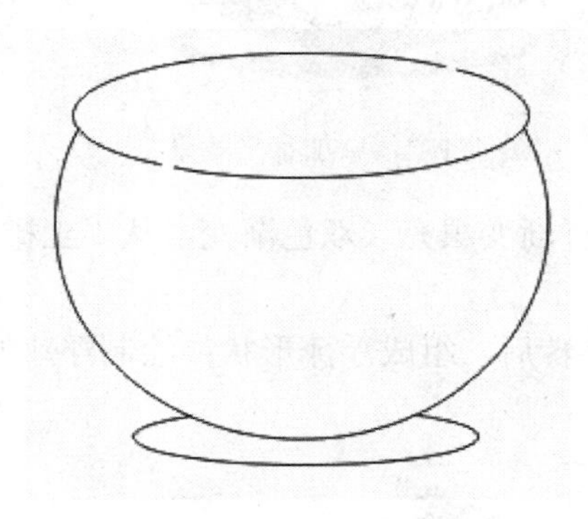

图 4-167　添加缸底

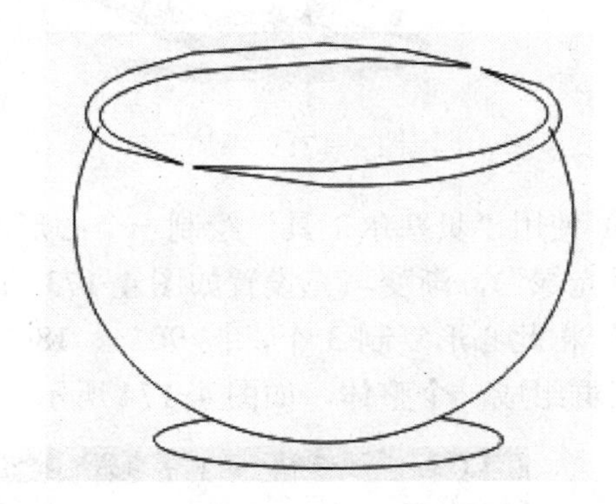

图 4-168　缸口曲线的笔触效果

⑪ 为缸口设置填充色为“50%黑”，轮廓线为“无”。

⑫ 用同样的方法设置缸体和缸底的曲线样式，效果如图 4-169 所示。

⑬ 选中“艺术笔工具”属性栏中的“喷罐”按钮，再从喷涂列表中分别选择图案和，在鱼缸底部单击拖动鼠标，画出一块水草图案和若干石块，如图 4-170 所示。

⑭ 从喷涂列表中选择金鱼图案，在鱼缸中添加若干条金鱼，并适当调整金鱼的大小，如图 4-171 所示。

⑮ 单击“艺术笔工具”属性栏中的“笔刷”按钮，选择笔触列表中的，在鱼

缸中添加水面效果。设置水平颜色为淡青色（如 C：20，M：5，Y：10，K：0），如图 4-172 所示。

图 4-169　鱼缸效果

图 4-170　添加水草和石块

图 4-171　添加金鱼

图 4-172　添加水平效果

⑯ 使用“贝塞尔工具”绘制一个心形图案，并进行渐变填充（双色渐变，从“土橄榄色”到“月光绿”），渐变填充设置如图 4-173 所示。

⑰ 将此心形复制 3 个，按 90°、180°、270° 旋转后，组成浮萍形状；绘制浮萍的根，并将其群组成一个整体，如图 4-174 所示。

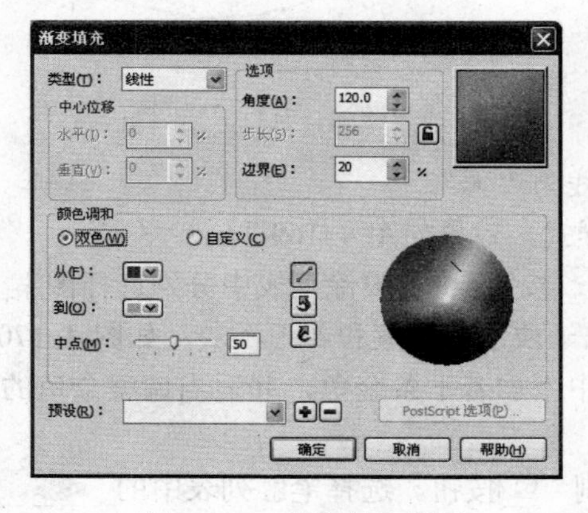

图 4-173　渐变填充设置

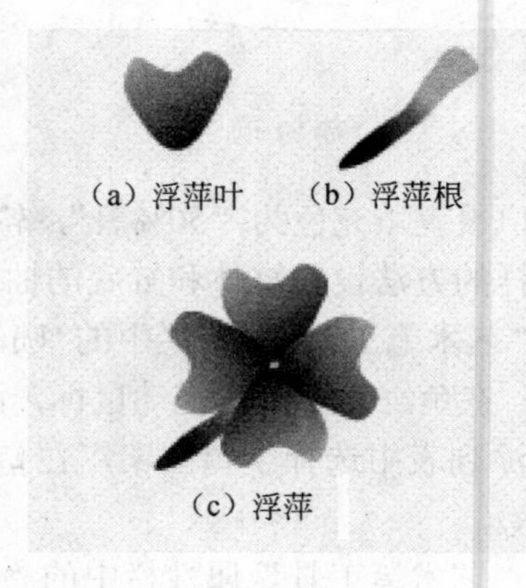

图 4-174　浮萍

⑱ 将浮萍复制多个，设置不同大小，旋转不同角度，如图 4-175 所示。

⑲ 单击“艺术笔工具”属性栏中的“喷罐”按钮，设置“选择喷涂顺序”为“随机”；在“喷涂列表文件列表”中选择“新喷涂列表”［新喷涂列表］；单击页面中的一个浮萍图案，再单击属性栏中的“添加到喷涂列表”按钮，将浮萍图案添加到喷涂列表中。

⑳ 如此反复多次，将每个浮萍图案均加入到喷涂列表。单击属性栏中的“喷涂列表对话框”按钮，可查看这个新建列表的内容，如图 4-176 所示。

图 4-175　复制的浮萍

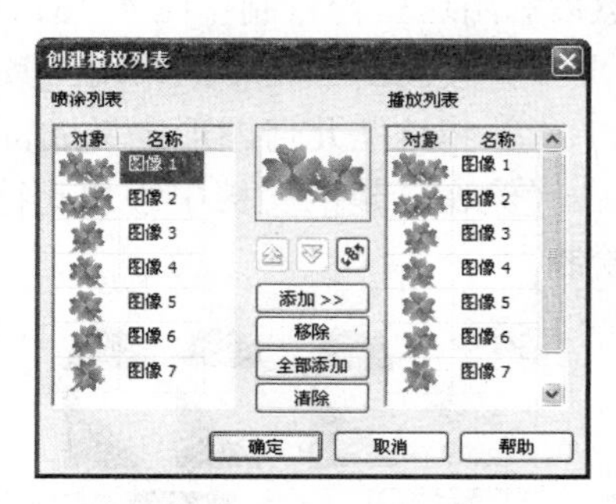

图 4-176　新建的喷涂列表

“喷涂”笔触属性栏如图 4-177 所示。

图 4-177　“喷涂”笔触属性栏

㉑ 在鱼缸水面位置，喷涂浮萍图案，并适当调整大小和位置，如图 4-178 所示。

㉒ 使用“贝塞尔工具”，结合“形状”工具，在缸体两侧各绘制一块光影，填充色为“20% 黑”，轮廓色为“无”，并使用“交互式透明工具”设置其透明度为“标准”减少“60%”，制作完成效果如图 4-179 所示。

㉓ 图案中对象较多，各对象所处层次如图 4-180 所示。

图 4-178　喷涂浮萍图案

图 4-179　最终效果

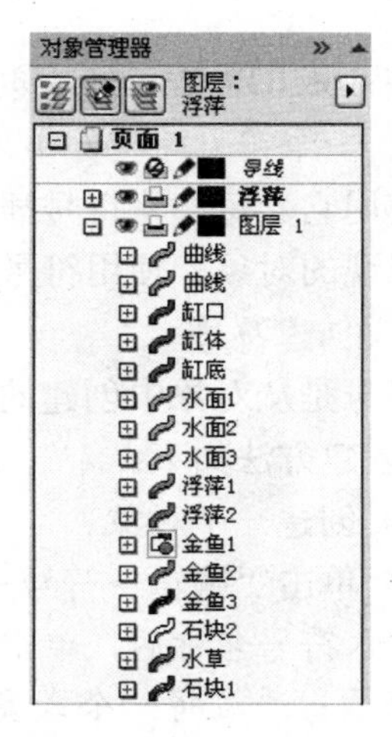

图 4-180　各对象在图层中的顺序

任务 9 符号库的建立

一、任务分析

本任务将创建图 4-181 所示的自定义符号库，其中包括一些基本几何形状，用来表示积木；然后利用这些符号制作图 4-182 所示搭积木游戏图案。制作中使用了以下方法：

① 使用工具箱中的常用工具绘制简单几何图形，并填充不同颜色。

② 将这些几何图形定义成符号，并将文档保存为符号库文件。

③ 在新建的文档中添加此符号库，库中的符号即可为新文档所直接使用，而不需要逐一绘制。

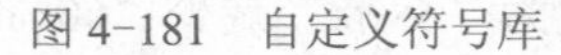

图 4-181 自定义符号库

图 4-182 积木

二、知识点

在 CorelDRAW X4 中创建的对象可以保存为符号，存放符号的文件称为符号库文件（.CSL 文件）。一个符号库文件中可以存放多个符号。符号只需定义一次，然后就可以在 CDR 文档中多次使用它。每次将符号插入到页面中时，都会为此符号创建一个实例。对于在 CDR 文档中多次出现的对象，使用符号既方便，又有助于减小文件大小。

1. 创建符号

符号是从对象中创建的。对象可以是简单的几何图形，也可以是多个简单图形的组合（群组）。创建方法如下：

① 创建一个对象。

② 单击“编辑→符号→新建符号”菜单项，弹出“创建新符号”对话框，如图 4-183 所示。输入符号名称后，单击“确定”按钮，就创建了一个新符号。

提示：通过将一个或多个现有对象拖到“符号管理器”泊坞窗中，也可以将对象转换为符号。

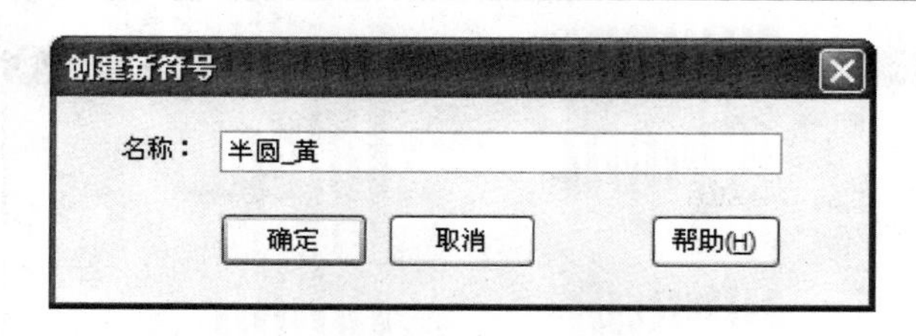

图 4-183　“创建新符号”对话框

2. 编辑符号

在具体使用符号时，如果觉得符号需要修改，可以编辑符号。编辑符号的方法如下：

① 打开符号库文件，通过“窗口→泊坞窗→符号管理器”菜单项，打开“符号管理器”泊坞窗。

② 从“符号管理器”泊坞窗中的“符号”列表中选择一个符号。

③ 单击“编辑符号”按钮，CorelDRAW X4 显示一个只含当前对象的编辑界面。

④ 修改页面中的对象。

⑤ 单击编辑界面左下角的“完成编辑对象”标签，返回到库文件界面。

编辑符号时需注意以下事项：

① 对符号所做的更改会自动应用到活动绘图文档中的所有实例。

② 在符号编辑模式下工作时，不能添加图层或保存绘图。

③ 可以通过在使用该符号的文档中选择某个实例，然后单击属性栏上的“编辑符号”按钮来编辑符号；或在选中某个符号后，按住 Ctrl 键并单击此符号来编辑。

④ 编辑符号时，可以插入另一个符号的实例，从而创建一个嵌套的符号，但不能插入同一个符号的实例。

⑤ 要重命名符号，则可双击该符号的名称框，然后输入名称。

3. 删除符号

删除符号的方法如下：

① 在“符号管理器”泊坞窗中的“符号”列表中选择一个符号。

② 单击“删除符号”按钮。

4. 保存符号库文件

创建好若干符号后，就需要将其进行保存。符号是保存在符号库文件中的。操作方法如下：

① 单击“文件→保存”菜单项，打开“保存绘图”对话框，如图 4-184 所示。

② 选择存储该库文件的目标文件夹。

③ 从“保存类型”下列表框中选择“CSL-Corel Symbol Library”。

④ 在“文件名”文本框中输入文件名。

⑤ 单击“保存”按钮。

保存库文件后，还可以对其进行编辑、向其中添加符号等操作。完成操作之后要及时保存。

5. 在 CDR 文档中使用符号

新建一个 CDR 文档后，将 CSL 符号库文件添加到“符号管理器”泊坞窗中，就可以选择其中的符号，并拖放到页面中使用了。添加符号库的方法如下：

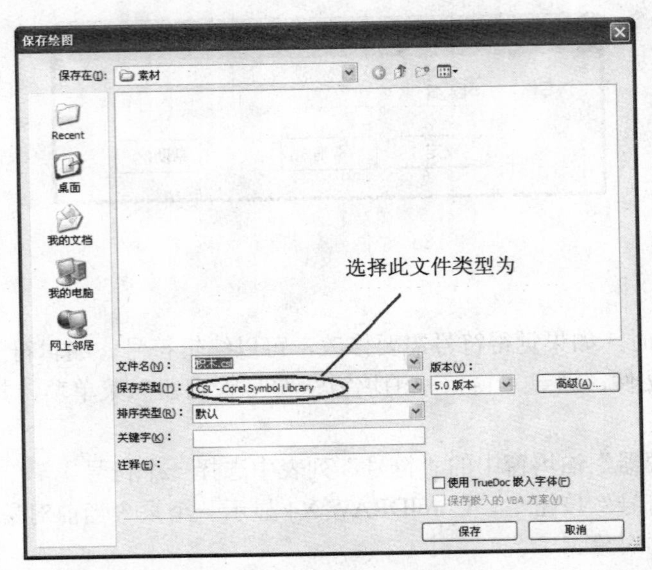

图 4-184 “保存绘图”对话框

① 通过“窗口→泊坞窗→符号管理器”菜单项，打开“符号管理器”泊坞窗。

② 选中此泊坞窗中的“本地符号”，再单击泊坞窗右上方的“添加库”按钮，打开“浏览文件夹”对话框，定位到需添加的库文件，如图 4-185 所示，单击“确定”按钮即可。

此时“符号管理器”中将显示库文件及其中的符号列表，如图 4-186 所示。

添加“网络符号”的方法与此类似，只是库文件存在于网络计算机中。

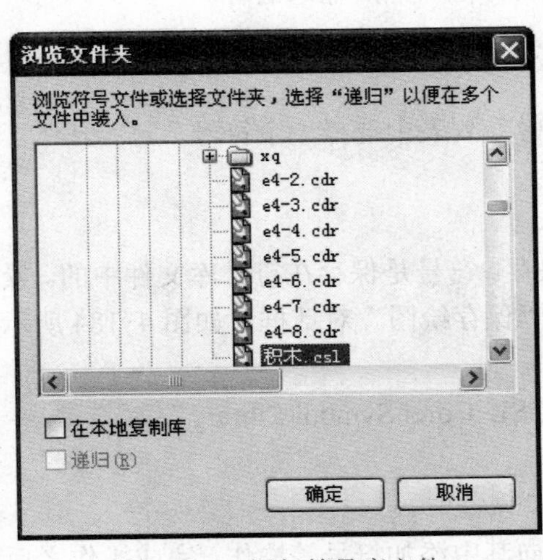

图 4-185　添加符号库文件

图 4-186　符号列表

三、实操步骤

建立符号库文件的步骤如下：

① 在CorelDRAW X4中新建一个文档。

② 使用“矩形工具”绘制四个长方形，在属性栏中设置其宽为90.0 mm，高为30.0 mm，分别填充“黄”、“红”、“绿”、“蓝”四种颜色。

③ 再绘制四个正方形，在属性栏中设置其宽、高均为30.0 mm，分别填充“黄”、“红”、“绿”、“蓝”四种颜色。

④ 利用任务2所介绍的方法，绘制四个等腰直角三角形，分别填充“黄”、“红”、“绿”、“蓝”四种颜色。

⑤ 选择“椭圆形工具”，再单击属性栏中的“饼形”按钮，绘制一个半圆，设置其宽为30.0 mm，高为15.0 mm，分别填充“黄”、“红”、“绿”、“蓝”四种颜色。

绘制时要注意鼠标指针的位置：指针在弧线内部时，绘制的是饼形（扇形）；指针在弧线外部时，绘制的是弧线，如图4-187所示。

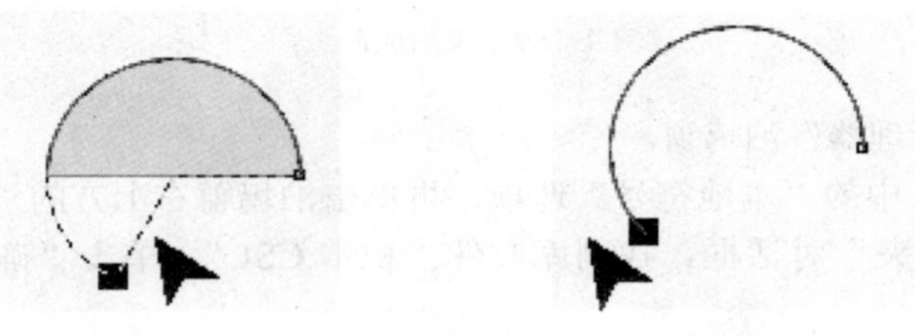

图4-187　绘制半圆形

⑥ 绘制拱形图案。先绘制一个长方形（宽90.0 mm，高30.0 mm），再复制一个半圆，移动到此长方形下方的中央，同时选中长方形与半圆，进行“移除前面对象”的操作，即可得到如图4-188所示的拱形。

同样的方法制作另外三个拱形，分别填充“黄”、“红”、“绿”、“蓝”四种颜色。

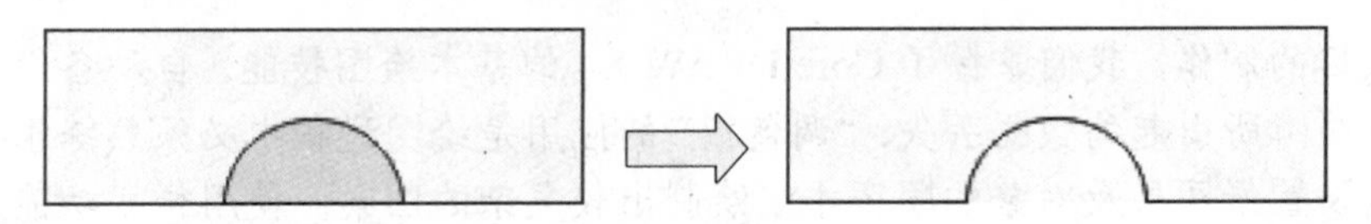

图4-188　绘制拱形

⑦ 选中黄色半圆，单击“编辑→符号→新建符号”菜单项，弹出“创建新符号”对话框，输入符号名称（如“半圆_黄”），单击“确定”按钮，就创建了一个新符号。

⑧ 同样的方法为其他19个图形建立新符号。

⑨ 单击“文件→保存”菜单项，打开“保存绘图”对话框。选择存储该库文件的目标文件夹。从“保存类型”下列表框中选择“CSL-Corel Symbol Library”，在“文件名”文本框中输入文件名“积木”，单击“保存”按钮。

使用符号库的步骤：

① 在CorelDRAW X4中新建一个文档。

② 为了配合任务要求，将页面方向设置成“横向”。单击“版面→页面设置”菜单项，打开“选项”对话框，在“页面”→“大小”页面中选择“横向”单选按钮，如图4-189所示。

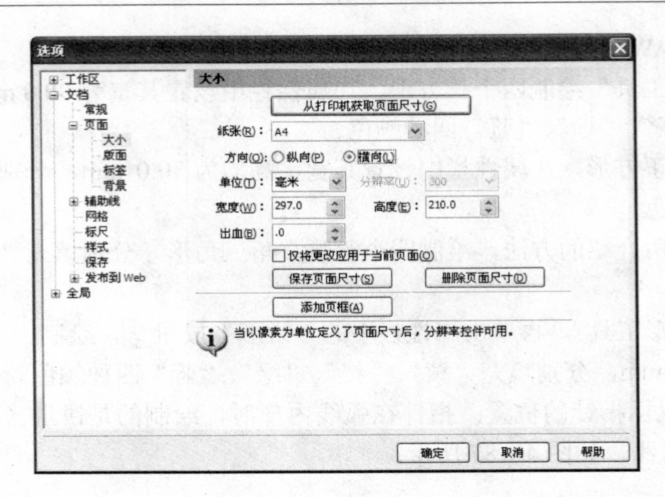

图 4-189 采用横向页面

③ 打开“符号管理器”泊坞窗。

④ 选中此泊坞窗中的“本地符号”选项，再单击泊坞窗右上方的“添加库”按钮，打开“浏览文件或文件夹”对话框，找到库文件“积木.CSL”，单击“确定”按钮，打开此库文件。

⑤ 对照任务要求，从符号列表中拖动相应的符号到页面中，搭出积木图案。

⑥ 搭好积木后，全选这些对象，适当调整大小即可。

提示： 发挥想象力，根据自己的思路搭建任意形状的积木图案。

项目小结

通过本项目的制作，我们掌握了 CorelDRAW X4 的基本绘图技能。自动备份及恢复文档可以避免因设备故障所引起的数据丢失；“调色板”的应用是绘图过程中必须熟练掌握的常用功能之一；正确地设置好图层及对象的顺序才能绘制出较复杂的图案；使用样式功能来设置对象属性，可以快速地将某种样式应用于多个对象；对象的对齐与分布、对象的复制与组合都是绘图过程中必须熟练掌握的常用技能；对象的造形功能可以使用简单的对象制作出较复杂的对象，是 CorelDRAW X4 绘图的常用方法；“艺术笔工具”能绘制出生动的线条和图案；符号库则可将常用对象单独管理，以供其他绘图文档共享，既提高制作效率又减少数据冗余。

知识拓展：Excel 表格的导入与编辑

CorelDRAW X4 增强了对 Excel 表格的导入及编辑功能。单击“文件→导入”菜单项，可将.xls 格式的文件导入到当前工作区；单击“取消群组”按钮，属性栏上出现表格工具按钮，然后就可对导入的表格做各种格式设置及合并、拆分单元格等编辑操作，如图 4-190、图 4-191、图 4-192、图 4-193 所示。

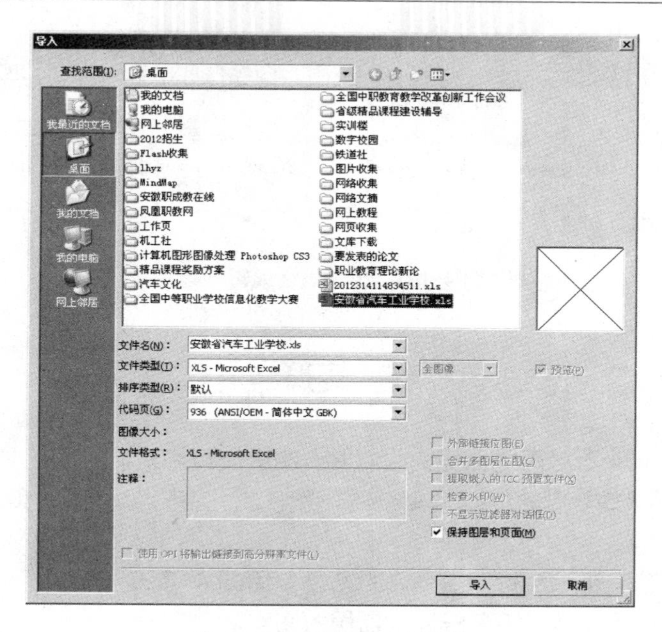

图 4-190　导入 Excel 表格

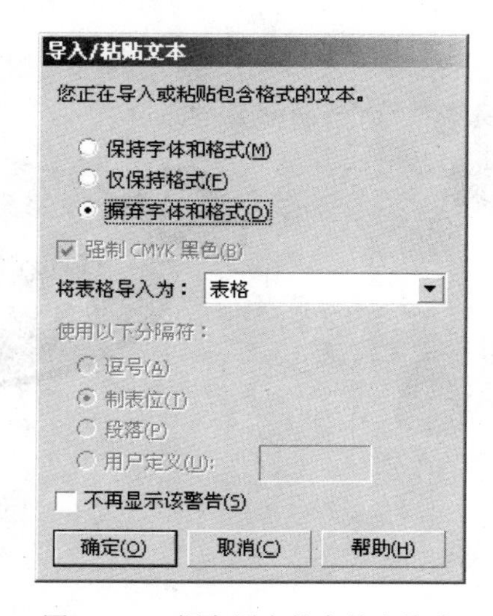

图 4-191　摒弃原有的字体和格式

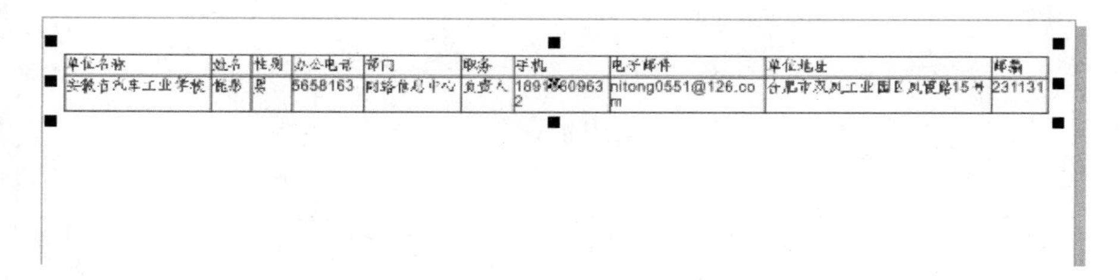

单位名称	姓名	性别	办公电话	部门	职务	手机	电子邮件	单位地址	邮编
安徽省汽车工业学校	[illegible]	男	5658163	网络信息中心	负责人	1891[illegible]609632	nitong0551@126.com	合肥市双凤工业园区凤霞路15号	231131

图 4-192　导入后的表格

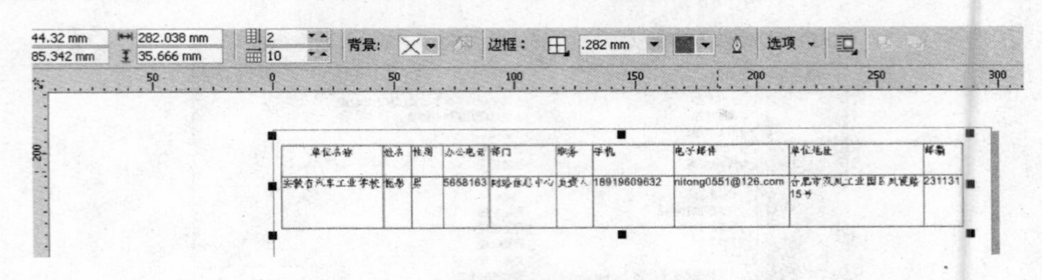

图 4-193 出现表格编辑工具

练 习 4

1．绘制如图 4-194 所示静物图案。绘制时，注意使用好常用绘图工具、“填充”工具、“交互式填充工具”以及样式复制功能。较复杂的形状使用“造形”命令来实现。绘制完成后，将每个图案进行群组。

2．使用“艺术笔工具”绘制一幅手绘图，可参照图 4-195。

3．利用任务 9 的符号库，任意搭建一幅积木图案。

4．自行设计一个商标图案。要求内容健康向上，表意明确，图案生动。

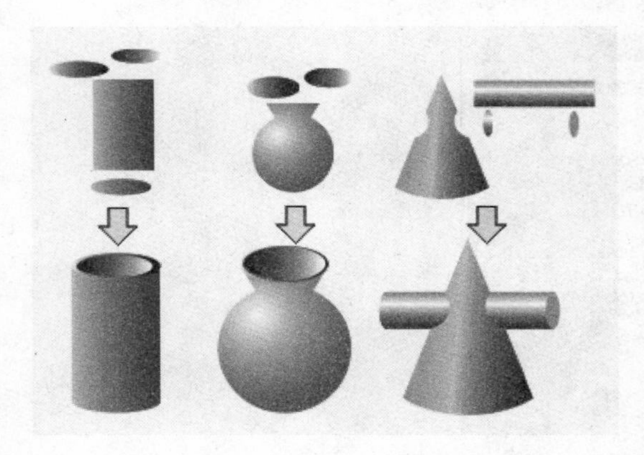

图 4-194 静物图案

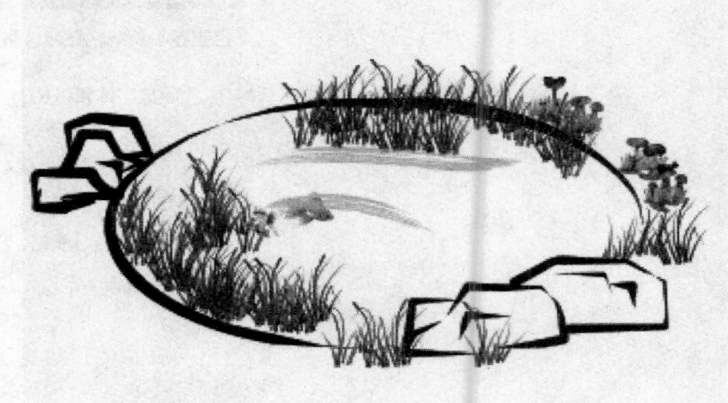

图 4-195 手绘图

项目 5　实作范例

本项目的任务目标：

- 掌握制作特殊效果文字的制作方法。
- 掌握各种不规则形状的制作方法。
- 掌握使用分割图形的方法。
- 掌握版面设计的方法。

通过 6 个典型实例（如图 5-1 所示）的制作，能够综合、灵活运用“文本工具”、“填充”工具、“手绘工具”、“贝塞尔工具”以及各种基本图形工具，掌握“排列”、“效果”两个菜单中的一些重要菜单项的功能及用法，能够融会贯通、举一反三，做出更多、更好的作品。

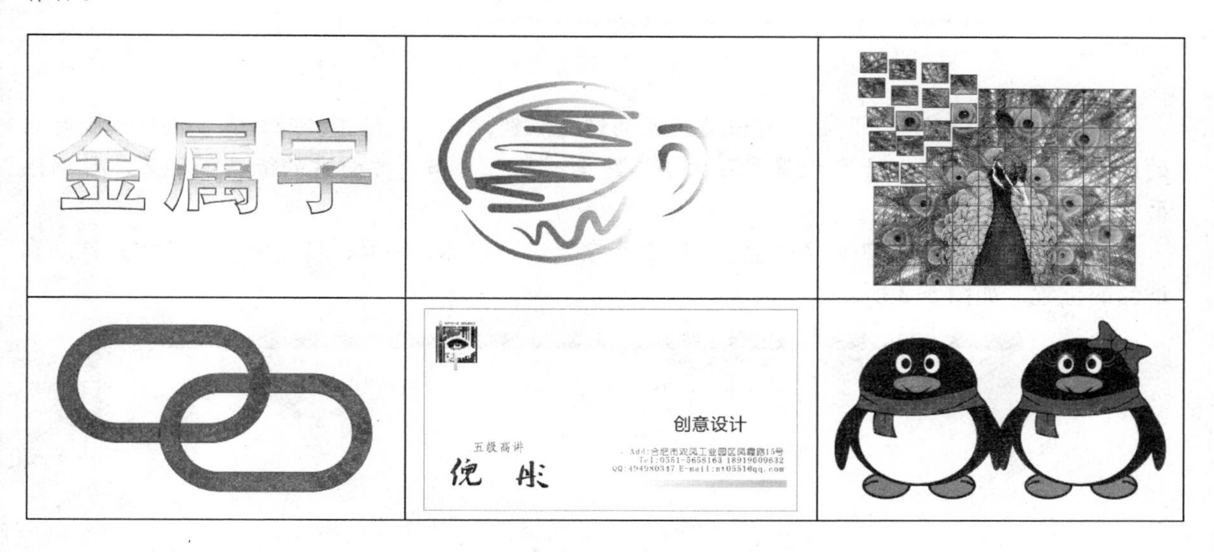

图 5-1　效果图

任务 1　金属字

一、知识点

使用“文本工具”、“填充”工具、“手绘工具”、“挑选工具”等工具，以及“排列→造形→相交”、“效果→轮廓图”菜单项制作具有金属质感的文字。

二、实操步骤

① 新建一个空白文档，将页面方向设置为横向，如图 5-2 所示。

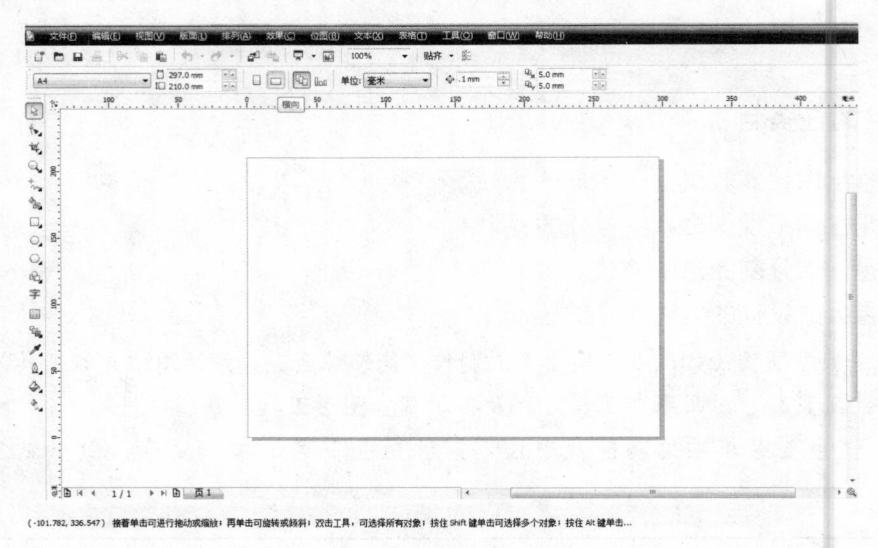

图 5-2 将页面设置为横向

提示： 在“缩放”工具栏上可设置页面的缩放级别，在“我的工具”工具栏上可设置对象的贴齐方式，在属性栏上可设置纸张大小、方向、单位、四个方向键的微调偏移量、再制距离等。

② 使用“文本工具”输入“金属字”3 个字，设置字体、字号，将文字放大并将其移动到适当的位置，如图 5-3 所示。

图 5-3 输入文字

③ 在“工具箱”中选择“填充→渐变填充”，打开“渐变填充”对话框，在“颜色调和”选项组选择“自定义”单选按钮，如图 5-4 所示，调整渐变的颜色和位置，如图 5-5 所示，单击“确定”按钮，效果如图 5-6 所示。

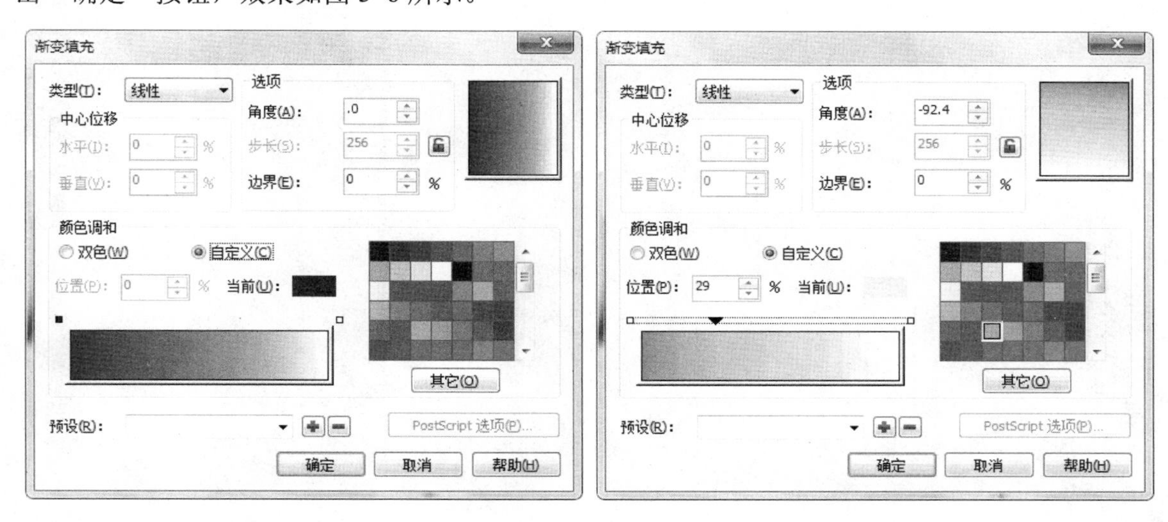

图 5-4　选择自定义渐变　　　　图 5-5　设置渐变的颜色和位置

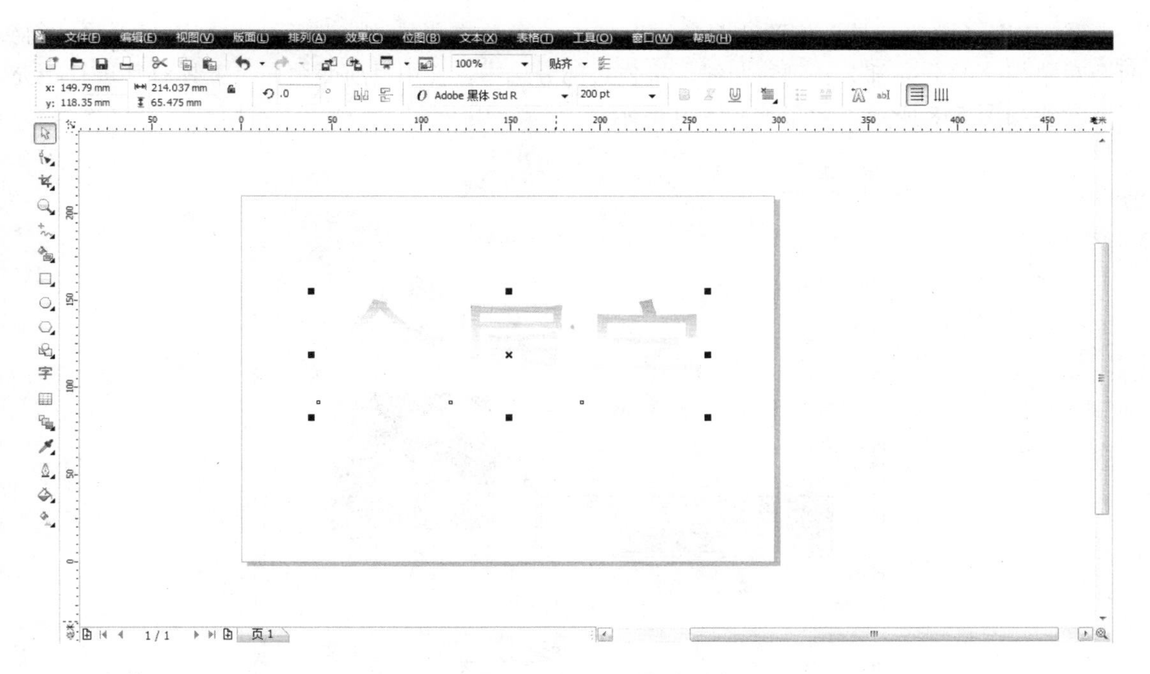

图 5-6　在文字上应用渐变填充

提示：渐变填充的类型包括线性、射线、圆锥、方角，可自定义填充的颜色、角度及中心点。

④ 使用“手绘工具”画一线段，并将其封闭，再使用“形状工具”，将绘制的曲线形状进行调整，如图 5-7 所示。

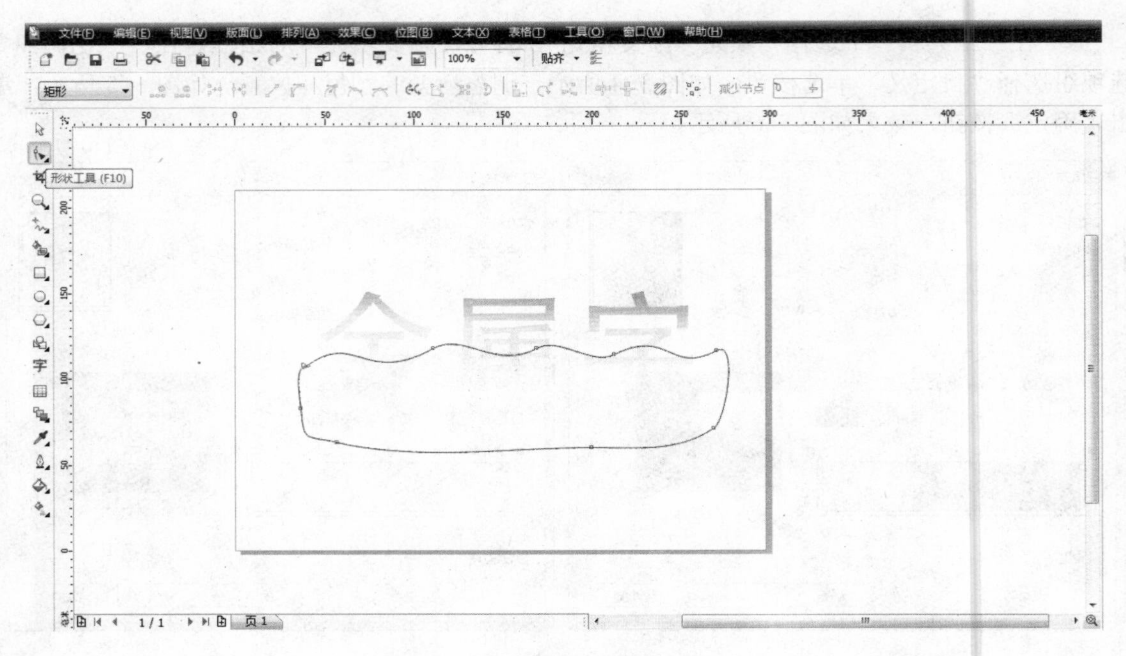

图 5-7 绘制封闭曲线

⑤ 使用“挑选工具”将两个对象同时选中，再单击“排列→造形→相交”菜单项，得到两个对象相交的公共部分；删除曲线，将公共部分选中，使用“渐变填充”工具对其进行填充，填充设置如图 5-8 所示，效果如图 5-9 所示。

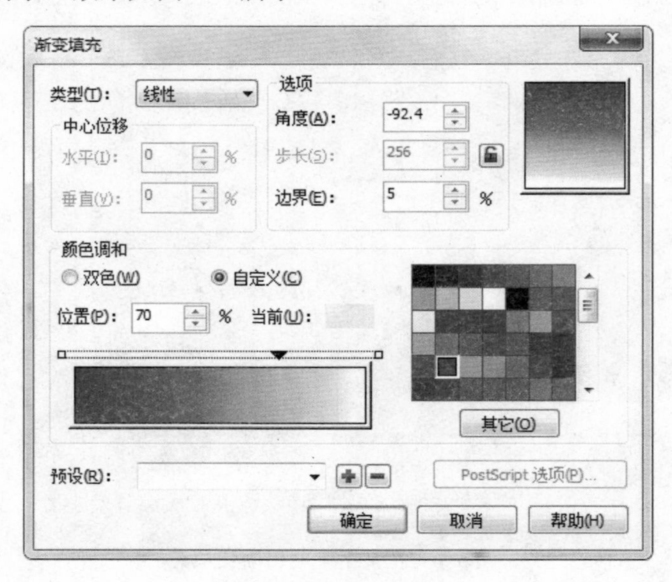

图 5-8 填充设置

提示：“造形”菜单项是针对选中的两个或两个以上的对象所做的操作，其中还包括“焊接”、“修剪”、“移除后面对象”、“移除前面对象”等选项。

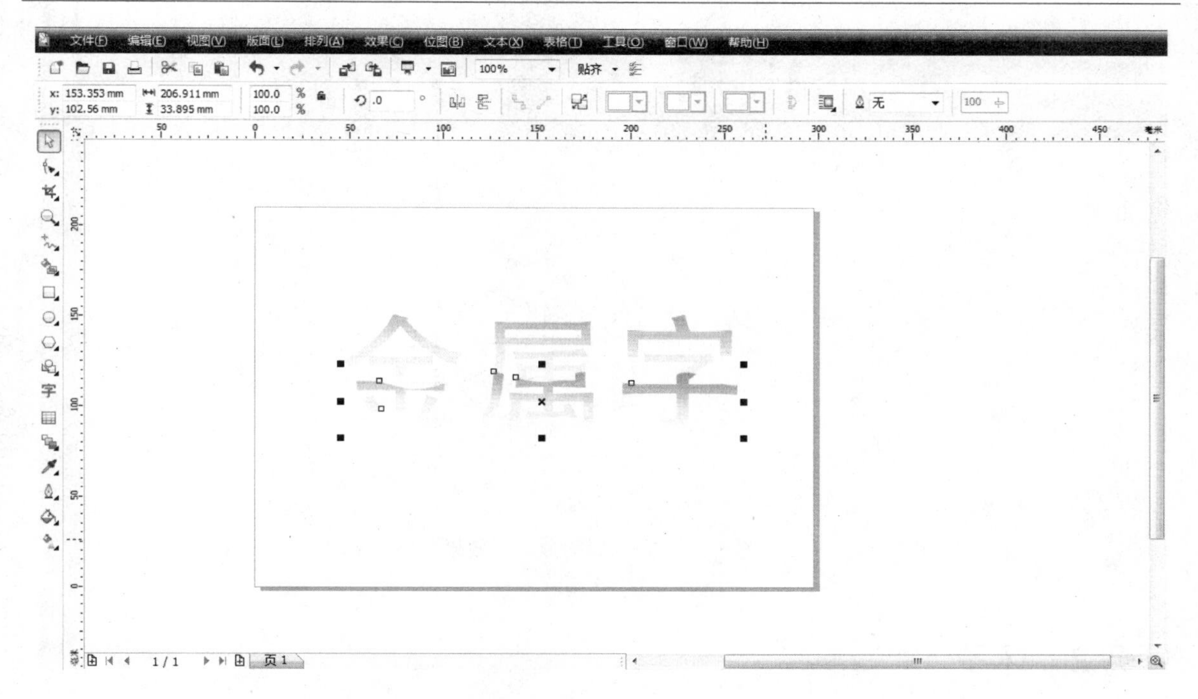

图 5-9　填充效果

图 5-10　轮廓图设置

⑥ 使用“挑选工具”选中文字对象，单击“效果→轮廓图”菜单项，从而打开“轮廓图”泊坞窗，选择“向外”单选按钮，“偏移”设置为 1.0 mm，“步长”设置为 1mm，如图 5-10 所示，单击“应用”按钮，得到如图 5-11 所示的效果，完成制作。

提示：在“轮廓图”泊坞窗中可设定“向中心”、“向内”、“向外”三个方向，还可设置偏移量、步长等。

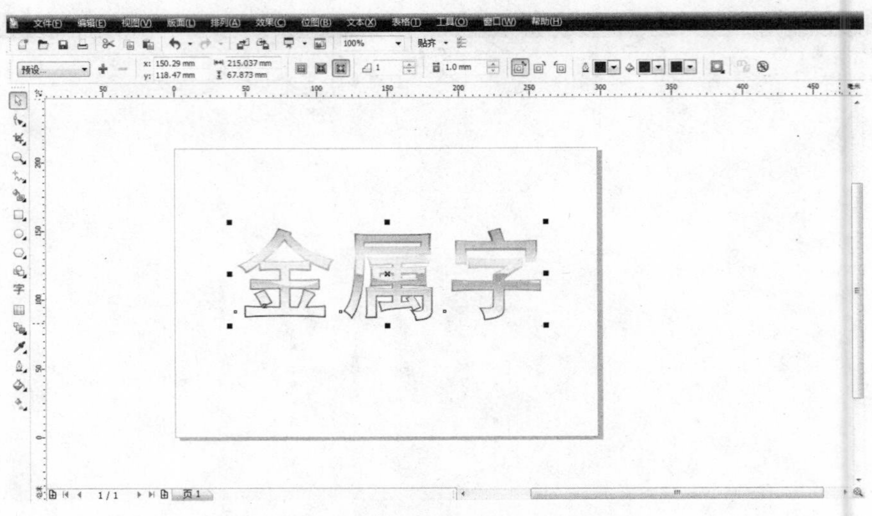

图 5-11　完成后的金属字效果

任务2　杯子

一、知识点

使用“手绘工具”、“形状工具”、“填充”等工具，以及“效果→艺术笔”、“排列→顺序”菜单项绘制一个写意的杯子。

二、实操步骤

① 选择“手绘工具”，绘制一个形状，并用“形状工具”修改其形状，如图 5-12 所示。

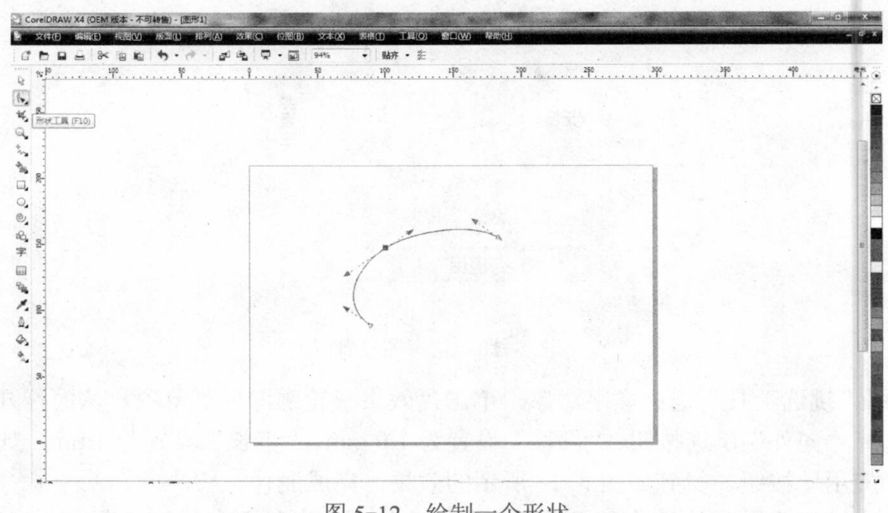

图 5-12　绘制一个形状

② 继续使用“手绘工具”、“形状工具”完成杯子的外形制作，如图 5-13 所示。

③ 单击“效果→艺术笔”菜单项，打开“艺术笔”泊坞窗，选中杯子的曲线，应用“艺术笔”泊坞窗中相应的笔触，得到如图 5-14 所示的效果。

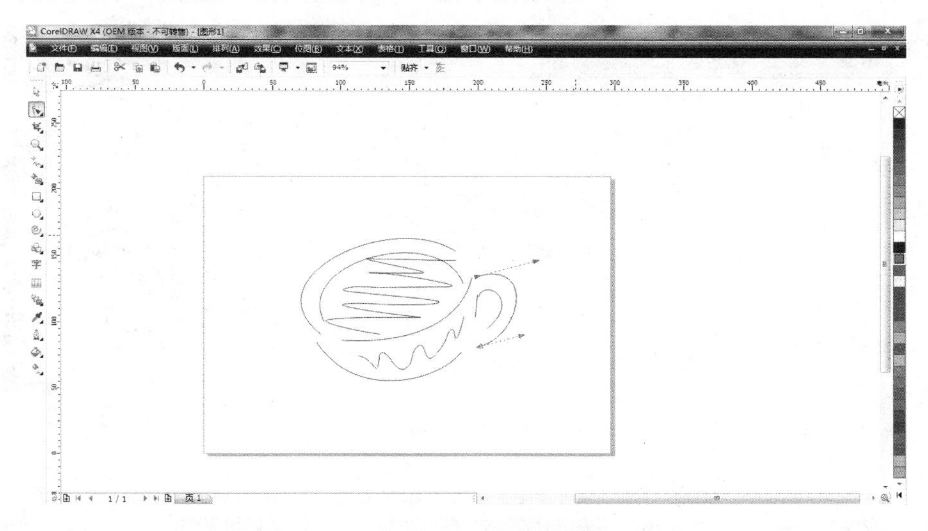

图 5-13　绘制杯子的外形

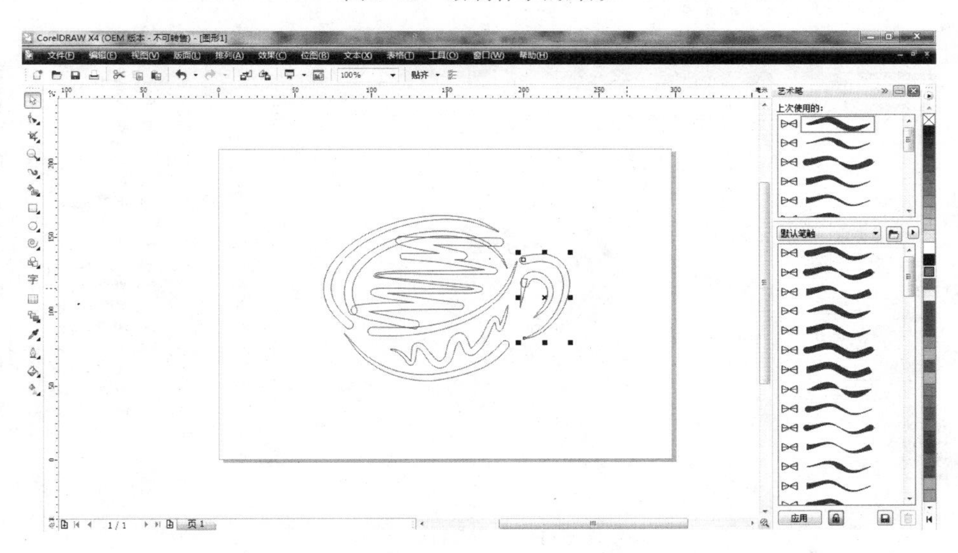

图 5-14　应用“艺术笔”

提示：在“艺术笔”的属性栏上可设置笔触的平滑度、宽度等，在“艺术笔”泊坞窗的笔触列表中可选定相应的笔触。

④ 选择“交互式填充工具”，对选中的笔触分别应用线性渐变填充，并改变起点和终点的颜色，得到如图 5-15 所示的效果。

⑤ 选中自上往下数的第二条笔触，单击“排列→顺序→到图层前面”菜单项，将该对象移至图层前；再单击“工具箱”中的“轮廓工具”，选中“无”选项，取消所有绘制对象的轮廓，完成制作，效果如图 5-16 所示。

图 5-15 进行填充

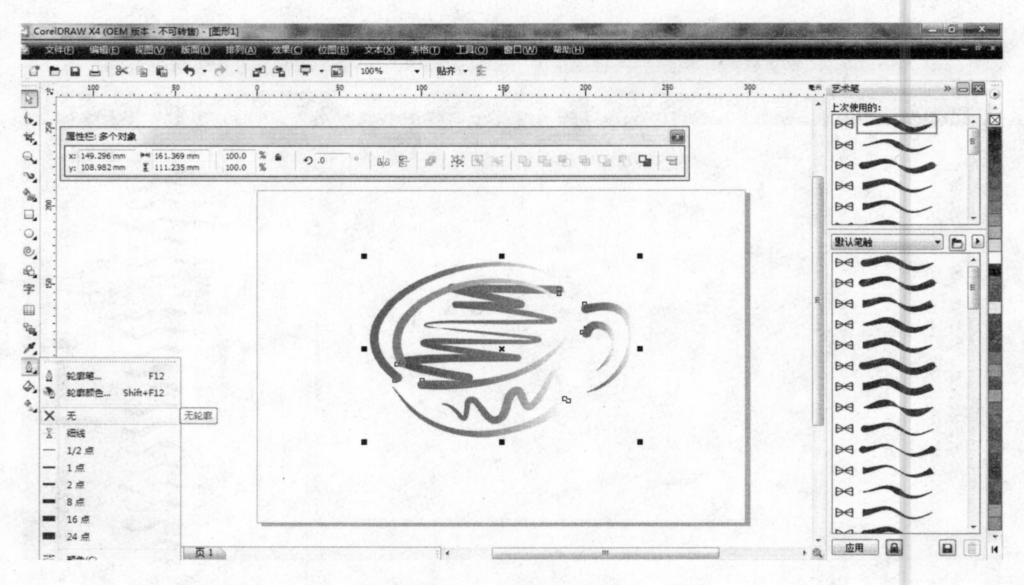

图 5-16 完成后的杯子

提示： 在“排列→顺序”菜单项中，包括“向前一层”、“向后一层”、“到图层前面”、“到图层后面”等选项。

任务3 拼图

一、知识点

使用“图纸工具”、“挑选工具”，以及“文件”→“导入”、“效果→图框精确剪裁→放置在容器中→置于内部”、“排列→取消群组”菜单项，制作一幅拼图。

二、实操步骤

① 在“工具箱”中，选择“多边形工具”组中的“图纸工具”，在属性栏上将默认的行、列值（3，4）改为（10，10），并绘制一张图纸，如图 5-17 所示。

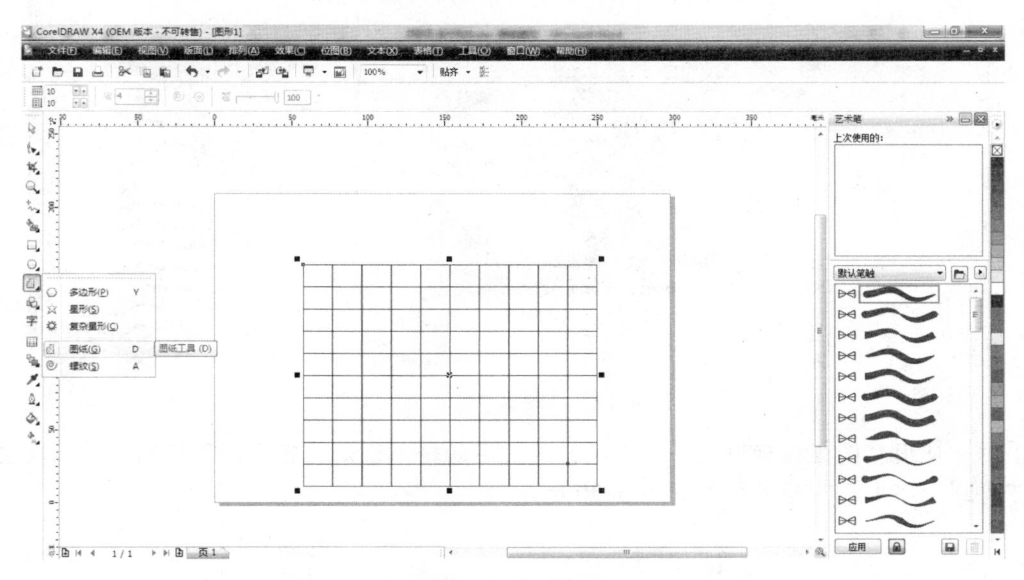

图 5-17　绘制图纸

② 单击“文件→导入”菜单项，选定一幅图像导入至当前工作区，如图 5-18 所示。

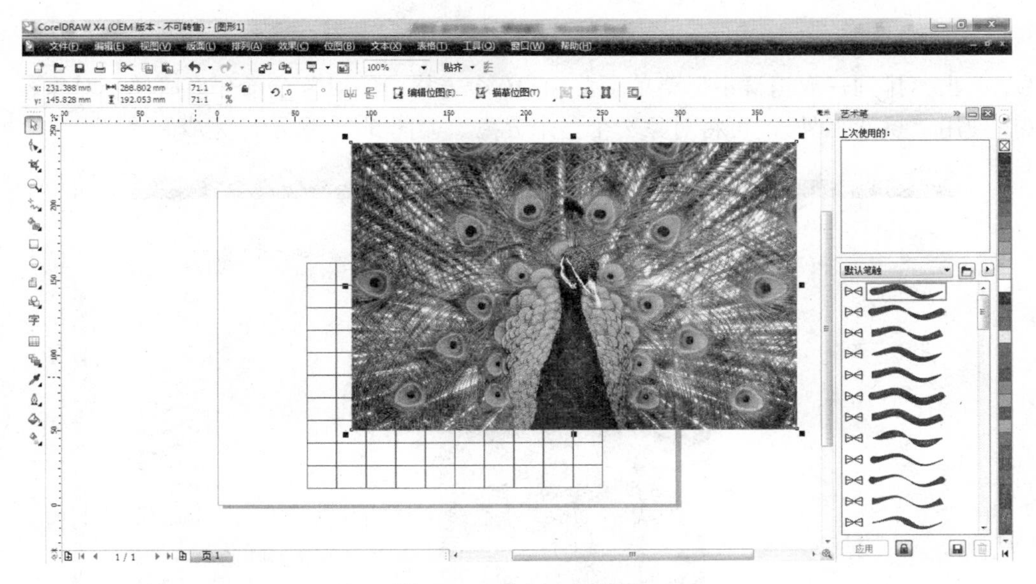

图 5-18　导入一幅图像

③ 单击“效果→图框精确剪裁→放置在容器中→置于内部”菜单项，选择图纸作为容器，得到如图 5-19 所示的效果。

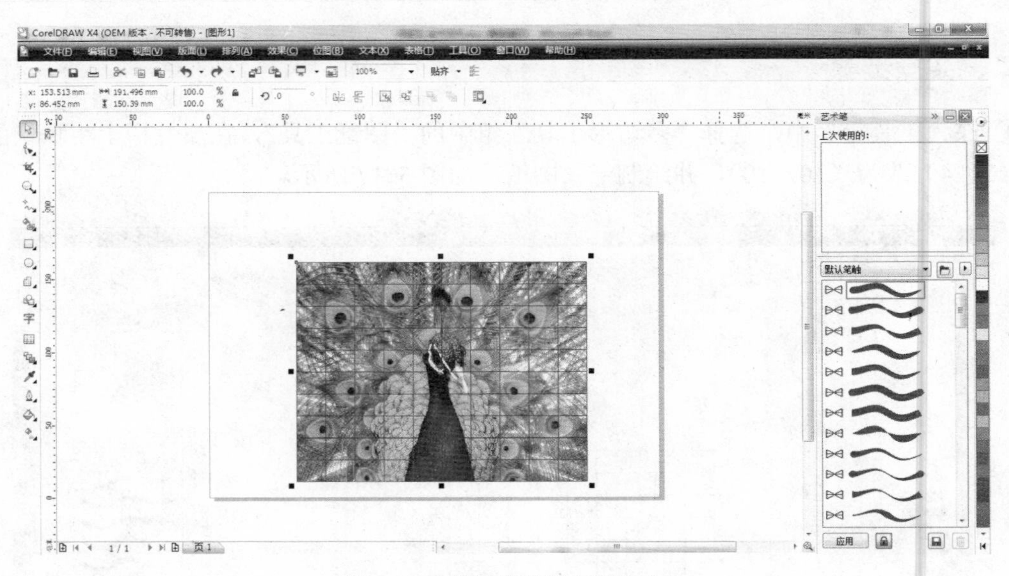

图 5-19 将图像放置在图纸中

提示：使用“图框精确剪裁”菜单项，将文字的轮廓设定为容器，再将图片或纹理置入其中，可得到“字中画”的效果，如图 5-20 所示。

图 5-20 “字中画”效果

④ 单击“排列→取消群组”菜单项，10×10 个方格中的对象全部分离成单个对象。

⑤ 使用“挑选工具”，可将对象一个一个分离，如图 5-21 所示，完成制作。

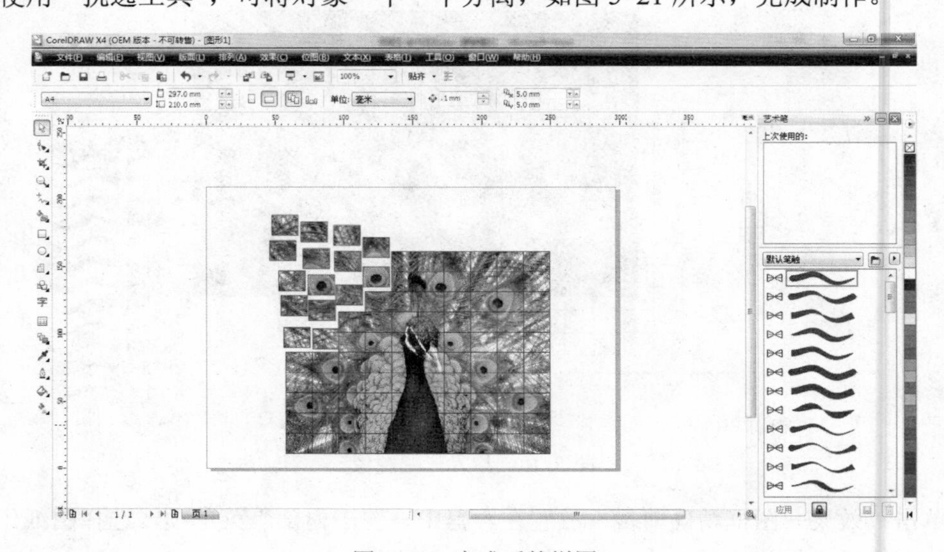

图 5-21 完成后的拼图

任务 4　扣环

一、知识点

使用“矩形工具”、“形状工具”、“轮廓工具”、“填充工具”，以及“效果→轮廓图”、“排列→打散/结合”、“效果→图框精确剪裁→放置在容器中”/“编辑内容”菜单项，绘制两个相扣的环。

二、实操步骤

① 选择“矩形工具”，绘制一个矩形，再使用“形状工具”将其修改成圆角矩形，如图 5-22 所示。

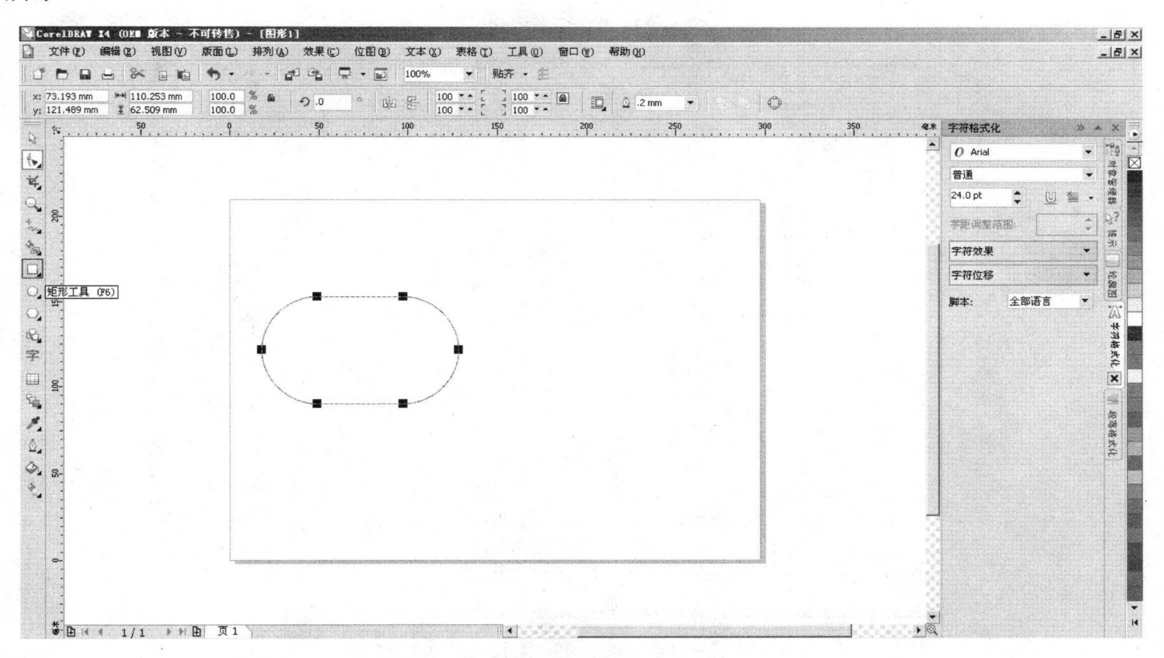

图 5-22　圆角矩形

② 单击“效果→轮廓图”菜单项，打开“轮廓图”泊坞窗，选择“向内”选项并设置偏移量和步长，单击“应用”按钮，效果如图 5-23 所示；单击“排列→打散轮廓图群组”菜单项，然后单击“排列→结合”菜单项，如图 5-24 所示。

提示：打散的快捷键：Ctrl+K，结合的快捷键：Ctrl+L。

③ 选择“渐变填充”工具，对环状图形进行双色渐变填充，然后复制一份，如图 5-25 所示。

④ 在两环的交界处绘制一矩形；将下方的环复制一份，如图 5-26 所示；然后单击“效果→图框精确剪裁→放置在容器中→置于内部”菜单项，选择矩形为容器，得到如图 5-27 所示的效果。

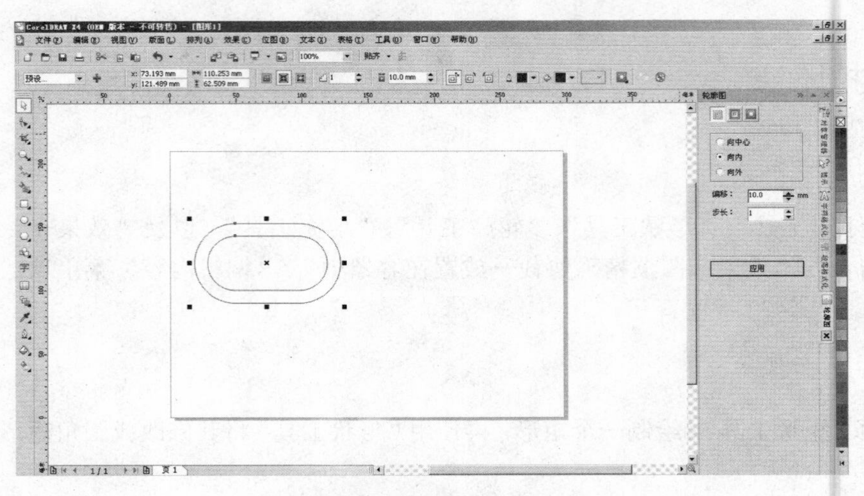

图 5-23 “轮廓图”效果

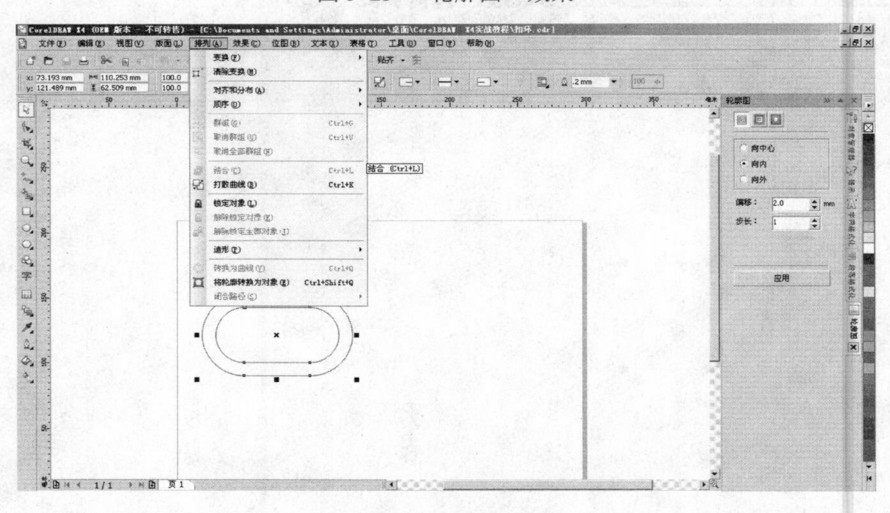

图 5-24 打散后再结合

图 5-25 渐变填充并复制

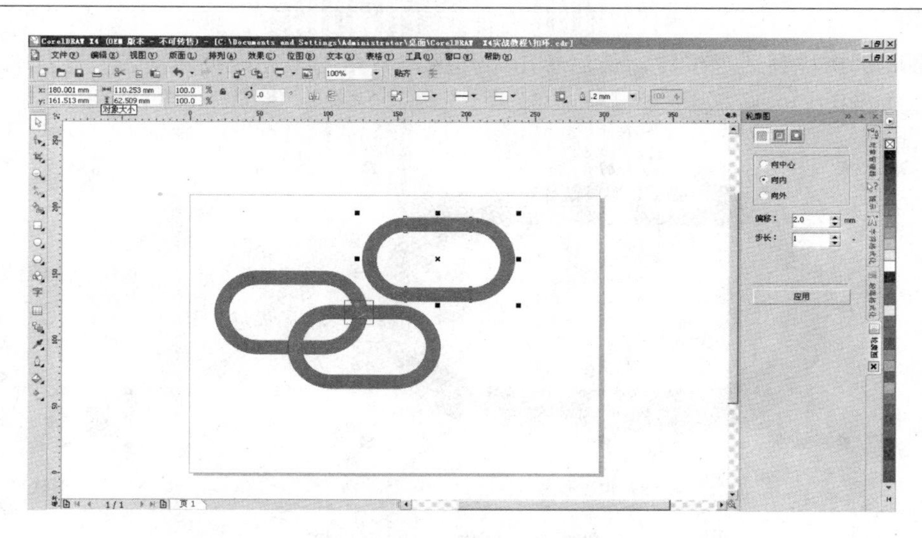

图 5-26　绘制一个矩形并复制下方的环

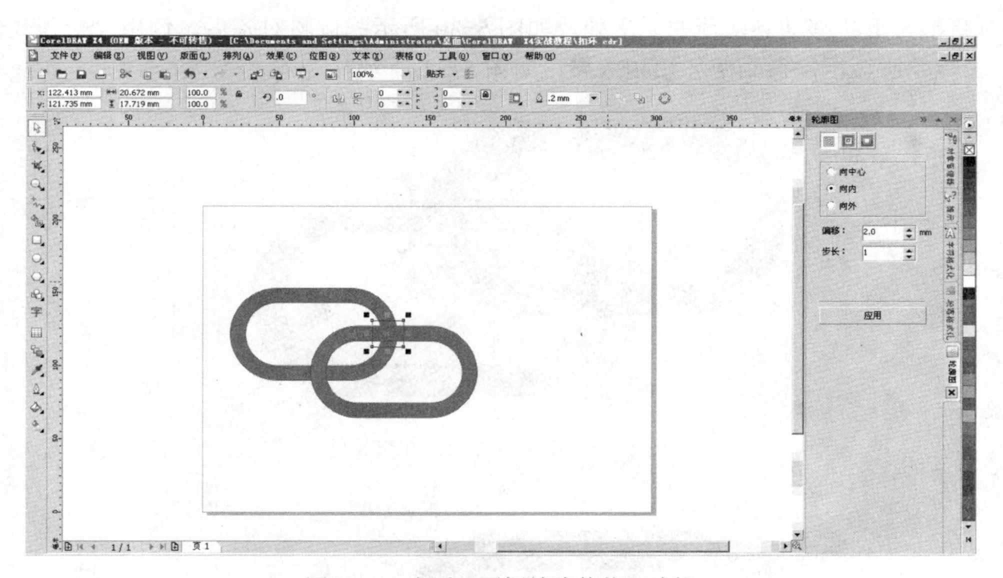

图 5-27　应用“图框精确剪裁”功能

⑤ 单击“效果→图框精确剪裁→编辑内容”菜单项，得到如图 5-28 所示的效果。

图 5-28　编辑内容

⑥ 将环状物移到适当位置，最后单击工作区左下角的“完成编辑对象”按钮，得到一个半月形状，如图 5-29 所示。

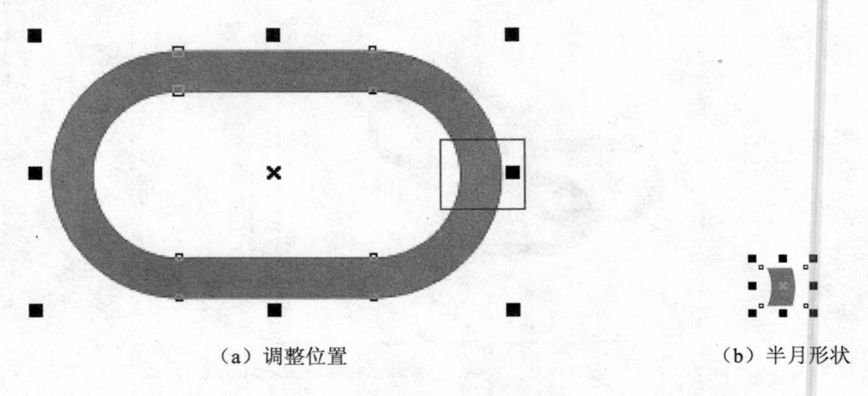

（a）调整位置　（b）半月形状

图 5-29　制作一个半月形状

⑦ 将半月形状移动到两环的交叉处，如图 5-30 所示；调整对齐后，使用“交互式轮廓图工具”去除轮廓边框，得到两环相扣效果，如图 5-31 所示。

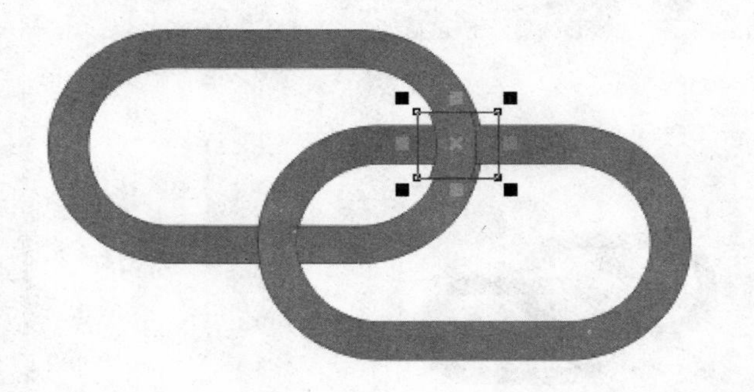

图 5-30　将半月形状盖在交叉处

图 5-31　环环相扣的效果

提示：用类似的方法，可制作奥运五环标志环环相扣的效果。

任务5　名片设计

一、知识点

利用“矩形工具”、“文本工具”、“缩放工具”、“填充工具”，以及“排列→大小”、“文件→导入”菜单项设计名片。

二、实操步骤

① 使用“矩形工具”绘制一个矩形；单击“排列→变换→大小”菜单项，调出“变换”泊坞窗，设置矩形的水平、垂直尺寸分别为 90.0 mm、50.0 mm，即与普通名片的尺寸大小相同，然后单击“应用”按钮，如图 5-32 所示。

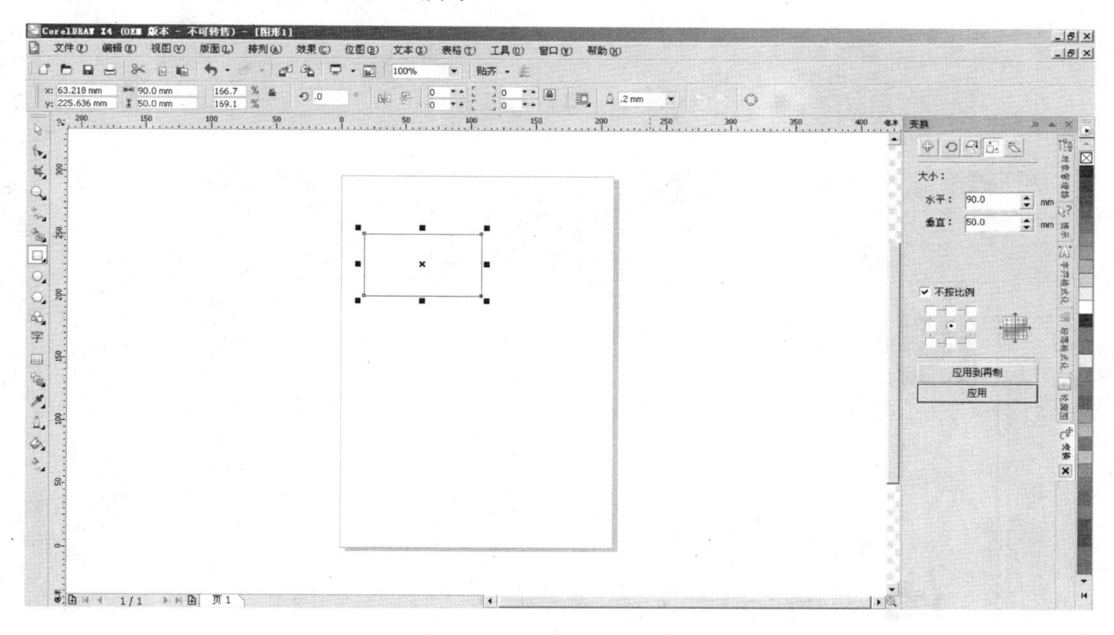

图 5-32　与名片大小相同的矩形

提示：在“变换”泊坞窗中，可按位置、旋转、缩放和镜像、大小、倾斜等对选定的对象进行各种类型的变换。

② 单击“文件→导入”菜单项，导入一幅事先已设计好的 Logo 图片，再单击“标准”工具栏上的“缩放级别”下拉列表框，将页面显示的缩放级别由 100%调整为“到合适大小”，如图 5-33 所示。

提示：页面显示“缩放级别”的调整可使用鼠标滚轮及 F3、F4 功能键来完成。

③ 单击“文本工具”，输入需要的文字内容并调整其位置及大小；使用“矩形工具”绘制一个矩形，进行渐变填充，再去除轮廓，完成制作，如图 5-34 所示。

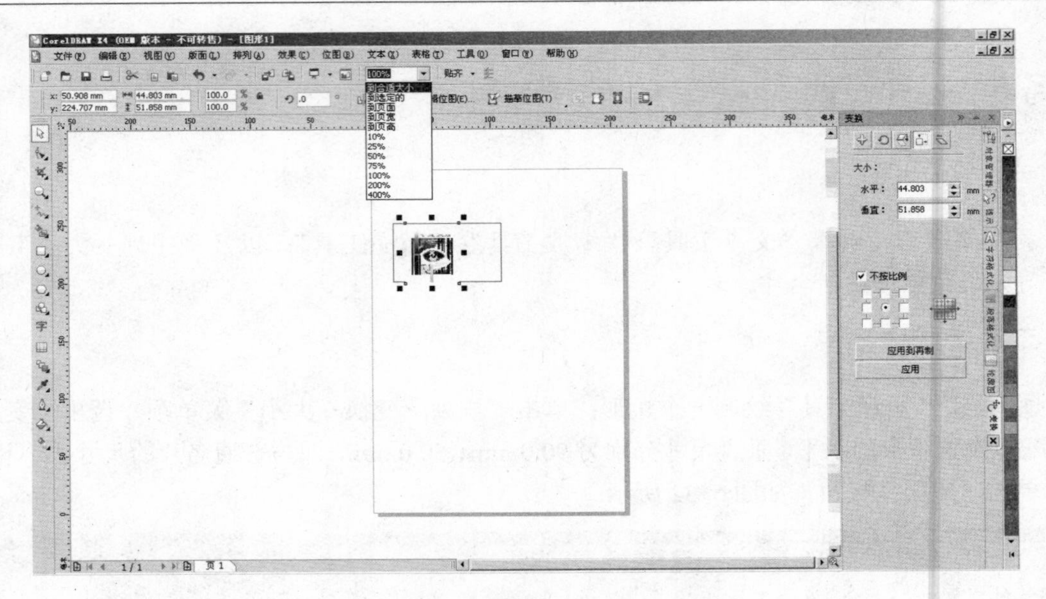

图 5-33　导入 Logo 图片

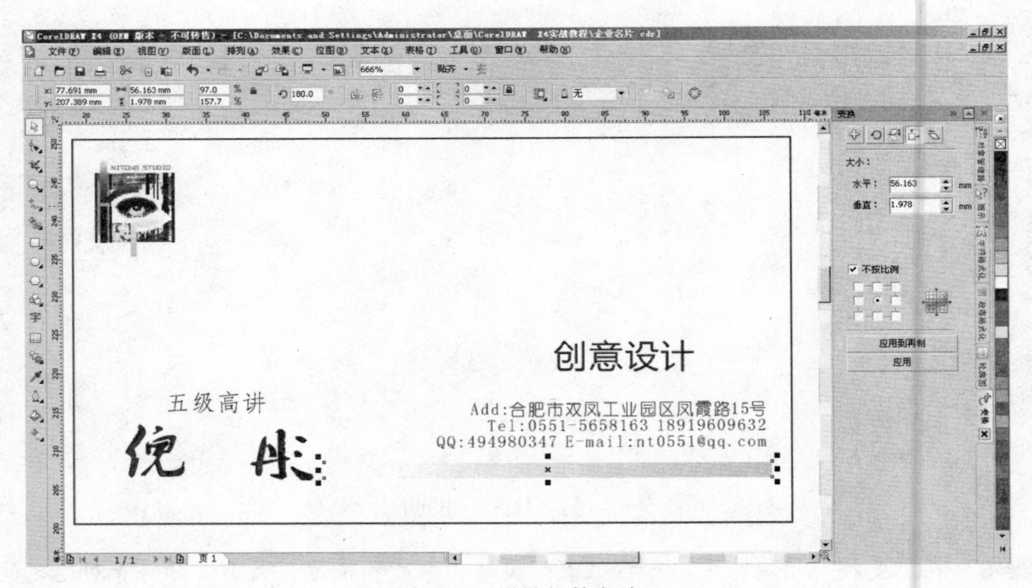

图 5-34　设计好的名片

任务6　QQ 的标志

一、知识点

利用“矩形工具”、“椭圆形工具”、“贝塞尔工具”、“形状工具”、“交互式封套工具”和“交互式透明工具”，以及“排列→顺序”、“排列→转换为曲线”菜单项设计制作 QQ 的标志。

二、实操步骤

① 选择“椭圆形工具”，绘制一个椭圆并填充黑色；复制一个椭圆，缩小并填充白色，调整好相应的位置，如图 5-35 所示。

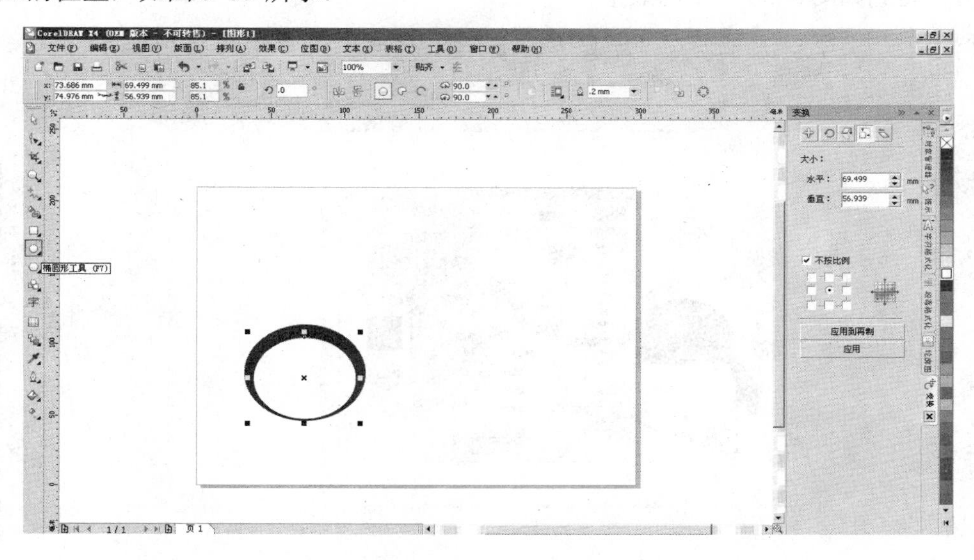

图 5-35　企鹅的身体

② 用“椭圆形工具”绘制一个椭圆并填充黑色，单击“排列→转换为曲线”菜单项，转换成曲线后，用“形状工具”调整各个节点成企鹅头部的形状。然后用类似的方法绘制翅膀的形状，并复制一个；单击“排列→变换→比例”菜单项，调出“变换”泊坞窗，单击泊坞窗上的“缩放和镜像”按钮，再单击“应用到再制”按钮，得到如图 5-36 所示的效果。

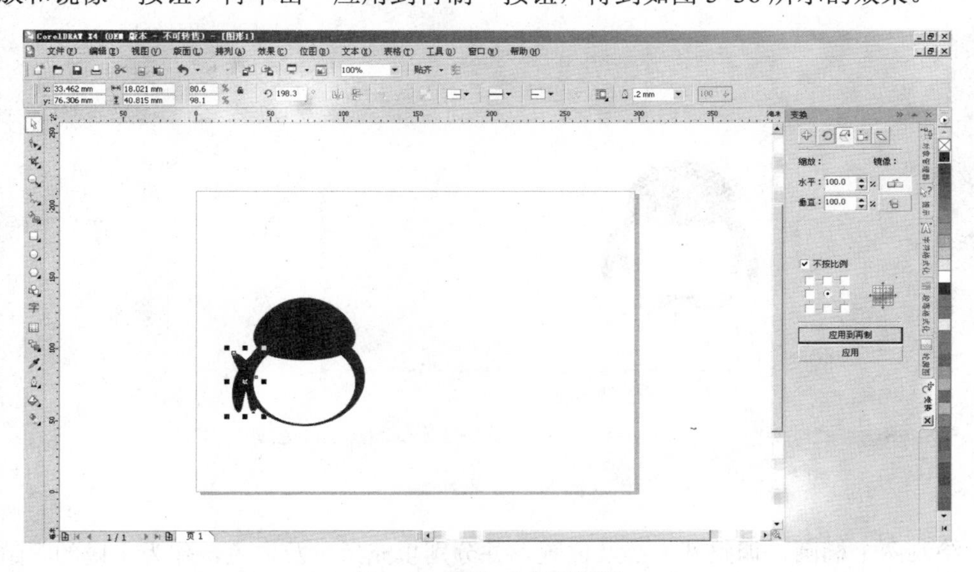

图 5-36　添加头部和翅膀

③ 将复制的另一翅膀移至右边；用“椭圆形工具”绘制一个椭圆并填充橙色，用“贝塞尔工具”绘制企鹅脚趾的形状，圈选两者，按组合键 Ctrl+G 将其群组，再使用组合键 Shift+PgDn 将其移至身体之后，完成脚趾的绘制，如图 5-37 所示；通过镜像功能复制一个脚趾，移动到身体的后方，得到如图 5-38 所示的效果。

图 5-37　添加脚趾

图 5-38　添加脚趾

④ 绘制两个椭圆，调整其大小及位置，并分别填充黑色及白色，作为企鹅的眼睛，镜像复制一个，移动到右边，如图 5-39 所示。再绘制一个椭圆并填充橙色，作为企鹅的嘴形，如

图 5-40 所示；用“贝塞尔工具”绘制一个四边形，调整其形状并填充黑色，移到适当的位置，得到如图 5-41 所示的效果。

图 5-39　添加眼睛

图 5-40　添加嘴

⑤ 用“贝塞尔工具”绘制两个四边形，再用“形状工具”并配合其属性栏上的“转换直线为曲线”选项，调整其形状成围巾状并填充红色，通过“轮廓笔”对话框设置轮廓线宽，如图 5-42 所示。再用“贝塞尔工具”绘制几条曲线，分别放置在围巾的相应位置，通过“轮廓笔”对话框设置轮廓线宽，以表现围巾上的褶皱效果，从而完成一个企鹅（GG）造型的制作，如图 5-43 所示。

图 5-41 完整的企鹅造型

图 5-42 添加围巾

⑥ 圈选整个企鹅（GG）造型，复制一个，平移至右边；用“挑选工具”将围巾选中，然后将其颜色设置成洋红色，如图 5-44 所示。绘制一矩形，用“形状工具”将其调整为圆角矩形，再用“交互式封套工具”将其变形成蝴蝶结的形状，如图 5-45 所示，将蝴蝶结填充洋红色；再绘制一个椭圆，按组合键 Ctrl+Q 将其转换成曲线，调整成结的形状并填充洋红色；最后用“贝塞尔工具”绘制蝴蝶结上的褶皱线条，通过“轮廓笔”对话框设置轮廓线宽，将完成的蝴蝶结移到企鹅（MM）的头上，如图 5-46 所示。

图 5-43　企鹅（GG）造型

图 5-44　复制一个企鹅（GG）造型

⑦ 最后来制作眼影效果。复制两个眼白圆，上下摆放好后，圈选两个圆，单击属性栏上的“移除前面对象”按钮，剪出一个弧形，给它填充粉色，作为眼影，如图 5-47 所示；将眼影放在企鹅（MM）的眼睛上，选择“交互式透明工具”，在眼影上拖出一个射线透明，使眼皮呈现立体感，如图 5-48 所示；用“贝塞尔工具”绘制睫毛曲线，设置轮廓线宽，轮廓色设置为洋

红，放在眼影下角形成睫毛；将眼影和睫毛选中，复制一份，平移至右边，完成企鹅（MM）造型，如图 5-49 所示。

图 5-45　蝴蝶结形状

图 5-46　戴上蝴蝶结

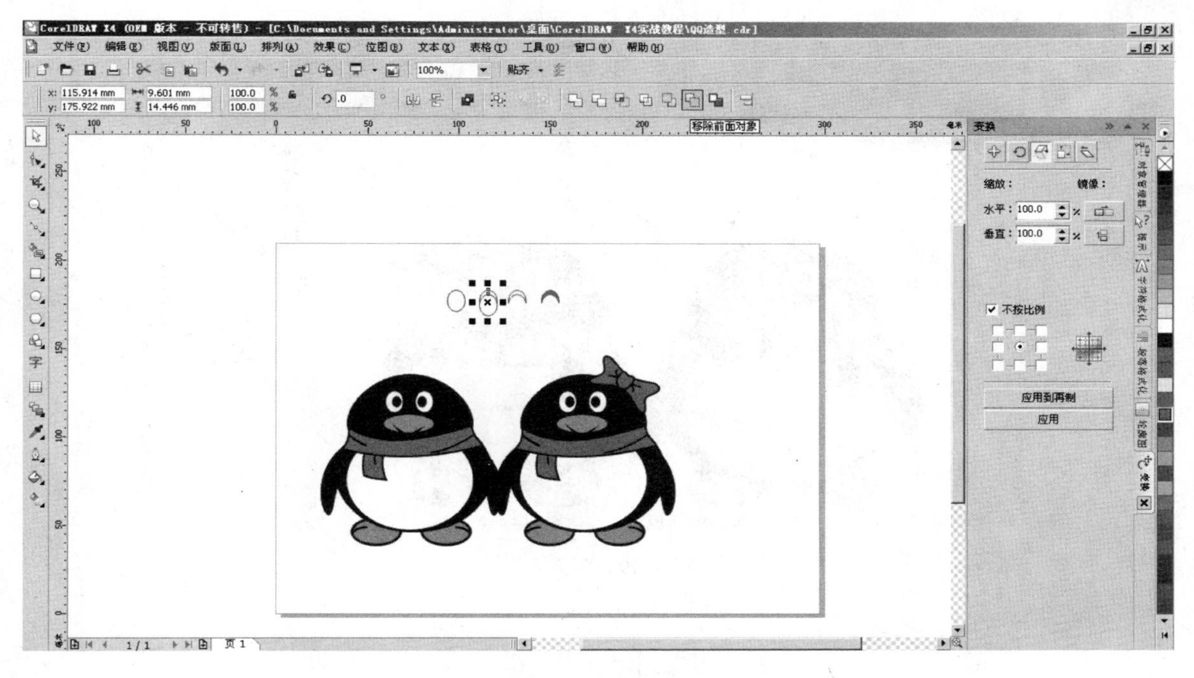

图 5-47　绘制眼影

图 5-48　修饰眼影

图 5-49 两只企鹅

项目小结

通过本项目实例的制作，读者体验了工具箱、泊坞窗的用法和“排列”、“效果”两个菜单的功能。在工具箱中主要体验了“手绘工具”、“挑选工具”、“填充工具”、“交互式填充工具”、“图纸工具”、“文本工具”、“矩形工具”、“椭圆形工具”、“形状工具”、“轮廓”工具和“贝塞尔工具”的使用方法，并且在例子中学习了“排列”菜单的“变换”、“群组”、“造形”和“转换为曲线”等命令以及“效果”菜单的“艺术笔”、“图框精确剪裁”等命令的用法。

读者应当在使用中好好体会这些工具的用法，多加练习，熟悉并掌握这些工具和命令的功能，加上自己的创意，定然可以设计出更多优秀的作品。

知识拓展：结构化版面

与网页设计软件 Dreamweaver 类似，利用 CorelDRAW X4 的表格工具，可设计一些结构化的版面，再通过拆分、合并单元格操作，得到所需要的图文混排版式。具体操作步骤如下：

① 单击“工具箱”上的“表格工具”按钮，在属性栏上设置 6 行、3 列，在页面上出现相应的表格，如图 5-50 所示。

② 选中表格第一行的 3 个单元格，右击鼠标，在弹出的快捷菜单中选择“合并单元格”菜单项，如图 5-51（a）所示，将其合并成一个单元格，如图 5-51（b）所示。

③ 用类似的方法对表格进行修改，然后在表格之外再插入一个表格并导入图片等以备用，得到如图 5-52 所示的效果。

注意：表格可以嵌套。

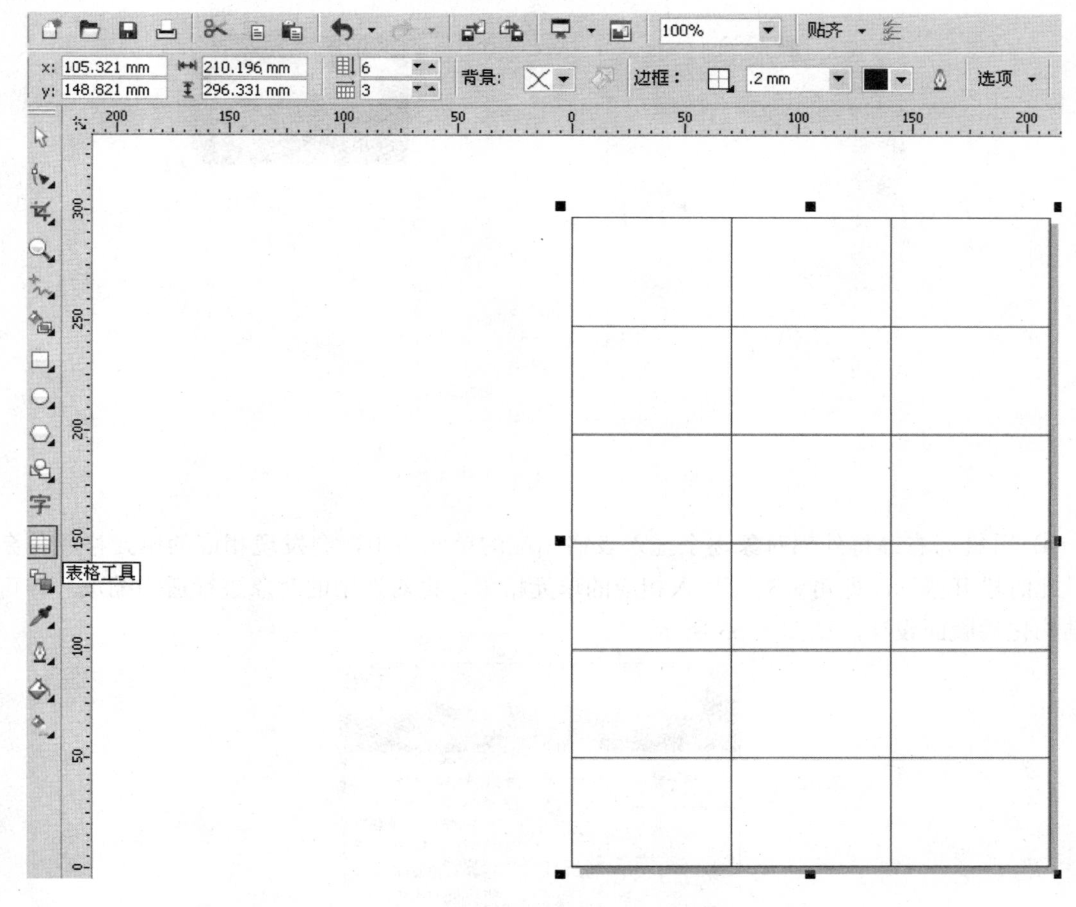

图 5-50　绘制表格

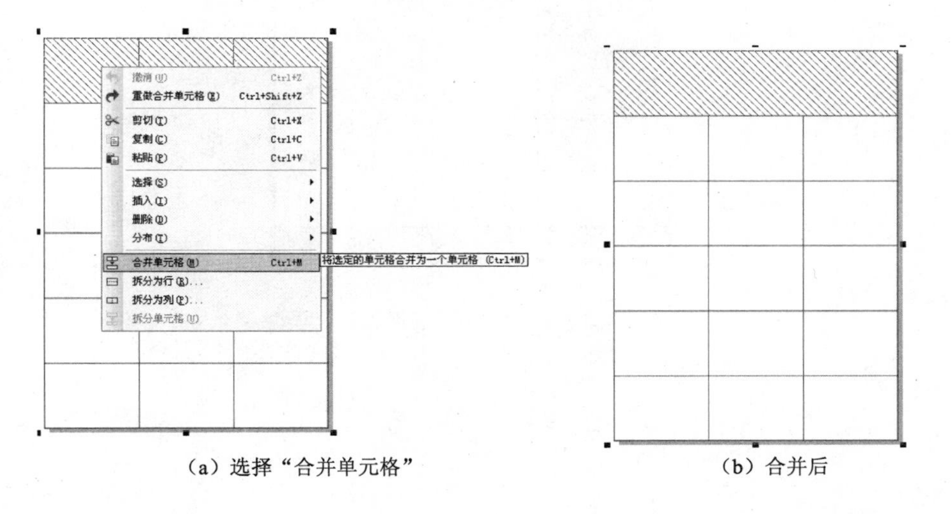

（a）选择“合并单元格”　　（b）合并后

图 5-51　合并单元格

图 5-52　修改表格并导入图片

④ 用鼠标右键将外部对象逐个拖入表格相应的单元格中，会发现相应的单元格颜色会变化，此时松开鼠标，即可将对象插入相应的单元格中，再对选中的对象进行适当缩放，即可完成结构化的版面设计，如图 5-53 所示。

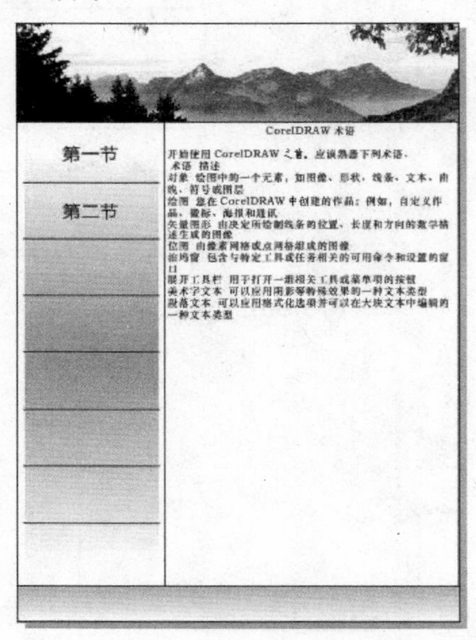

图 5-53　完成的版面设计

练　习　5

1．制作如图 5-54 所示的文字效果。
2．绘制如图 5-55 所示的花卉图案。
3．制作如图 5-56 所示的拼图效果。

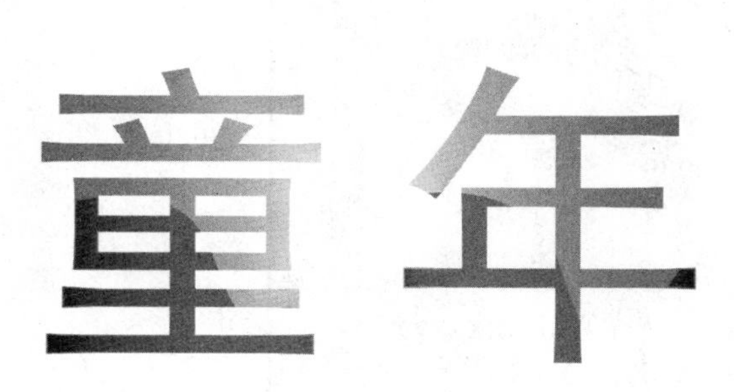

图 5-54　文字效果

图 5-55　花卉

图 5-56　拼图

4．绘制如图 5-57 所示的奥运五环标志。

图 5-57　奥运五环标志

5．设计如图 5-58 所示名片。

图 5-58 名片

6．绘制如图 5-59 所示的卡通图案。

图 5-59 卡通图案

项目 6　高级进阶

本项目的任务目标：

● 综合运用各种工具、属性栏、菜单项及泊坞窗，设计一些特殊的作品，如立体效果、鱼眼特效、纪念瓷盘等。

● 与其他软件配合使用，提高设计效率，如与 Excel 配合使用批量制作参会证。

在已掌握的各种绘图技能的基础上，通过 12 个各具特色的典型实例（如图 6-1 所示），综合运用各种工具和菜单命令，全面掌握 CorelDRAW X4 的功能，提高设计水平，掌握解决实际问题的能力。

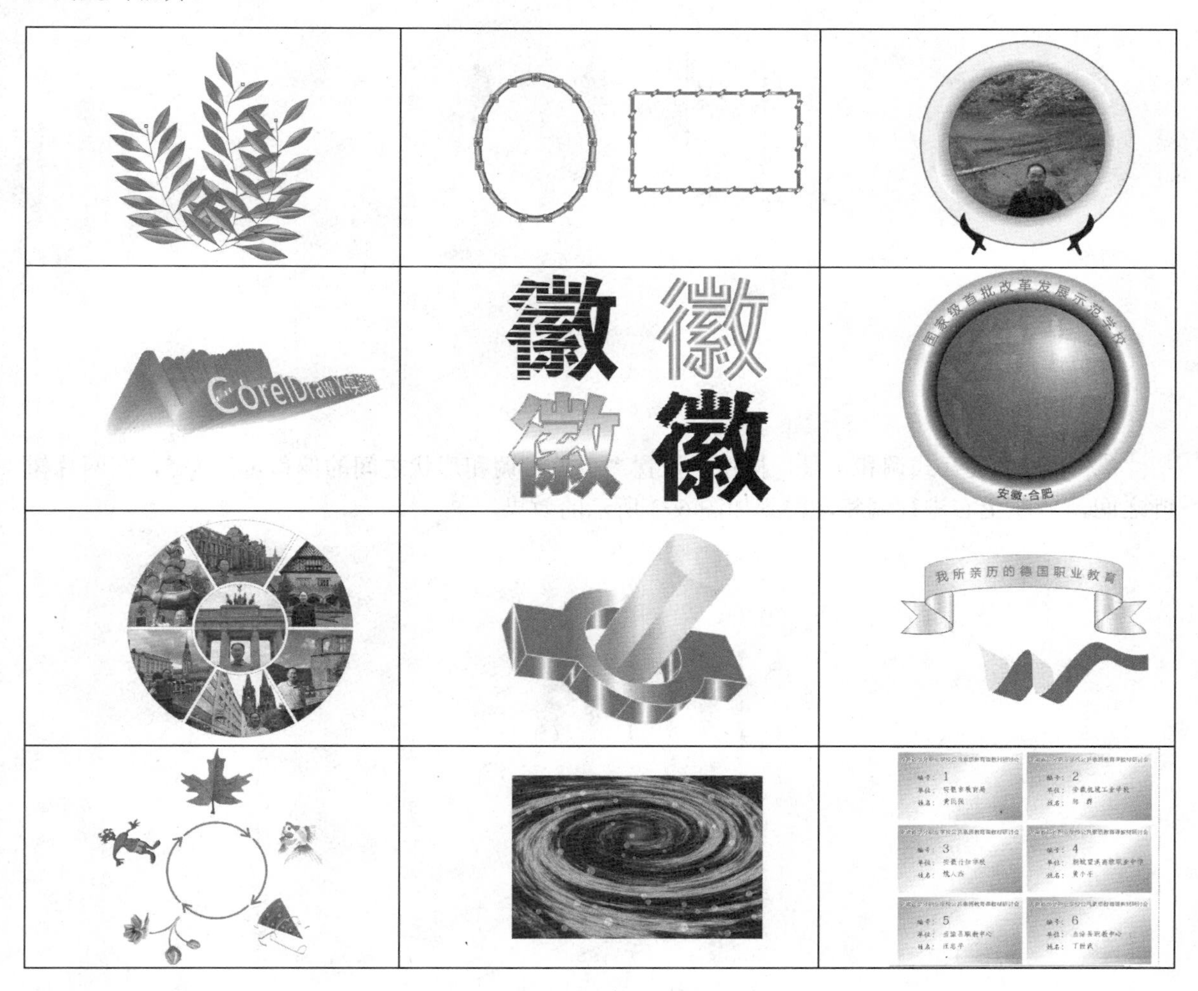

图 6-1　效果图

任务1 树叶花丛

一、知识点

利用“手绘工具”、“形状工具”、“交互式调和工具”等工具，以及“排列→造形→相交”、“效果→轮廓图”菜单项设计制作树叶花丛效果图。

二、实操步骤

① 使用“钢笔工具”绘制半片树叶，通过镜像复制成为一片整叶，再使用“填充工具”进行由绿至黄的渐变填充，完成一片树叶的制作，选中全部，按组合键 Ctrl+G 进行群组；然后复制一片树叶，准备做调和使用，如图 6-2 所示。

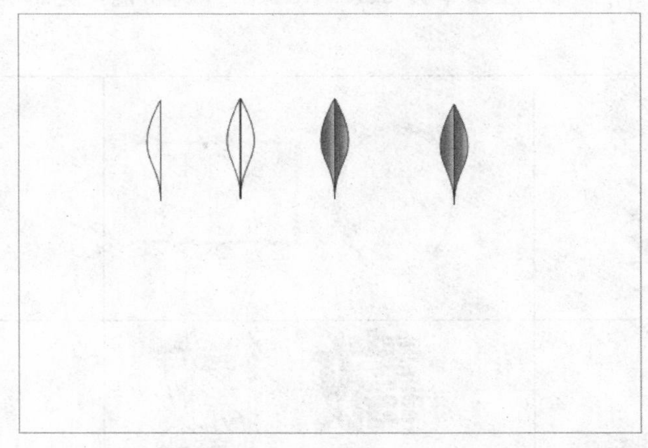

图 6-2 树叶

② 单击“交互式调和工具”按钮，设置“步长和调和形状之间的偏移量”为 5，在两片树叶之间，自左至右进行调和，得到如图 6-3 所示的效果。

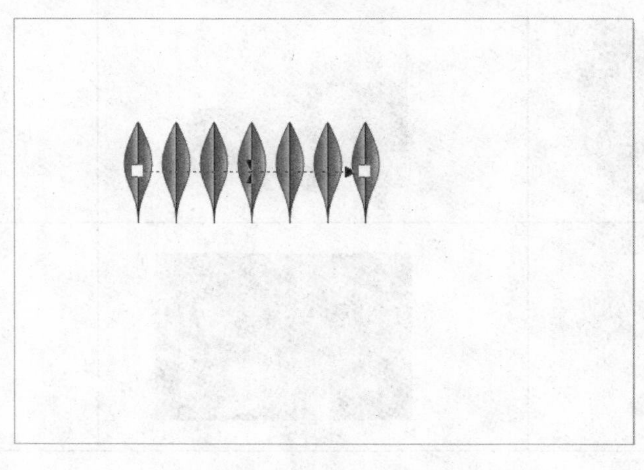

图 6-3 调和效果

③ 绘制如图 6-4 所示的树枝形状；全选调和对象，单击属性栏上的“新路径”按钮，然后在绘制的树枝形状上单击，调和对象将按新路径进行排列，如图 6-5 所示。

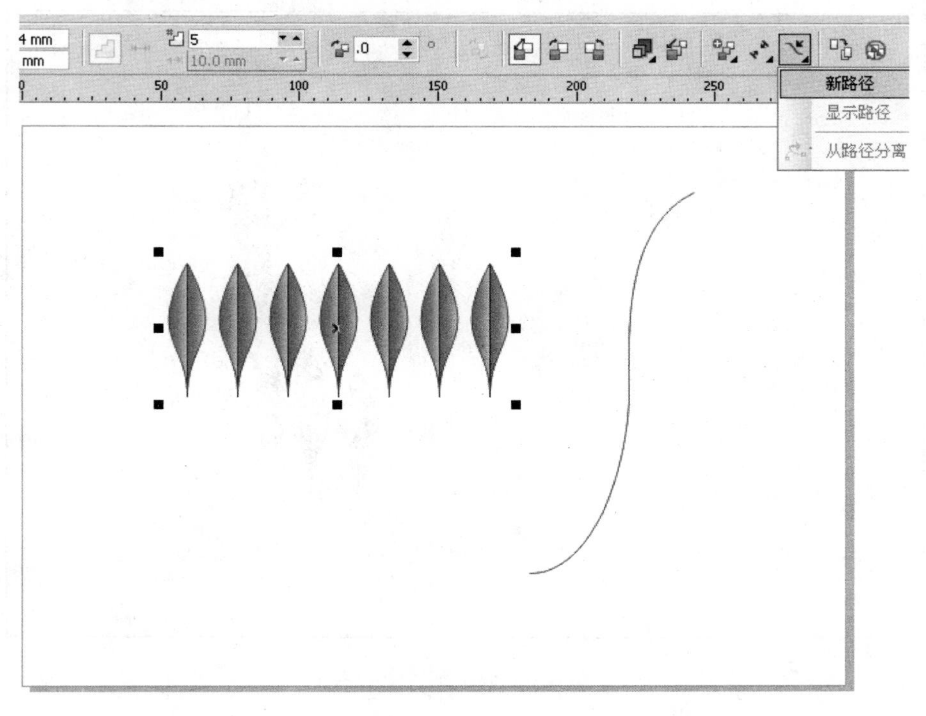

图 6-4　绘制树枝

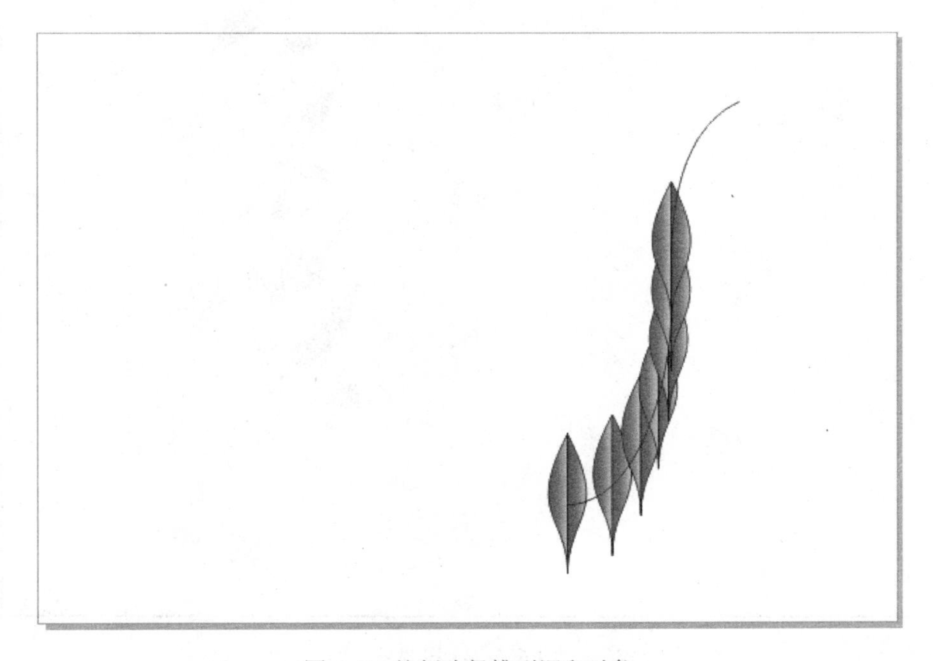

图 6-5　按新路径排列调和对象

④ 分别双击首尾两个调和对象，出现对象的中心点、旋转、倾斜等控制点，将中心点移到树叶的末稍根部，如图 6-6 所示；然后做适当旋转，得到如图 6-7 所示的半个树枝。

图 6-6 调整旋转中心点

图 6-7 半根树枝

⑤ 再次复制首尾两片树叶，做交互式调和处理，又得到 7 片树叶，如图 6-8 所示；调整首尾两片树叶的中心点并做适当旋转，如图 6-9 所示；将新路径指向树枝，得到如图 6-10 所示的一根树枝。

⑥ 将一根树枝复制两份，再用“形状工具”调整树枝曲线，得到如图 6-11 所示的树枝花丛，完成制作。

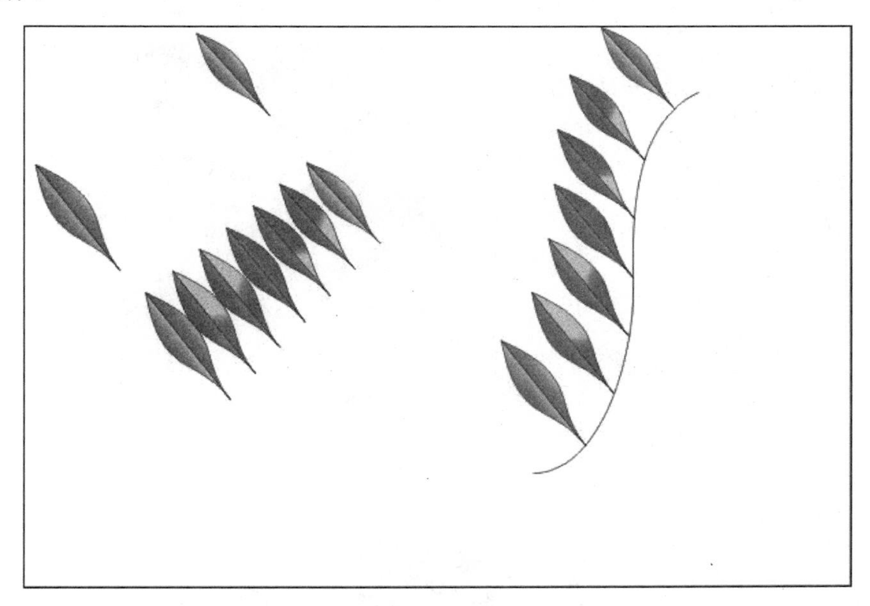

图 6-8　复制树叶

图 6-9　旋转树叶

图 6-10 一根树枝

图 6-11 树枝花丛

任务2 花边

一、知识点

利用“手绘工具”、“填充工具”、“交互式轮廓图工具”等工具，以及“效果→艺术笔”、“排列→顺序”菜单项设计制作花边图案。

二、实操步骤

① 绘制一个椭圆，选择“交互式轮廓图工具”，在其泊坞窗中选择“向内”单选按钮，将“偏移”设置为 2.5 mm，“步长”设置为 2，得到如图 6-12 所示的效果。

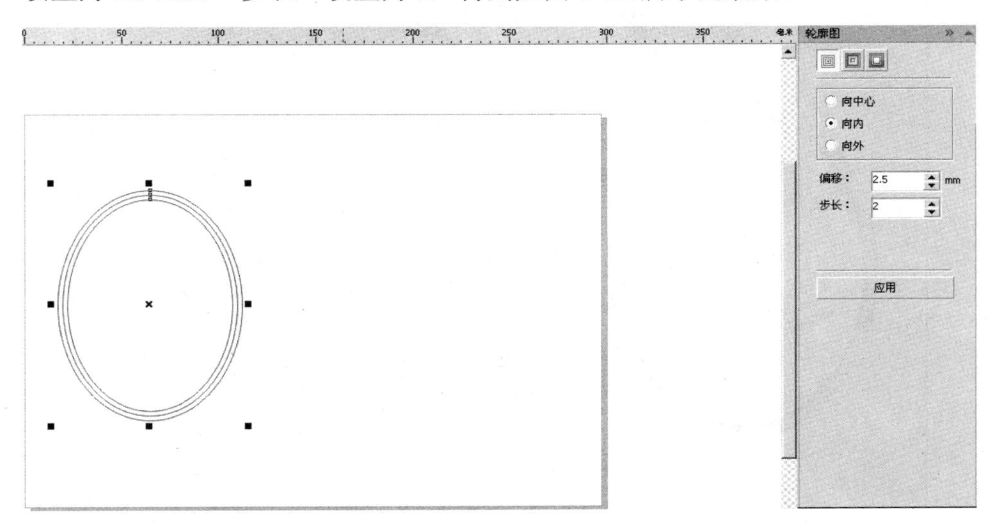

图 6-12　绘制轮廓

② 按组合键 Ctrl+K，将轮廓图对象打散，按组合键 Ctrl+U 解散群组；选择中间的椭圆，复制一个，移至一边，准备做调和的路径使用；再次选中中间的椭圆，设置其边框色为黄色，对 3 个椭圆进行交互式调和，得到立体边框的效果，如图 6-13 所示。

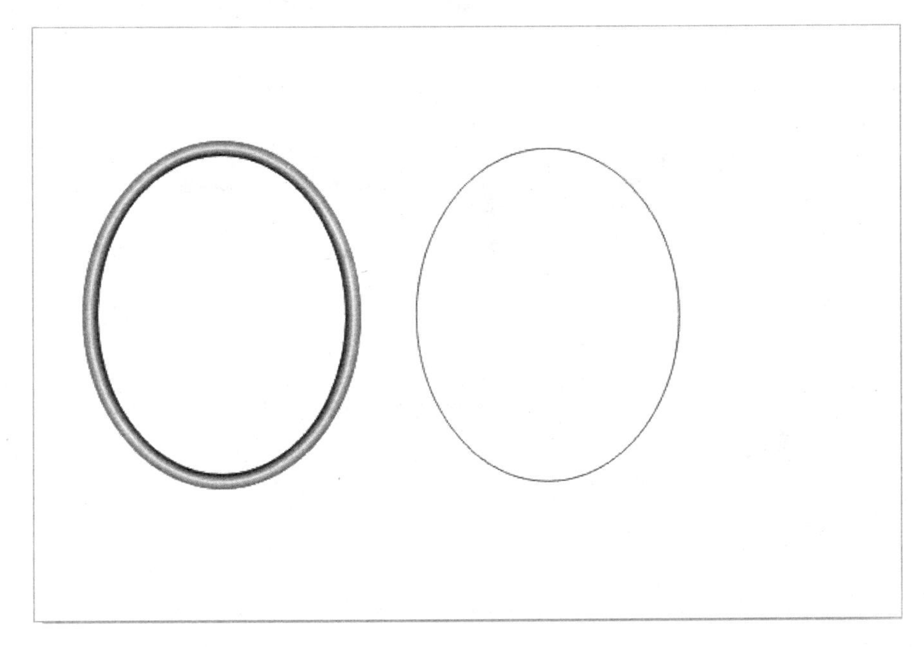

图 6-13　立体边框

③ 绘制一个正方形和一个内切圆，对正方形进行均匀填充，对正圆做射线型渐变填充；然后将两个对象选中，对齐并群组（Ctrl+G），再复制一个群组；对两个群组的对象进行交互式调和处理；以复制的椭圆作为新路径，并适当调整调和的步长，得到如图 6-14 所示。

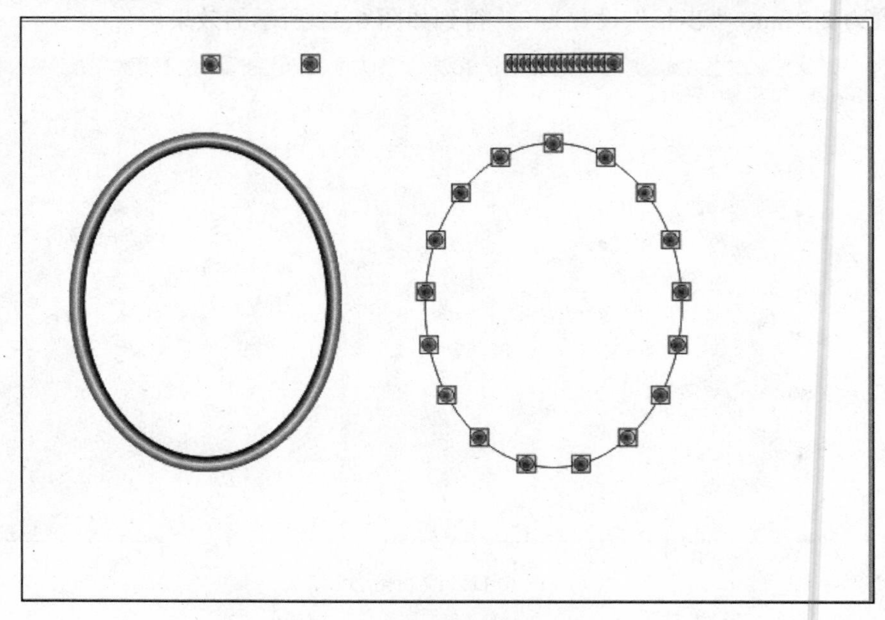

图 6-14 沿椭圆排列图案

④ 将左、右两边的椭圆对象对齐，就得到一个椭圆形的花边图案；用类似的方法可做出矩形的花边图案，如图 6-15 所示。

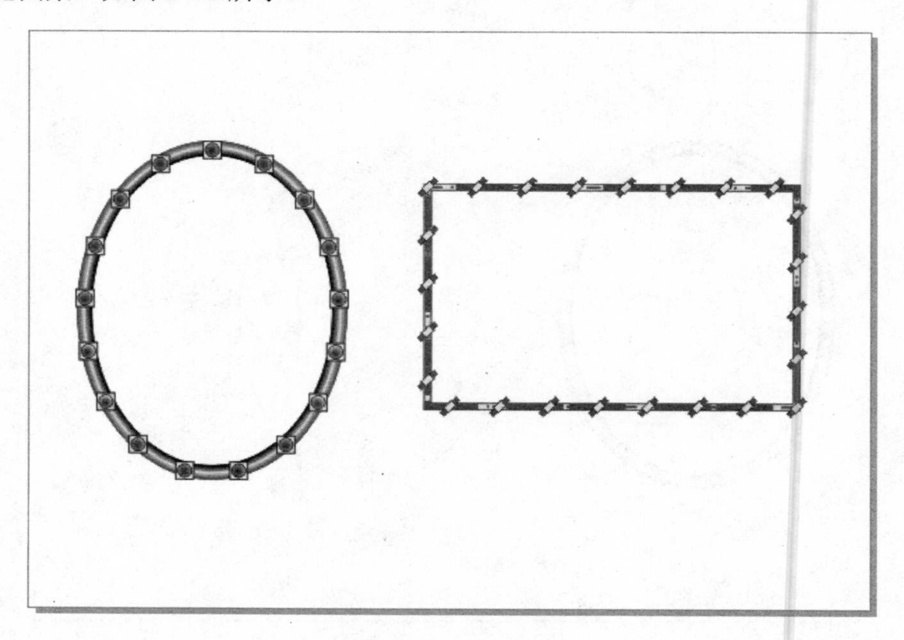

图 6-15 花边图案

任务3　纪念瓷盘

一、知识点

利用“贝塞尔工具”、“形状工具”、“交互式阴影工具”，以及“文件→导入”、“效果→图框精确剪裁→放置在容器中→置于内部”、“排列→取消群组”菜单项设计制作纪念瓷盘。

二、实操步骤

① 选择“椭圆形工具”，按住 Ctrl 键，绘制一个正圆，并进行灰色至白色的射线型渐变填充，如图 6-16 所示。

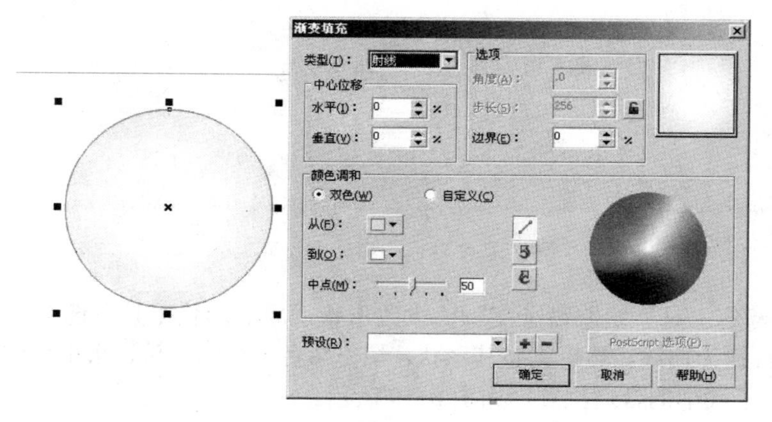

图 6-16　圆和填充

② 选中正圆，按住 Shift 键向内拖动，使之等比例缩小，放开鼠标时单击右键，就复制出一个小正圆。选择“交互式阴影工具”，在小圆上拖曳出一个阴影，以增加盘子的立体感，效果如图 6-17 所示。

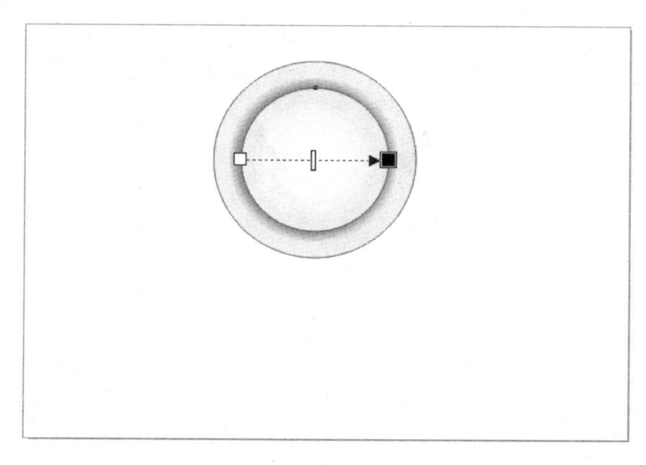

图 6-17　盘子

③ 用“贝塞尔工具”在盘子左下方绘制一个弧形，填充白色，复制一个并移到右边，改变一下形状和角度，为盘子添加高光效果，如图 6-18 所示。

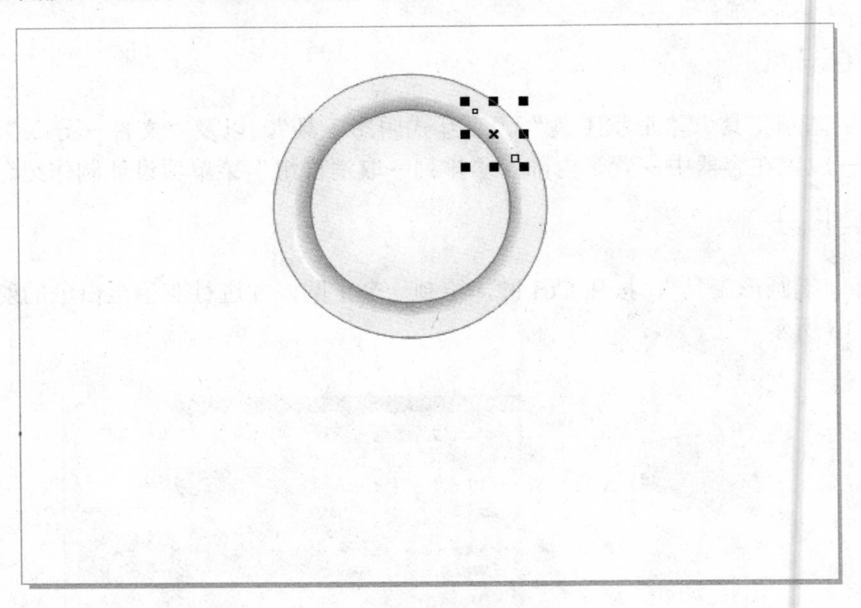

图 6-18 增加高光效果

④ 用“贝塞尔工具”绘制盘子支脚的大致形状，用“形状工具”选中全部节点后按组合键 Ctrl+Q 将其转换为曲线，然后调整其形状，填充黑色；复制一份，水平翻转后移到右边，将两个支脚放到盘子底部的合适位置，如图 6-19 所示。

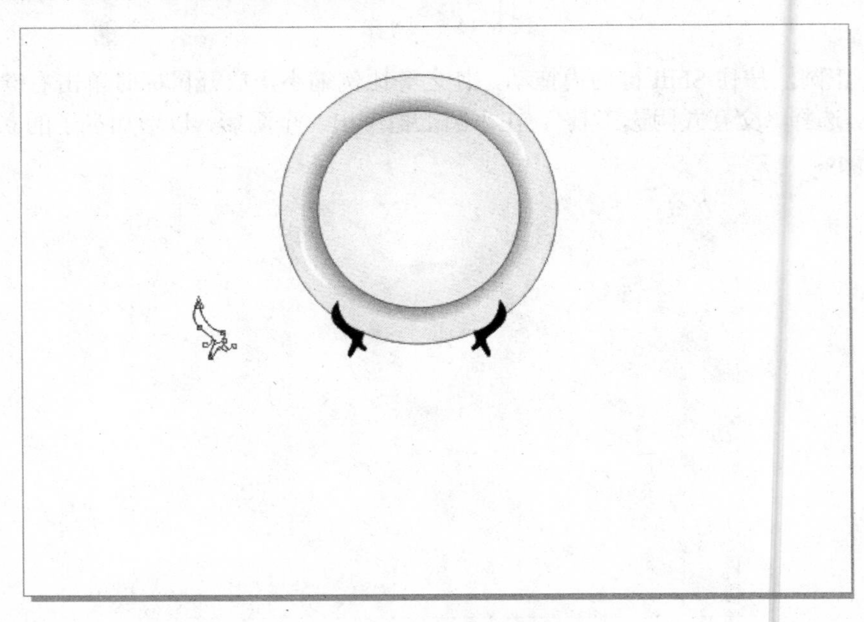

图 6-19 添加支脚

⑤ 按组合键 Ctrl+I，导入一幅位图图像并将其选中，如图 6-20 所示，单击“效果→图框精确剪裁→放置在容器中”菜单项，出现黑色的箭头后，单击盘子里的小圆，图片就封装进了圆形容器，如图 6-21 所示。

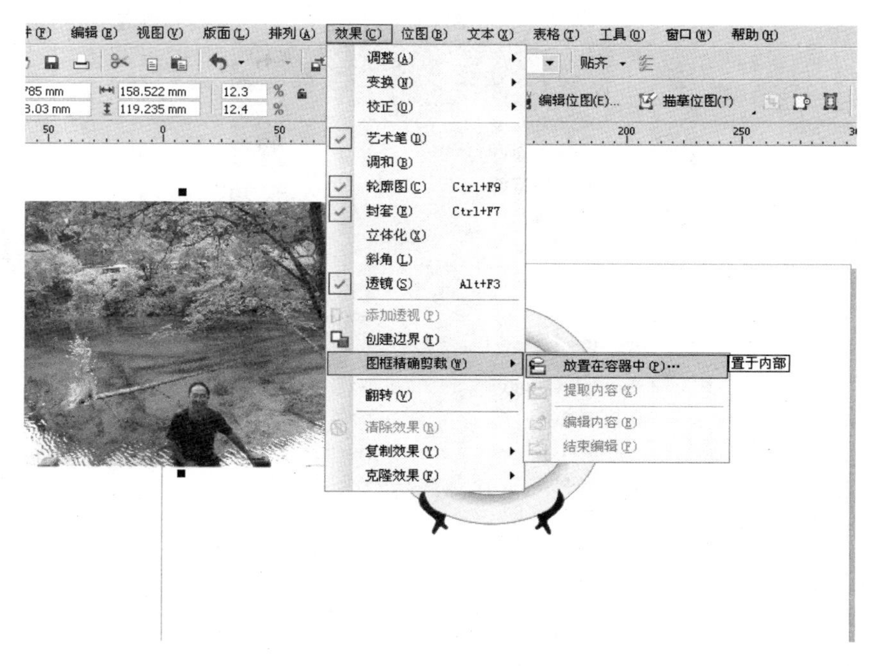

图 6-20 导入图像

图 6-21 将图像装入盘子

⑥ 在图像上单击右键，选择快捷菜单中的“编辑位图”菜单项，如图 6-22 所示，就进入了编辑界面，在此调整好图像在小圆中的位置，再次在图像上单击右键，选择“结束编辑”菜单项，完成制作，效果如图 6-23 所示。

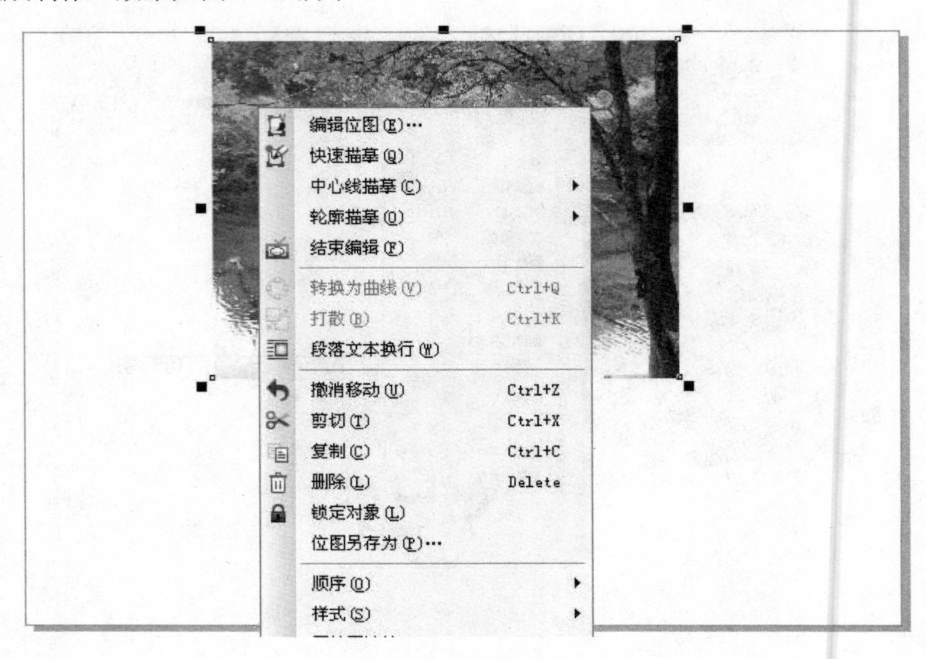

图 6-22　编辑位图

图 6-23　纪念瓷盘

任务 4 调和特效

一、知识点

利用“矩形工具”、“形状工具”、“交互式轮廓图工具”、“填充工具”，以及“效果→添加透视”菜单项制作调和特效。

二、实操步骤

① 使用“文本工具”输入文字“CorelDraw X4 实战教程”，然后单击“效果→添加透视”菜单项，利用四角的控制点，对输入的文本进行下变形，效果如图 6-24 所示。

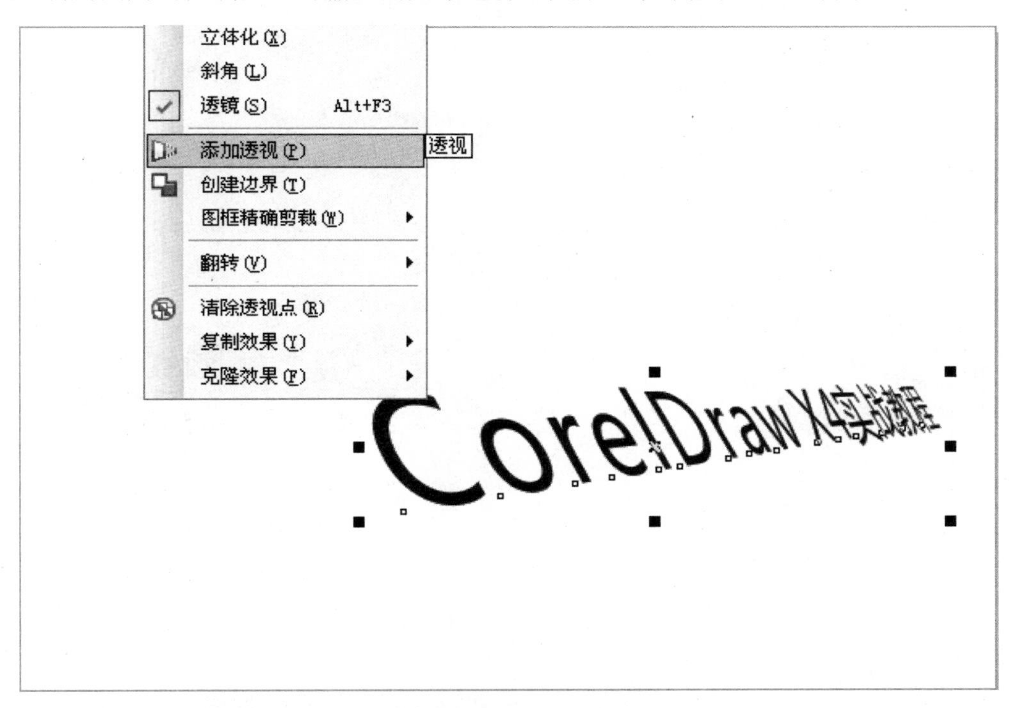

图 6-24 变形的文本

② 将文本选定，复制一份，适当缩小，再用组合键 Shift+PgDn 将其置后；将前、后两个文本的颜色分别设置成红色和绿色；单击“交互式调和工具”，将步长设为 200，进行交互式调和；使用 Tab 键，选中前面的对象，复制一份，将其设置成黄色，完成初步的文本调和特效，如图 6-25 所示。

③ 单击属性栏上的“杂项调和选项”按钮，在弹出的菜单中选择“拆分”，如图 6-26 所示；再单击调和特效的中间部分，将文本的调和特效分拆成两部分，调整其中间对象的颜色、位置后，得到如图 6-27 所示的效果。

图 6-25 初步调和

图 6-26 选择“拆分”命令

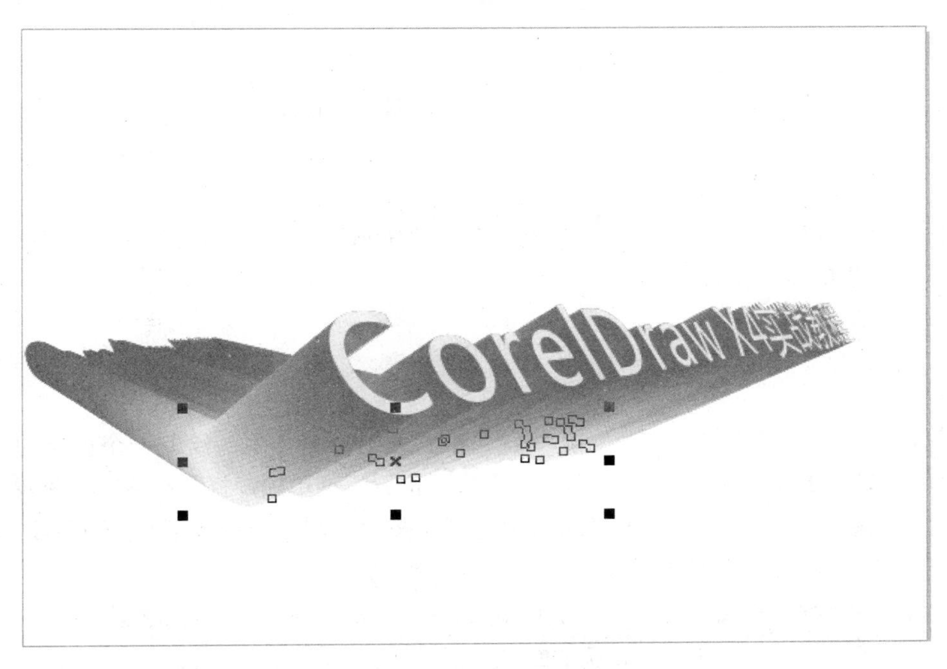

图 6-27 拆分后的调和特效

④ 利用 Tab 键选中最后的对象，复制一份，设置成白色，适当缩小并调整其位置，再按组合键 Shift+PgDn 将其置后，与前面的对象进行调和，完成三段式文本的调和特效制作，如图 6-28 所示。

图 6-28 完成的调和特效

任务5 特效字

一、知识点

利用“矩形工具”、“文本工具”、“填充工具”、“缩放工具”，以及“排列→变换→位置”、“文件→导入”菜单项制作特效字。

二、实操步骤

1. 抽线条字

① 选择“文本工具”，输入一个字“徽”，准备作为容器使用；绘制一个狭长的三角形，填充白色，如图6-29所示；再单击“排列→变换→位置”菜单项，打开相应的泊坞窗，在“垂直”微调框中输入“–4.0”，再单击“应用到再制”按钮，得到一排狭长的三角形，按组合键Ctrl+G，将其群组，如图6-30所示。

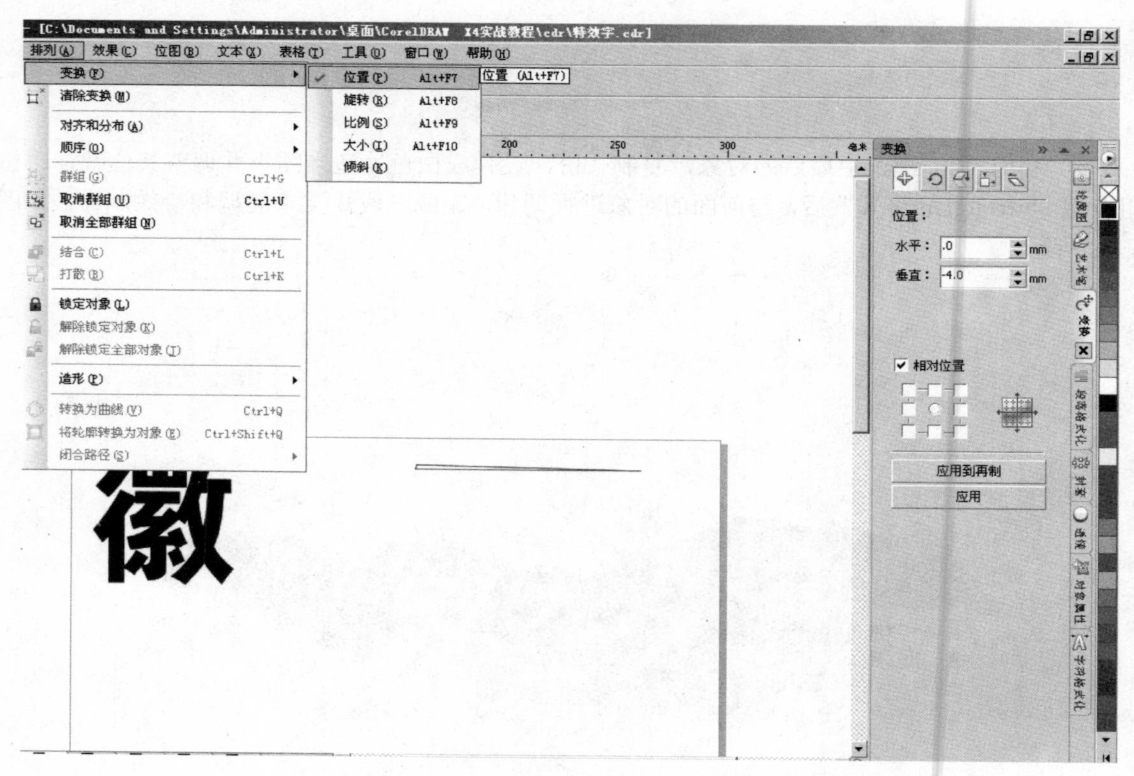

图6-29 文字和狭长三角形

② 选定三角形群组对象，单击“效果→图框精确剪裁→放置在容器中”菜单项，如图6-31所示，出现粗黑箭头，再单击文字“徽”，完成抽线条字制作，如图6-32所示。

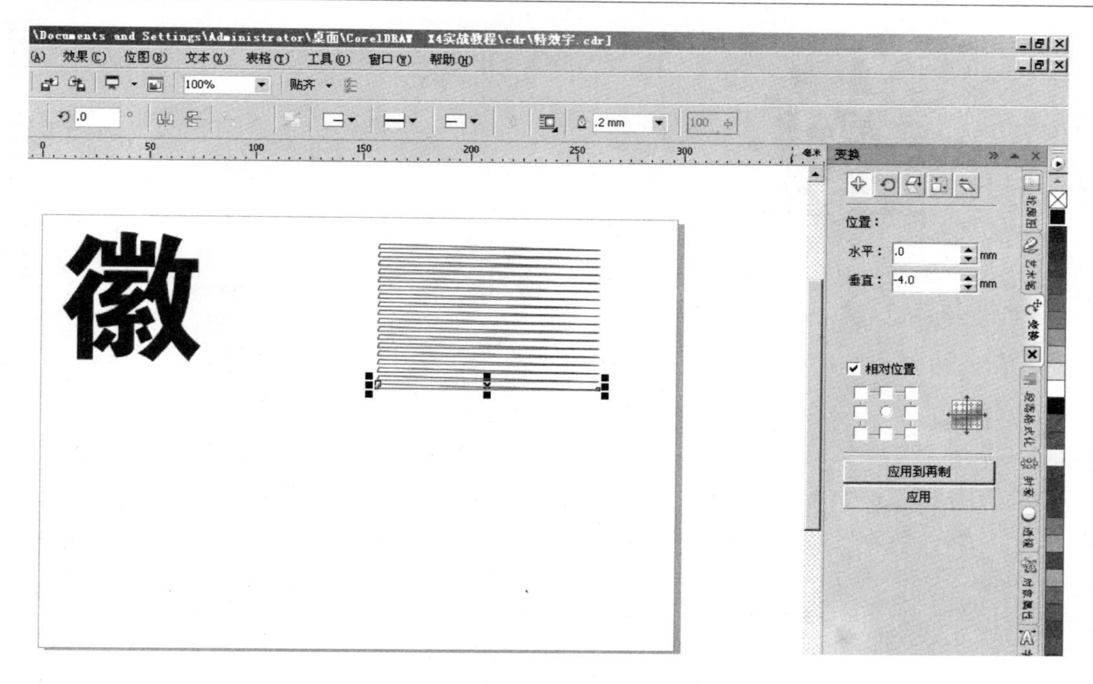

图 6-30 一排狭长的三角形

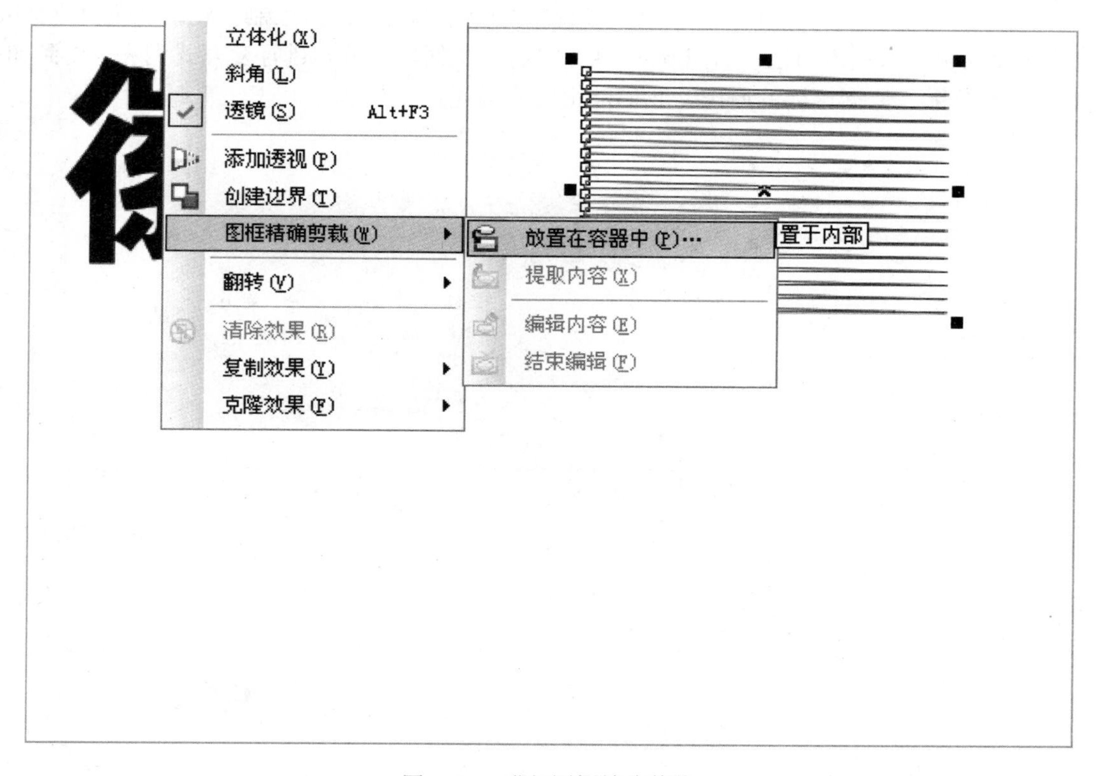

图 6-31 进行图框精确剪裁

图 6-32 抽线条字效果

2. **圆筒字**

① 绘制一轮廓宽度为 5 mm 的线段，设置轮廓颜色为天蓝；再绘制一轮廓宽度为 0.5 mm 的线段，设置轮廓颜色为白色，如图 6-33 所示；将两条线段对齐，进行交互式调和，得到如图 6-34 所示的效果。依据这样的原理，我们能很快完成圆筒字的制作。

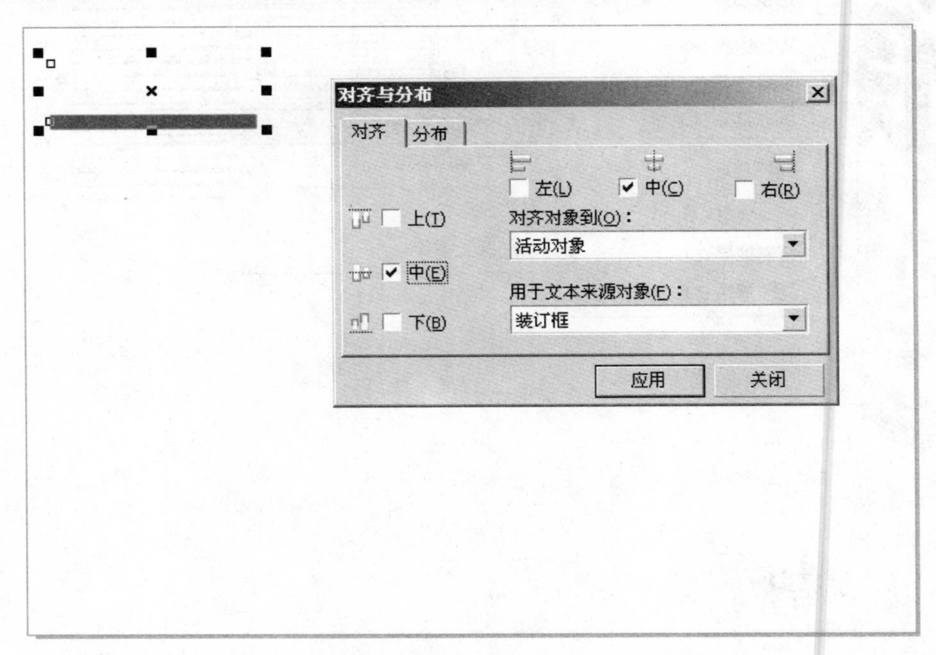

图 6-33 绘制两条线段

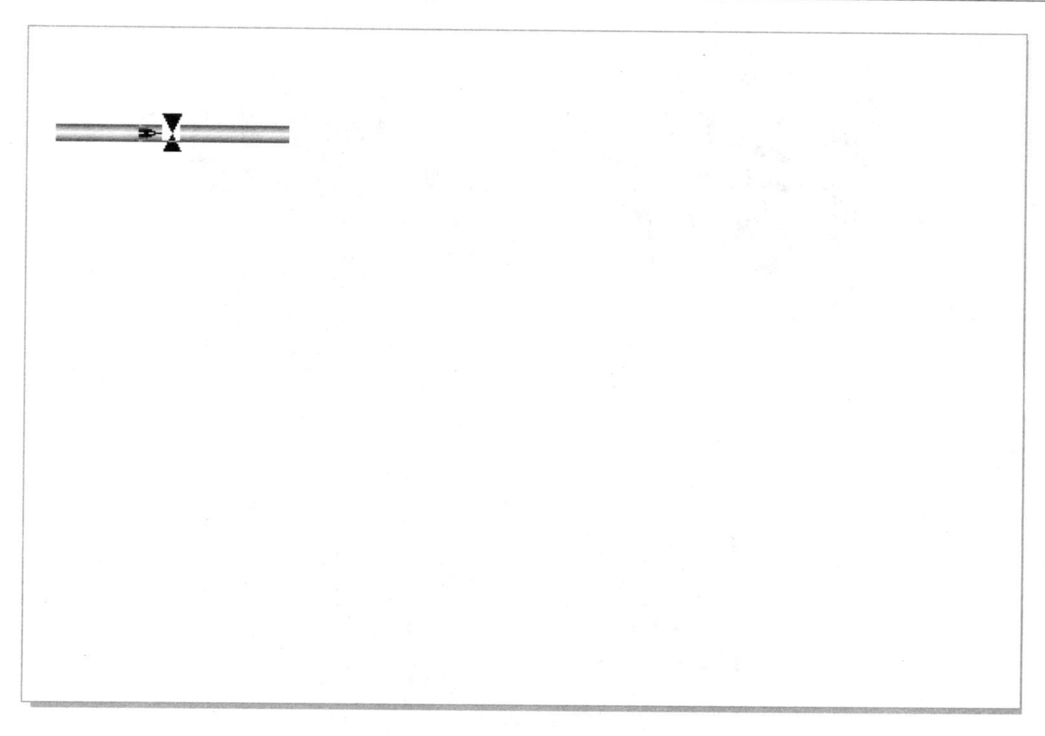

图 6-34 交互式调和处理效果

② 输入文字“徽”并右击它，在弹出的快捷菜单中选择“锁定对象”，如图 6-35 所示。使用“手绘工具”，沿字的笔画绘制白色线条，并使用“形状工具”修改之，如图 6-36（a）所示。设置线条轮廓宽度为 5 mm、轮廓颜色为天蓝，进行群组；复制一份，设置线条轮廓宽度为 0.5 mm、轮廓颜色为白色，如图 6-36（b）所示。选定两个线条群组，进行交互式调和，得到如图 6-36（c）所示的圆筒字效果。

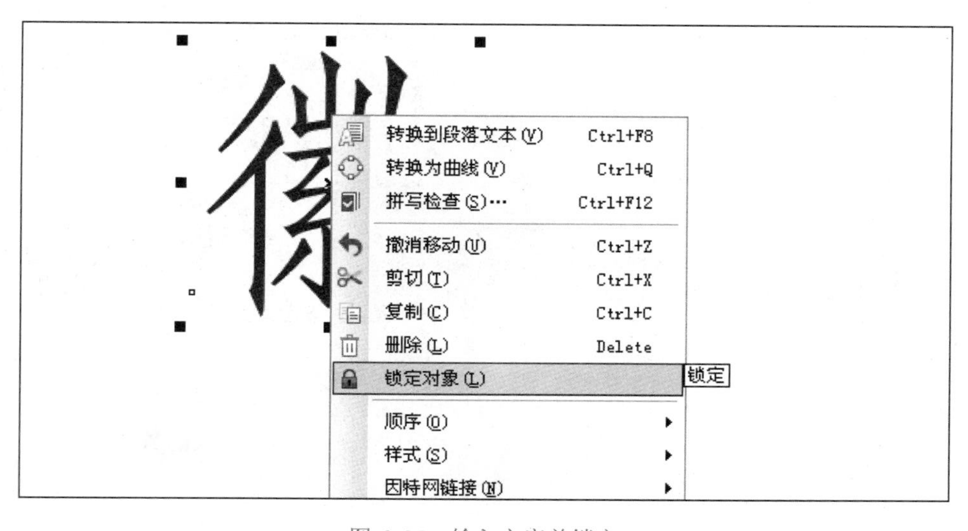

图 6-35 输入文字并锁定

图 6-36　圆筒字

3. 立体字

① 输入文字“国家示范”，并进行“橘红—黄—橘红”的线性渐变填充，如图 6-37 所示。

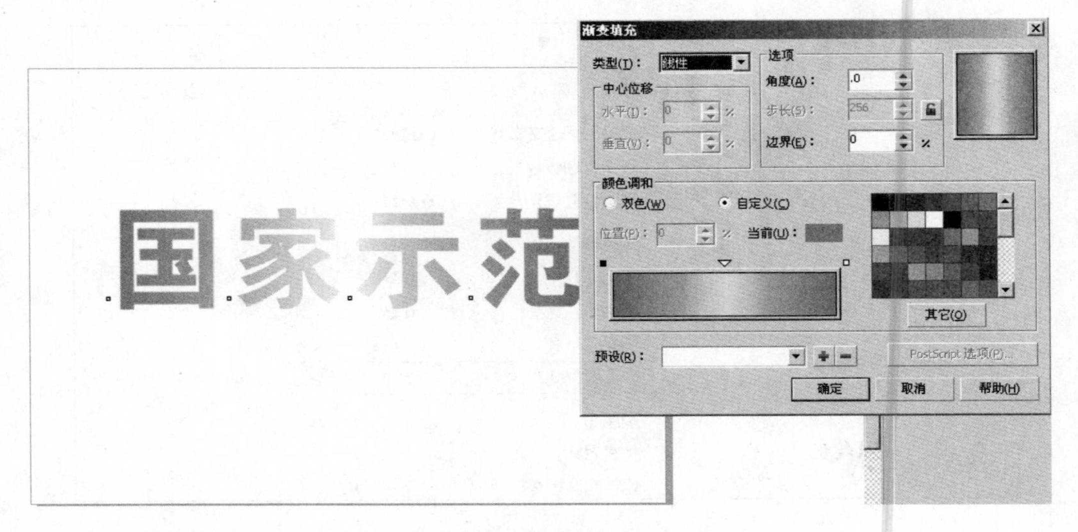

图 6-37　渐变填充文字

② 对选定的文字使用“交互式立体化工具”，在属性栏上设置好立体化类型、深度、灭点属性、立体化的方向、斜角修饰边等，完成立体字制作，如图 6-38、图 6-39、图 6-40 所示。

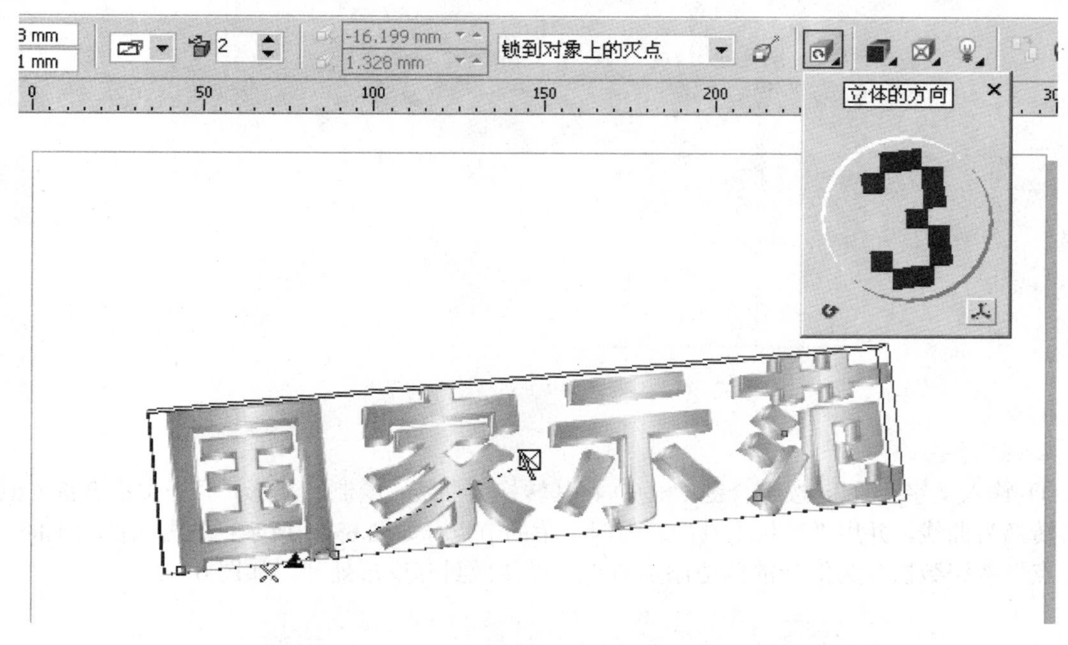

图 6-38 设置立体的方向

图 6-39 使用斜角修饰边

图 6-40 立体字

4. 封套字

① 输入文字“徽”，按组合键 Ctrl+Q 将其转换为曲线；绘制一矩形，同样按组合键 Ctrl+Q 将其转换为曲线，并用“形状工具”选中四个角的节点，如图 6-41 所示；单击属性栏上的“添加节点”按钮数次，为矩形的四边添加节点，以便做封套变形处理，如图 6-42 所示。

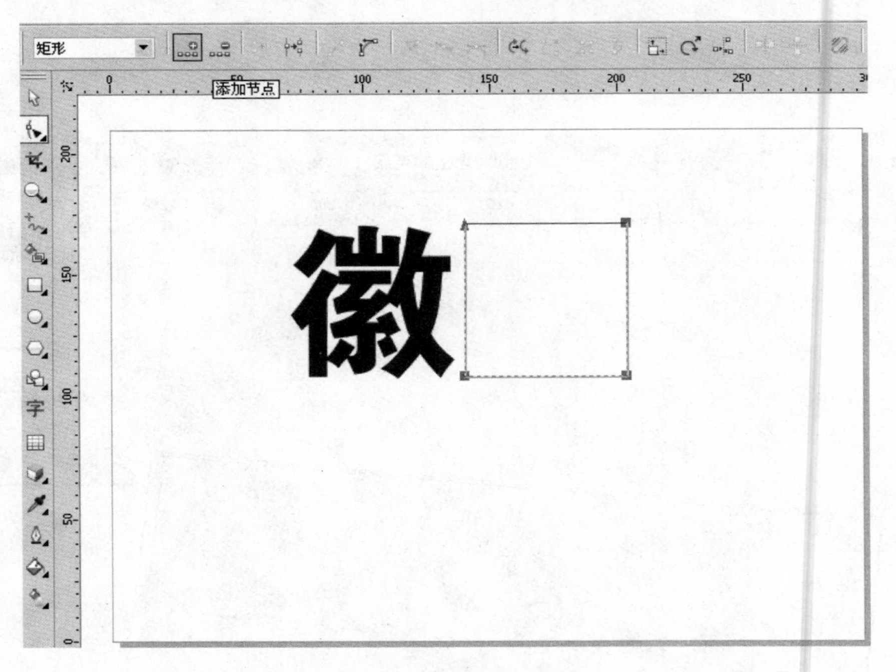

图 6-41 文字和矩形

② 用“形状工具”与 Shift 键配合，隔行选定矩形上半部的节点，做左右的移动，形成锯齿状，如图 6-43 所示；用“形状工具”选定文字，单击属性栏上的“添加节点”按钮数次，对文字也做添加节点操作，如图 6-44 所示。

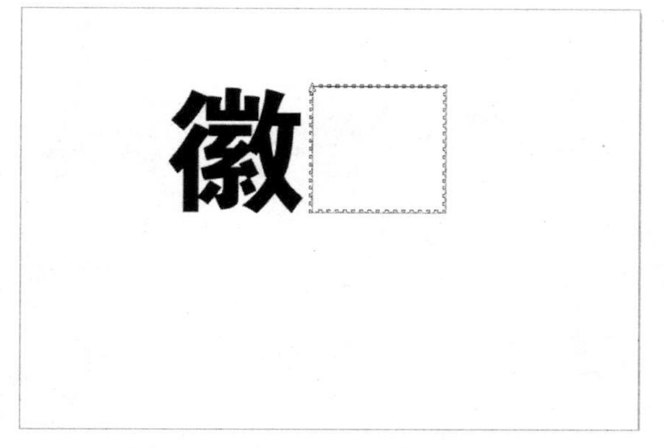

图 6-42 在矩形的四边添加节点

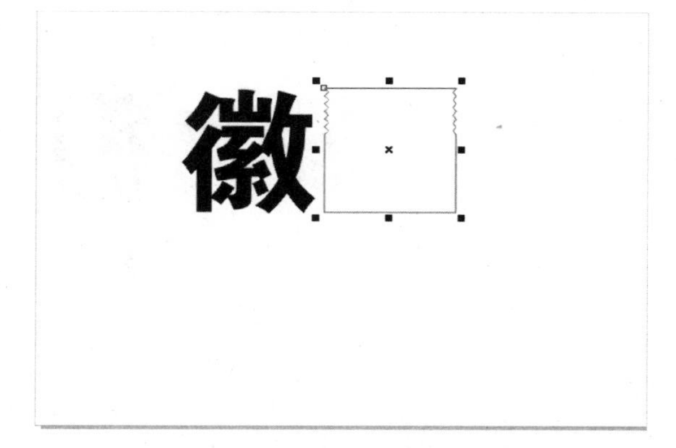

图 6-43 制作锯齿边

图 6-44 在文字上添加节点

③ 选择“交互式封套工具”，在属性栏上单击“创建封套自”按钮，如图 6-45 所示，出现黑粗箭头时，在矩形上单击，再单击“封套”泊坞窗中的“应用”按钮，完成封套字的制作，效果如图 6-46 所示。

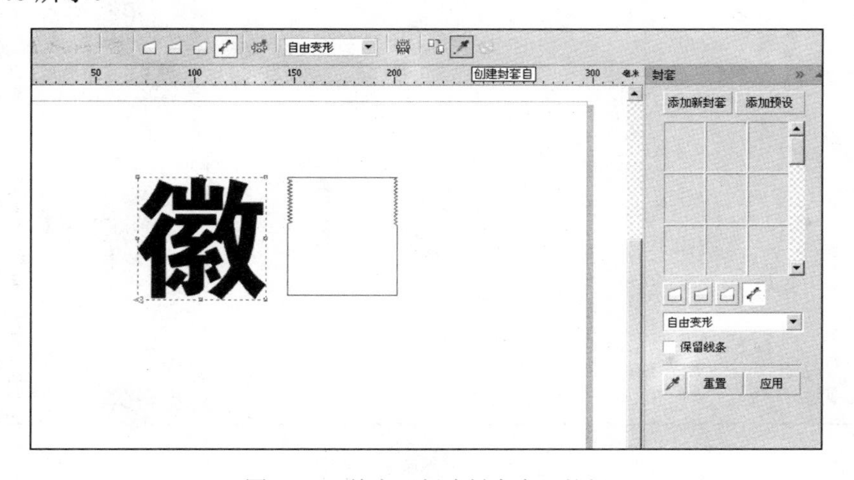

图 6-45 单击“创建封套自”按钮

图 6-46 封套字

任务6 鱼眼特效

一、知识点

利用“矩形工具”、“文本工具”、缩放工具、“填充工具”，以及“排列→大小”、“文件→导入”菜单项制作鱼眼特效。

二、实操步骤

① 绘制一个圆形，在“轮廓图”泊坞窗中，选择“向内”单选按钮，将“偏移”设置为 10.0 mm，“步长”设置为 2，单击“应用”按钮，得到 3 个圆形；按组合键 Ctrl+K 打散轮廓图群组，按组合键 Ctrl+U 解散群组，如图 6-47 所示。

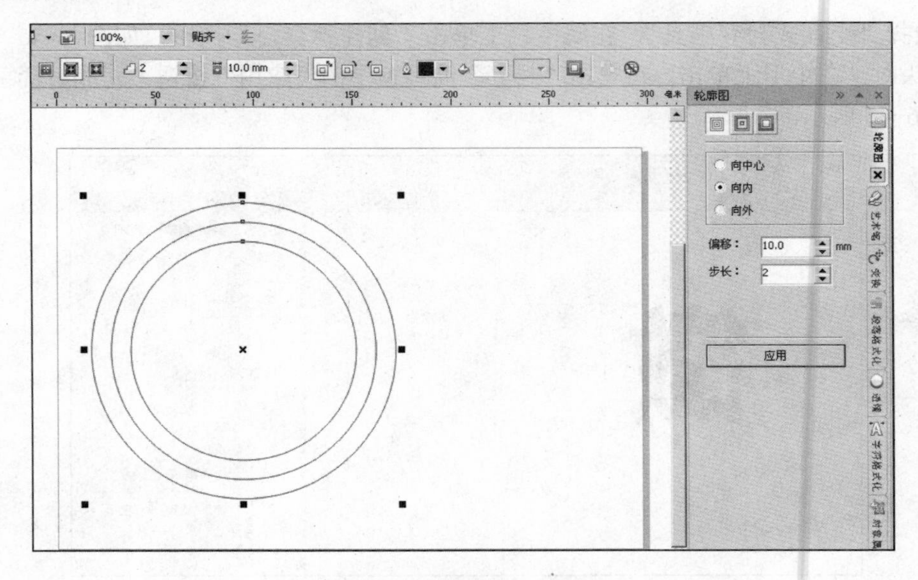

图 6-47 绘制 3 个圆形

② 移出中圆，再复制一个小圆以备用，大圆去轮廓并填充 50%灰色，小圆去轮廓并填充黑色，如图 6-48 所示；对大圆和小圆进行交互式调和处理，得到如图 6-49 所示的效果。

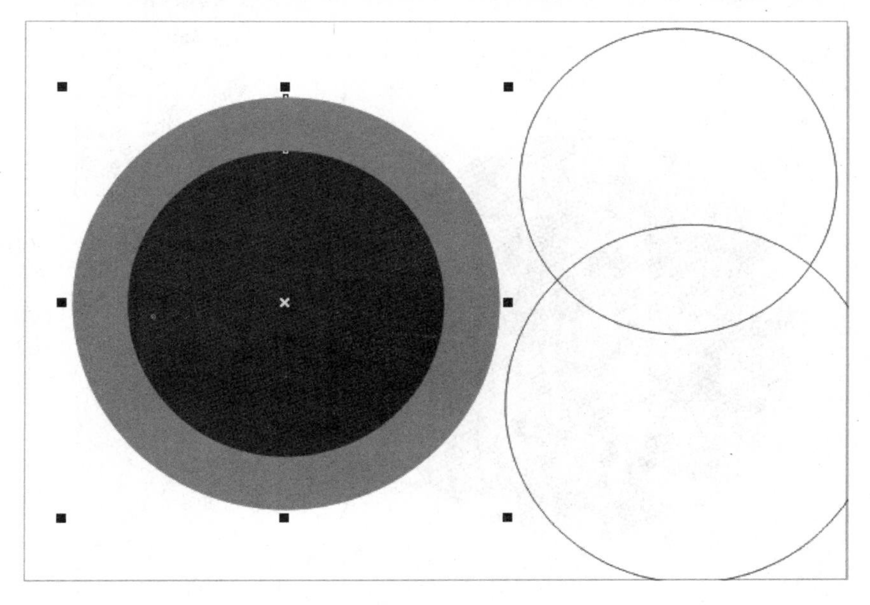

图 6-48　移动、复制并填充

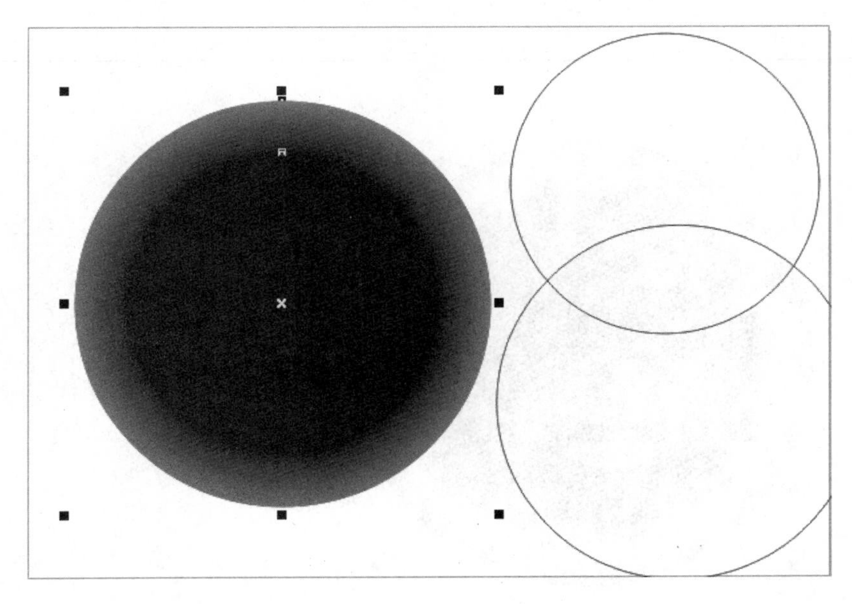

图 6-49　交互式调和处理效果

③ 单击属性栏上的“杂项调和选项”按钮，选择“拆分”，如图 6-50 所示；出现黑色箭头时，在两个圆调和的中间部分单击，然后将拆分所得的圆填充白色，得到如图 6-51 所示的效果。

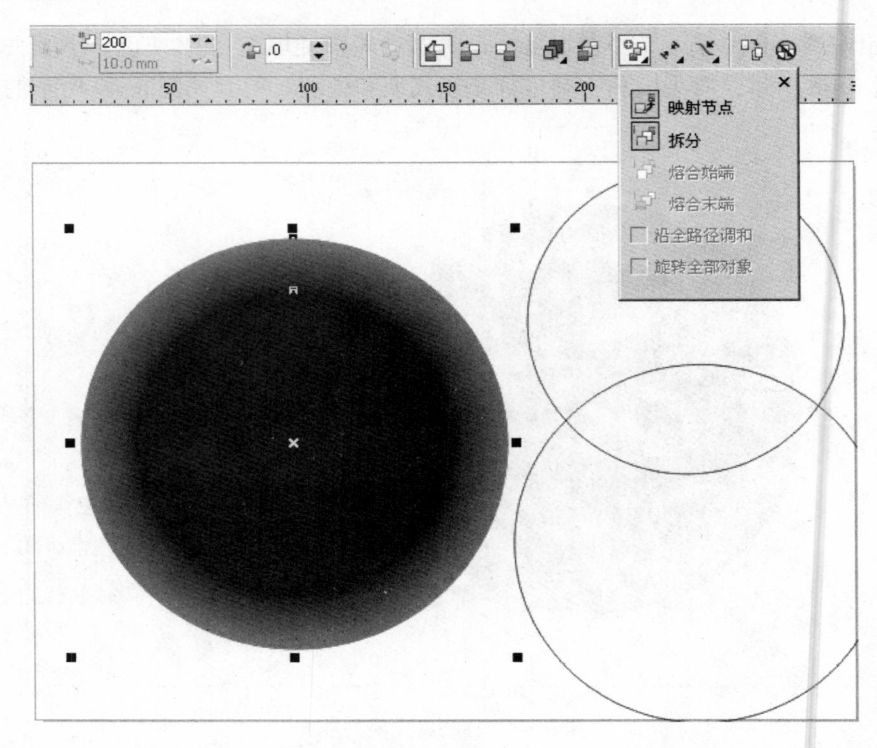

图 6-50 选择“拆分”

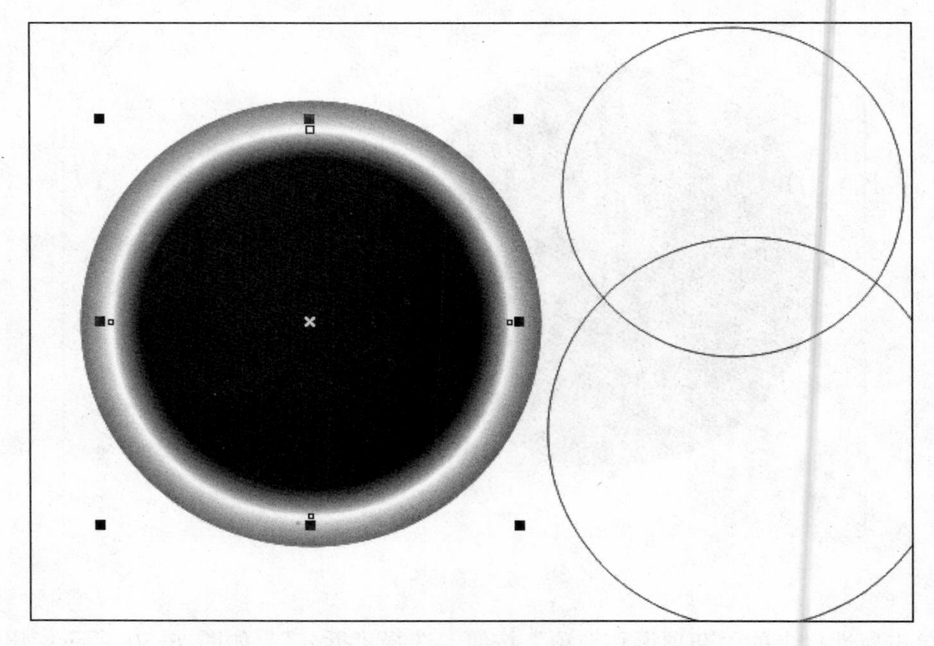

图 6-51 拆分后填充白色

④ 选中复制的小圆，进行：“蓝→浅蓝→白色”的射线状渐变填充，如图 6-52 所示；输

入文字“汽车”，在“封套”泊坞窗中，单击“添加预设”按钮，选定“正圆形”预设封套，单击“应用”按钮，得到如图 6-53 所示的效果。

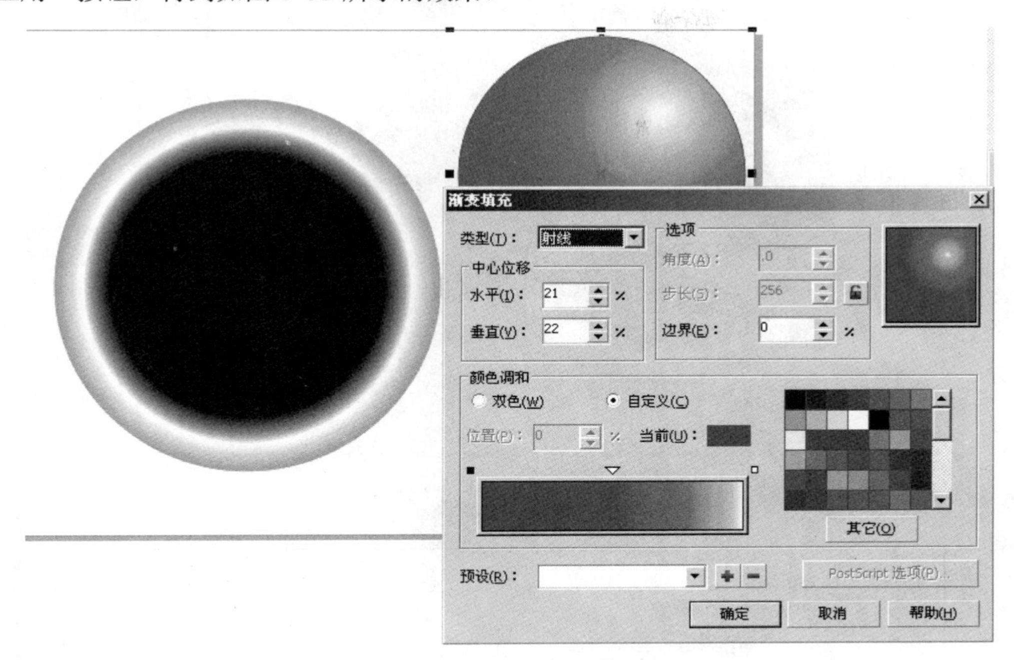

图 6-52　渐变填充

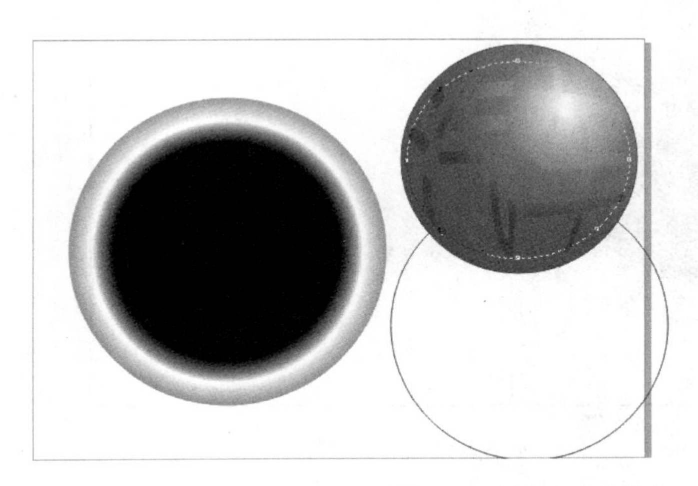

图 6-53　添加文字和封套

⑤ 选中外移出来的中圆，使用“刻刀工具”将其切割成上下两半：上半部输入文字“首批国家改革发展示范学校”并执行“使文本适合路径”命令，下半部也输入文字“中国·合肥”，同样执行“使文本适合路径”命令，如图 6-54 所示；选定两段弧线文字，去除路径轮廓颜色，再将两者群组。全选所有对象，水平、垂直居中对齐后的最终效果如图 6-55 所示。

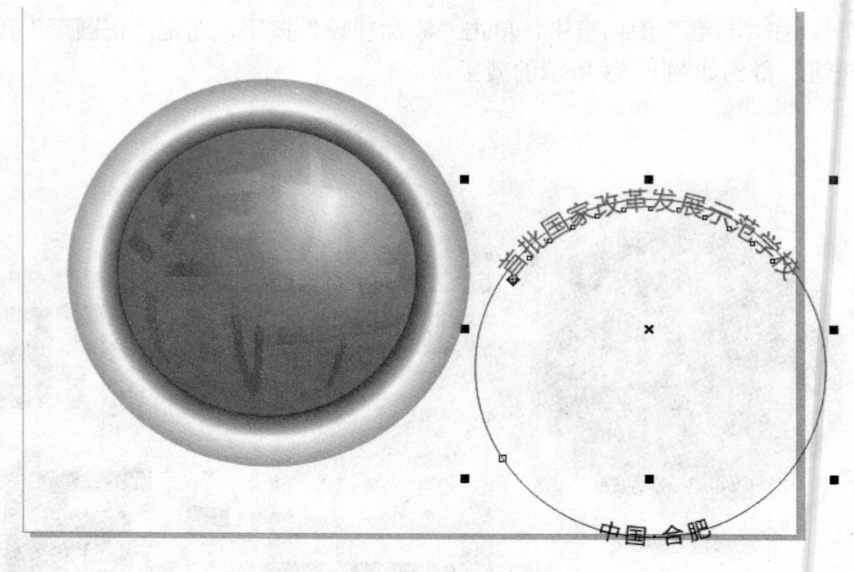

图 6-54 路径文字

图 6-55 最终效果

任务7 拼盘

一、知识点

利用“矩形工具”、“椭圆形工具”，以及“排列→结合”、“排列→打散”、“排列→造形→

移除前面对象”、“文件→导入”、“效果→图框精确剪裁→放置在容器中”等菜单项设计制作一个拼盘。

二、实操步骤

① 绘制两同心正圆，按组合键 Ctrl+L 将其结合成一个对象；再绘制一个细长的矩形，对齐对象；选定矩形，在“变换”泊坞窗的“旋转”选项组中，设定“角度”为 60.0°，单击“应用到再制”按钮两次，分别得到旋转了 60°、120°的两个矩形，按组合键 Ctrl+L 将 3 个矩形结合成一个对象，得到如图 6-56 所示的效果。

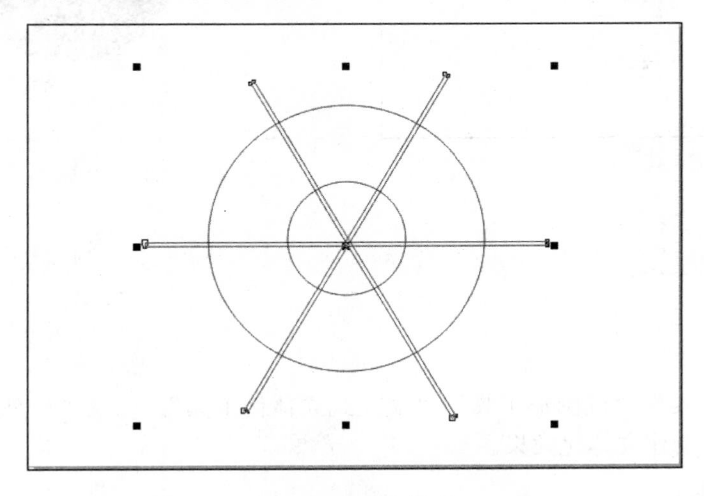

图 6-56　图和矩形

② 将两个结合的对象选中，单击属性栏上的“移除前面对象”按钮，如图 6-57 所示，将圆环等分切割成 6 个部分，再按组合键 Ctrl+K 将其打散，得到如图 6-58 所示的效果。

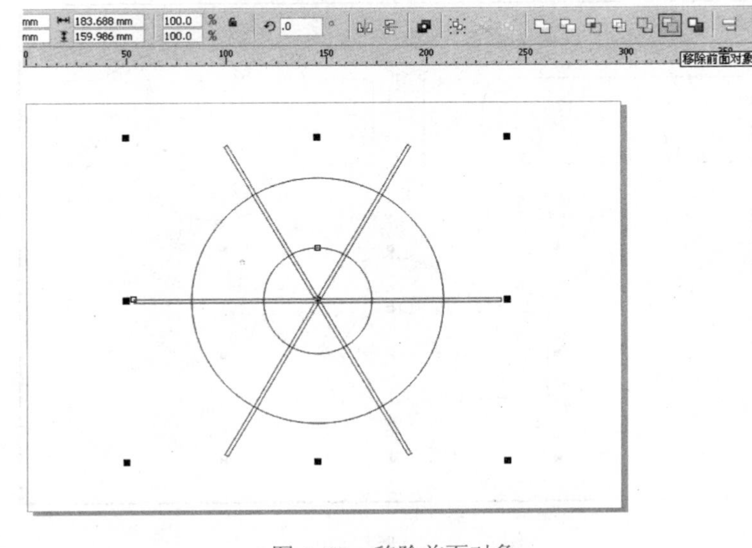

图 6-57　移除前面对象

③ 绘制中心圆；按组合键 Ctrl+I 导入 7 幅位图，再单击“效果→图框精确剪裁→放置在容器中”菜单项，得到如图 6-60 所示的效果，完成制作。

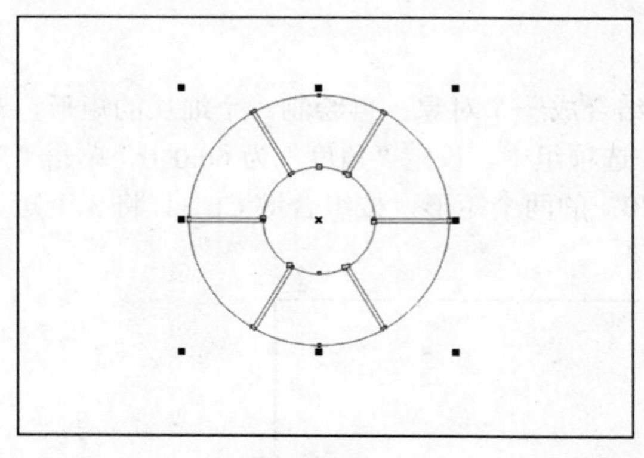

图 6-58　将圆环 6 等分

图 6-59　最终效果

任务 8　立体效果

一、知识点

利用“矩形工具”、“椭圆形工具”、“交互式立体化工具”，以及“排列→大小”、“文件→导入”菜单项设计制作立体化效果。

二、实操步骤

① 绘制一个矩形和一个正圆，选定并对齐两者，将其焊接在一起；再绘制两个正圆；选定全部对象，按组合键 Ctrl+L 将它们全部结合在一起，如图 6-60 所示。

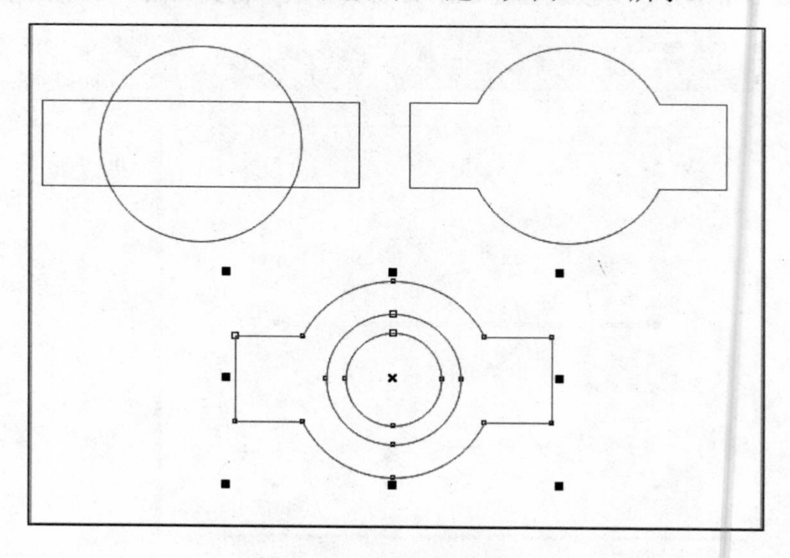

图 6-60　矩形和圆的组合

② 对选定的对象做线性渐变填充，如图 6-61 所示；然后选择“交互式立体化工具”，按图 6-63 所示的属性栏设置参数，进行立体化变形处理，效果如图 6-62 所示。

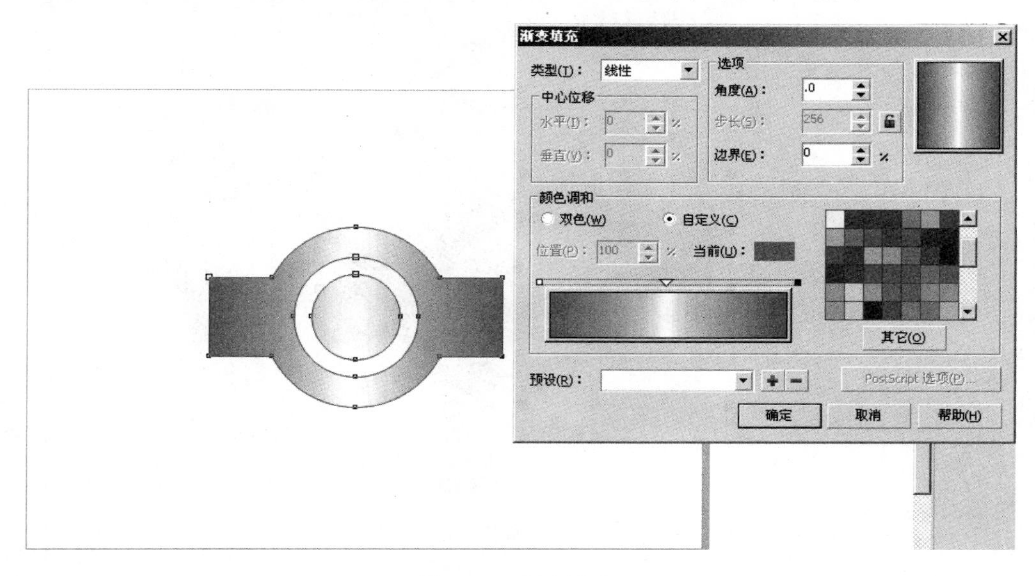

图 6-61　渐变填充

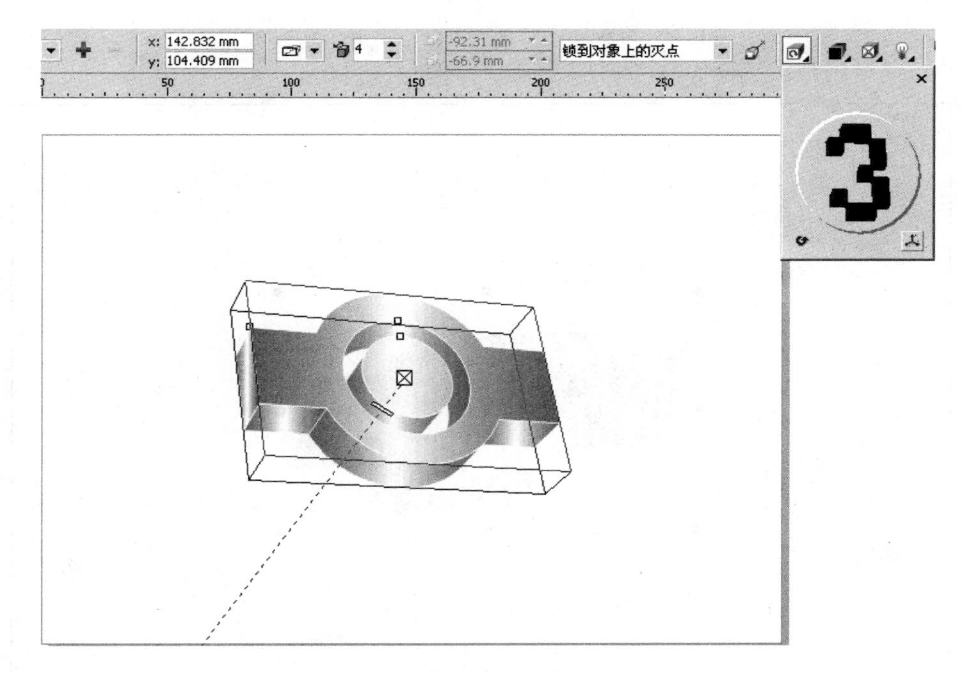

图 6-62　立体化变形

③ 单击属性栏上的“清除立体化”按钮，清除立体化效果，如图 6-63 所示；按组合键 Ctrl+K 打散对象，如图 6-64 所示；用 Tab 键选中中间的圆并移至一边，选中其余的对象，按组合键

Ctrl+L 将其结合成一个对象，如图 6-65 所示。

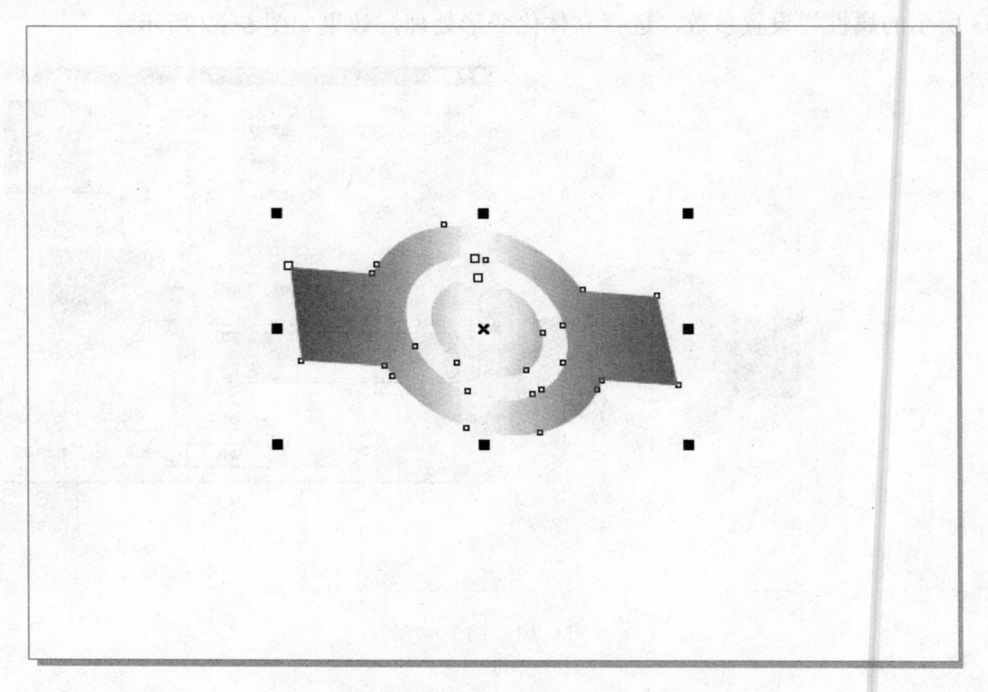

图 6-63 清除立体化效果

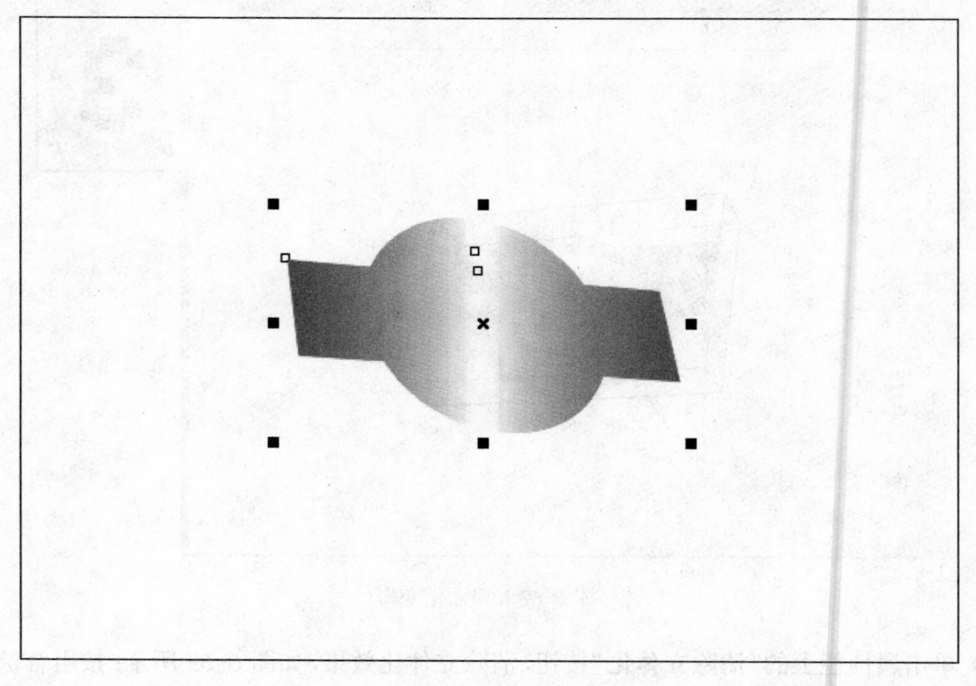

图 6-64 打散对象

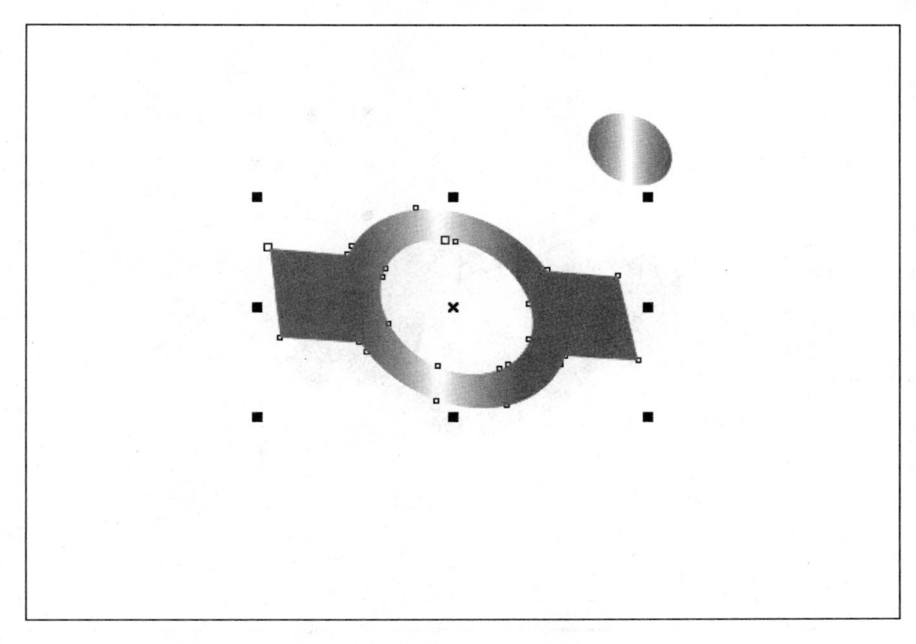

图 6-65 再次结合

④ 选择“交互式立体化工具”，按属性栏上的参数设置，对选中的对象进行立体化变形处理，如图 6-66 所示；选中内圆，单击属性栏上的“复制立体化属性”按钮，在已立体化的对象上单击，复制立体化属性，如图 6-67 所示。调节内圆立体化的长度及颜色，完成对象“锁到对象上的灭点”的立体效果制作，如图 6-68 所示。

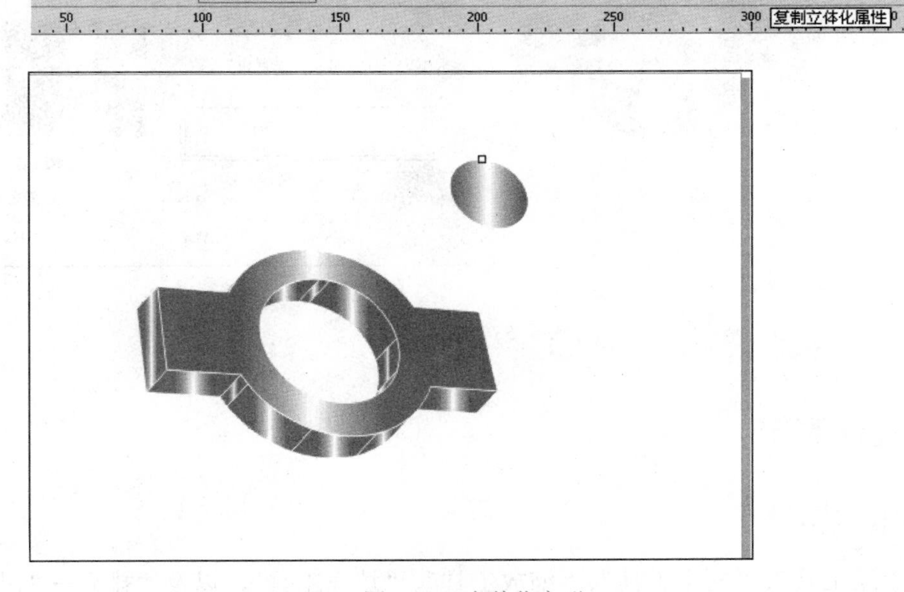

图 6-66 立体化变形

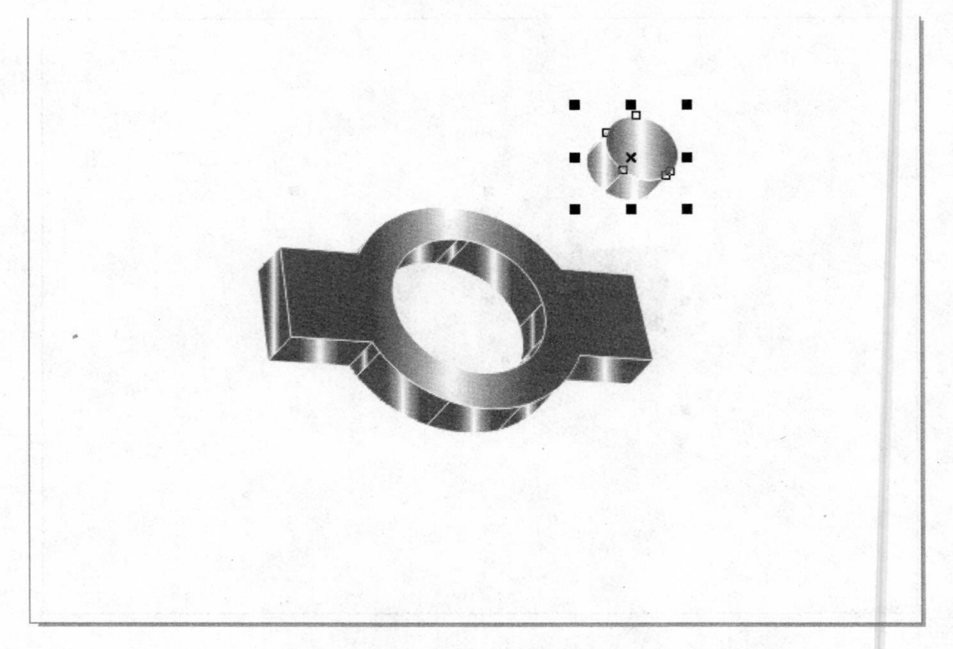

图 6-67　复制立体化属性

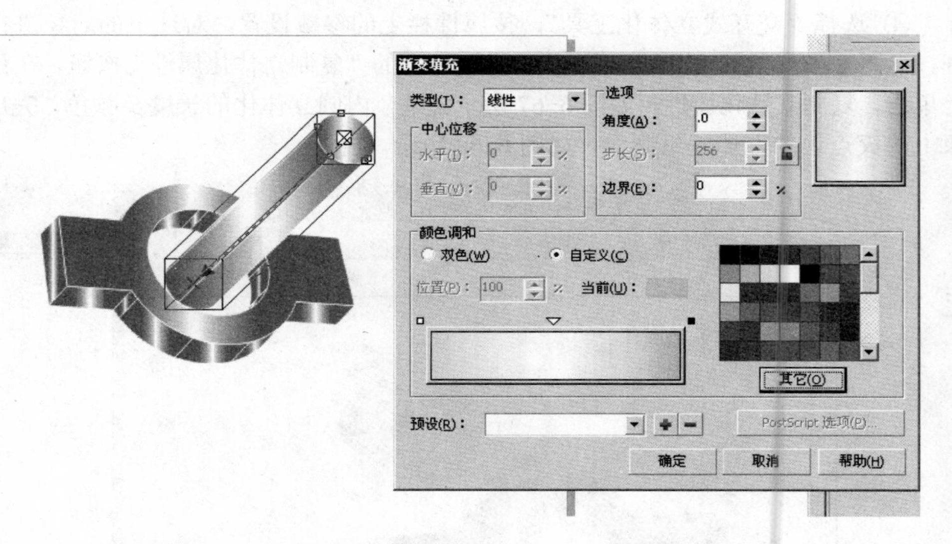

图 6-68　最终效果

任务 9　立体彩带

一、知识点

利用“手绘工具”、“文本工具”、“缩放工具”、“填充工具”，以及“排列→大小”、“文件→导入”菜单项设计制作立体彩带。

二、实操步骤

① 使用“手绘工具”绘制彩带的左半边曲线，镜像复制右半边曲线，按组合键 Ctrl+L 将左、右半边曲线结合成一个对象，如图 6-69 所示。

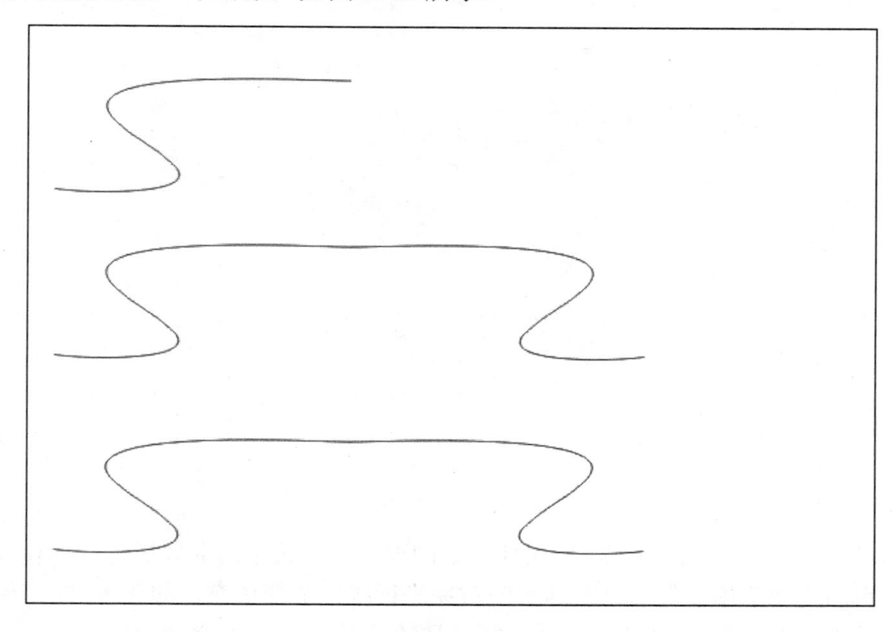

图 6-69 绘制曲线

② 用“形状工具”选中中间的节点，单击属性栏上的“连接接两个节点”按钮，如图 6-70 所示；再单击“删除节点”按钮，如图 6-71 所示。

图 6-70 连接两个节点

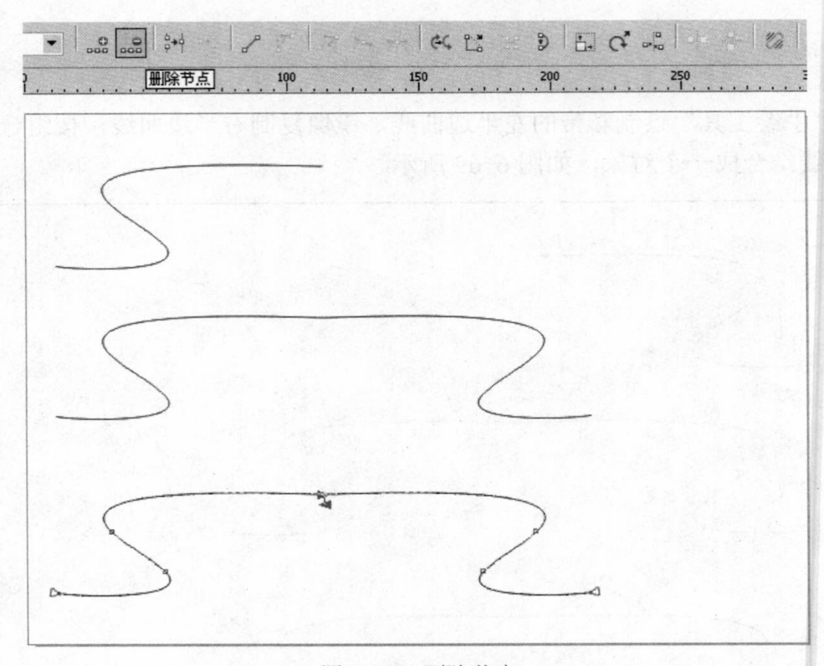

图 6-71　删除节点

③ 选择“交互式立体化工具”，按属性栏上的设定，对选中的曲线进行立体化操作，如图 6-72 所示；再用“渐变填充”工具对选定的对象进行线性渐变填充，如图 6-73 所示；按组合键 Ctrl+K，打散立体化群组，再单击“取消全部群组”菜单项，如图 6-74 所示。

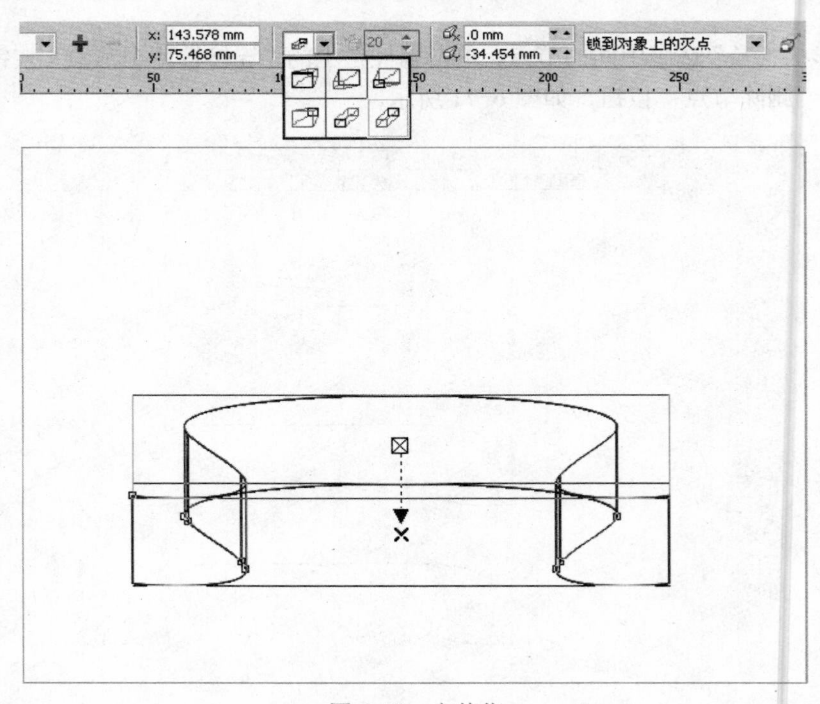

图 6-72　立体化

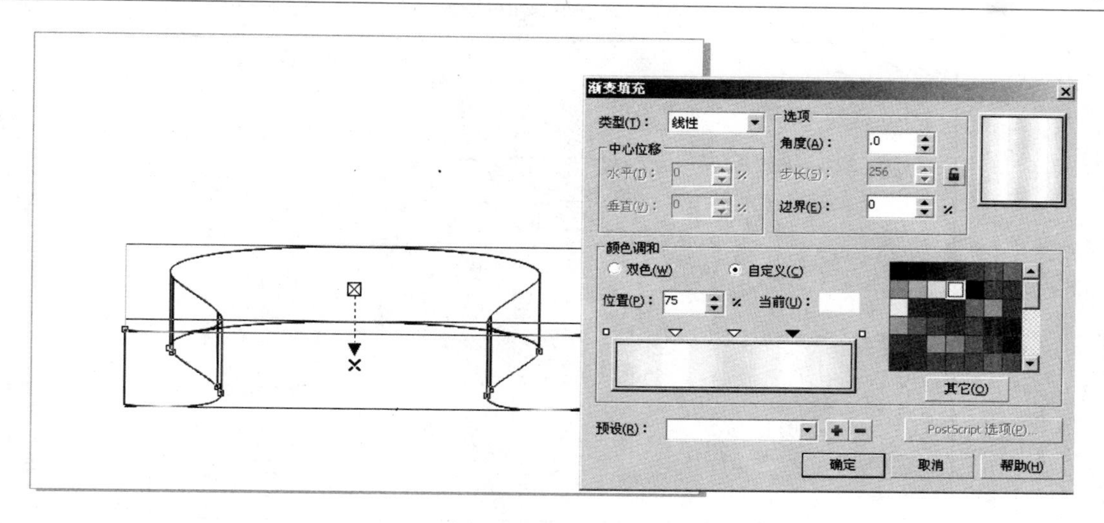

图 6-73 渐变填充

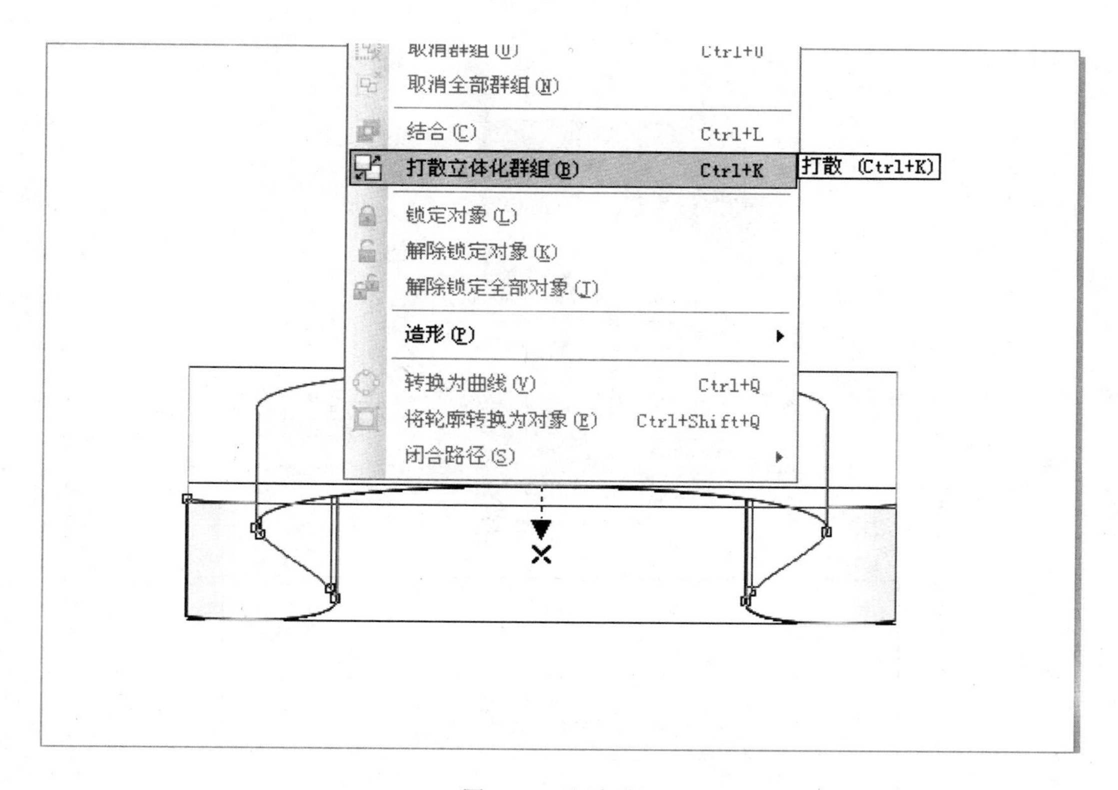

图 6-74 取消群组

④ 用“形状工具”将立体彩带两端变形成“燕尾”状，如图 6-75 所示；再用“挑选工具”选出原曲线，用“文本工具”输入文字“我所亲历的德国职业教育”，并使文本适合路径，如图 6-76 所示；将路径文本对齐到立体彩带处，完成制作，如图 6-77 所示。

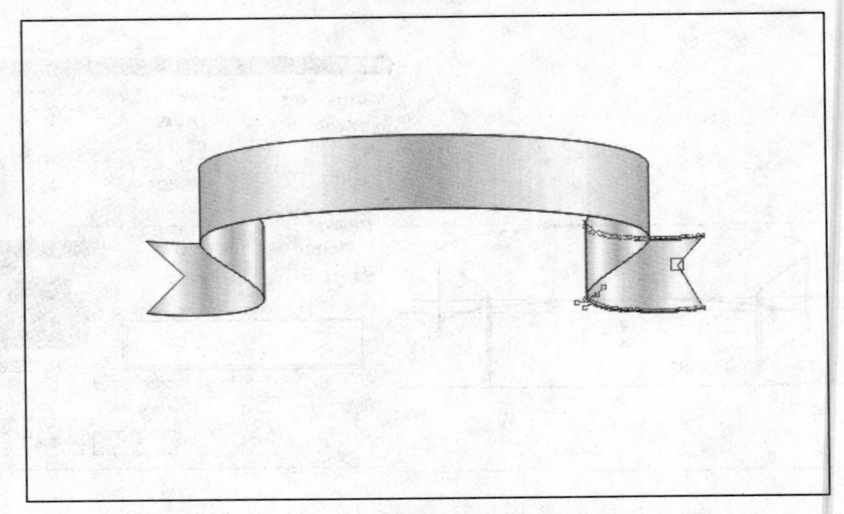

图 6-75 两端变形成燕尾状

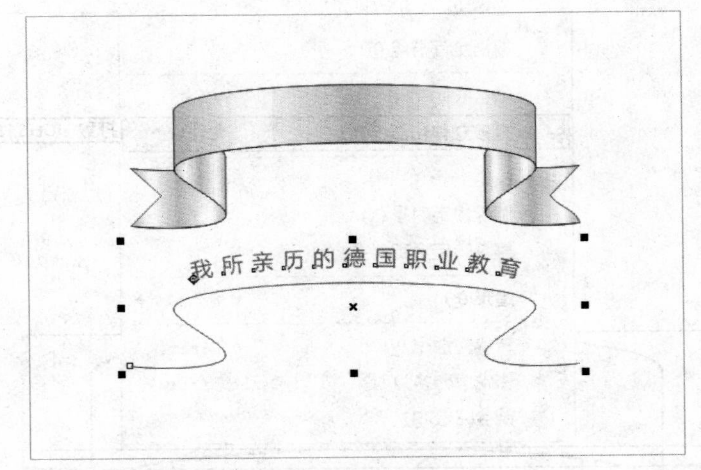

图 6-76 路径文本

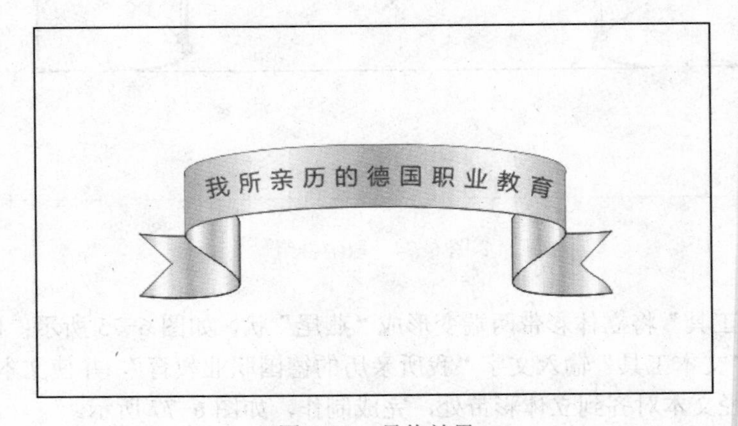

图 6-77 最终效果

任务 10　沿圆弧排列图案

一、知识点

利用“艺术笔工具”、“椭圆形工具”、辅助线工具以及“贴齐对象”、“变换”等命令设计制作沿圆弧排列的图案。

二、实操步骤

① 使用“椭圆形工具”绘制一个正圆；使用“艺术笔工具”绘制 5 个图案对象，如图 6-78 所示；选中 5 个对象与正圆做垂直对齐，如图 6-79 所示。

图 6-78　绘制一个正圆和 5 个图案

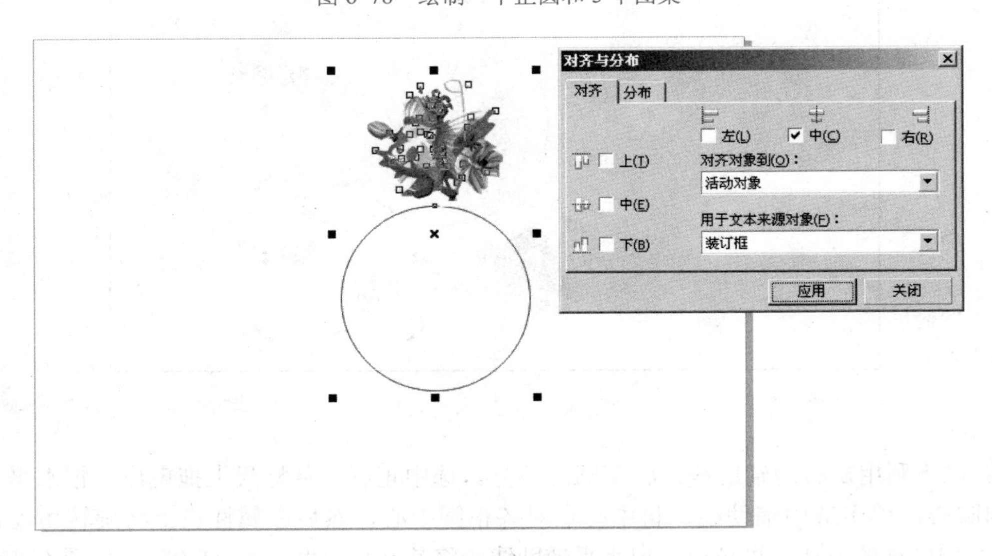

图 6-79　对齐对象

② 单击“标准”工具栏上的“贴齐→贴齐对象”按钮，将 5 个对象逐一选中，移动中心点与正圆的中心点重合，如图 6-80 所示；然后在“变换”泊坞窗的“旋转”选项组中，将 5 个对象的旋转角度分别设置为：0.0°、72.0°、144.0°、–72.0°、–144.0°，再单击“应用”按钮，效果如图 6-81 所示。

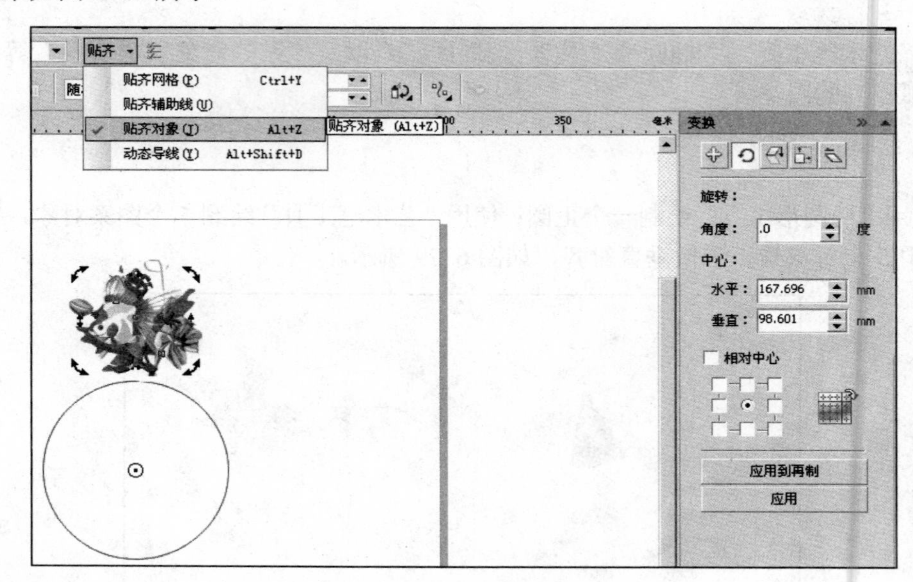

图 6-80 贴齐对象

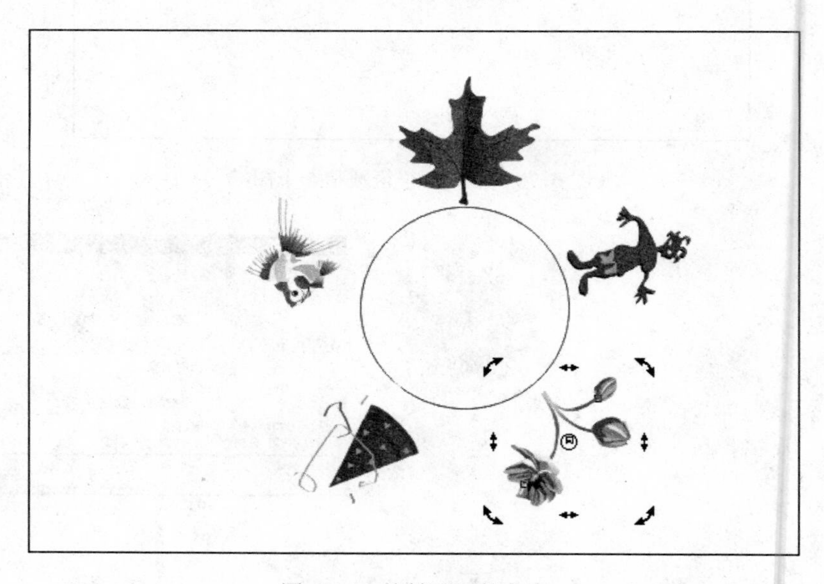

图 6-81 旋转不同的角度

③ 以下利用旋转的辅助线，将正圆三等分。选中正圆，从标尺上拖曳出一根水平辅助线至正圆圆心，单击选中辅助线，将中心点对齐正圆中心，然后在属性栏上将旋转角度设置为 60.0°；用同样的方法，再拉出一根水平辅助线，将其旋转角度设为–60.0°，如图 6-82 所示。

用“刻刀工具”在相应的位置对正圆进行切割，将正圆三等分，如图 6-83 所示；从属性栏上的“终止箭头选择器”下拉列表框中选定箭头类型，得到如图 6-84 所示的效果。

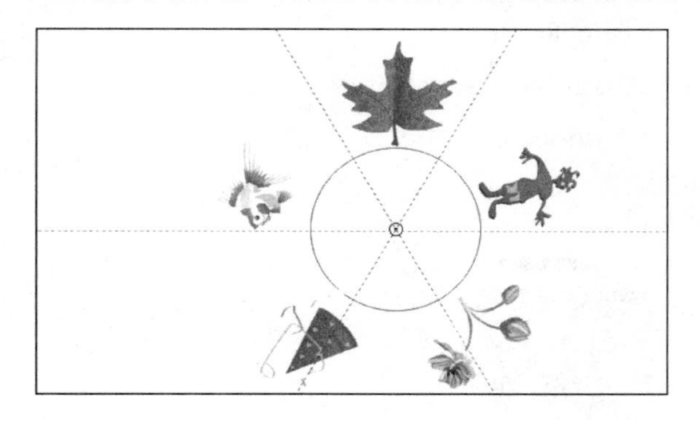

图 6-82　添加辅助线

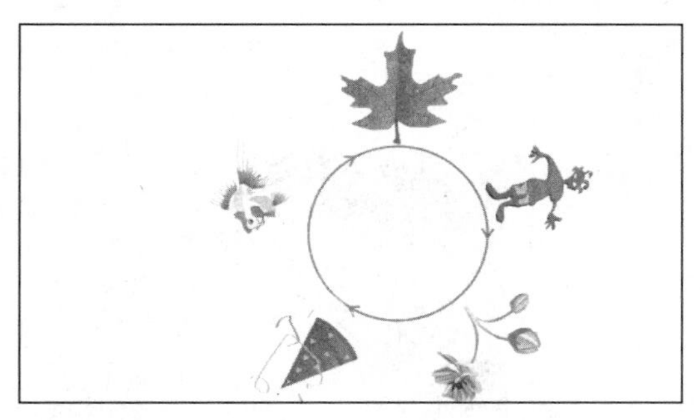

图 6-83　将正圆三等分

图 6-84　最终效果

任务 11　浩瀚星河

一、知识点

利用“矩形工具”、“底纹填充工具”、“交互式透明工具”，以及“效果→转换为位图”菜单项设计制作浩瀚星河效果。

二、实操步骤

① 使用“矩形工具”绘制一个矩形；在工具箱中选择“底纹填充”工具，打开的“底纹

填充”对话框中，在“底纹库”下拉列表框中选择“样品”，在“底纹列表”列表框中选择“梦幻星云”，单击“确定”按钮，如图 6-85 所示；单击“位图→转换为位图”菜单项，在打开的“转换为位图”对话框中，单击“确定”按钮，如图 6-86 所示。

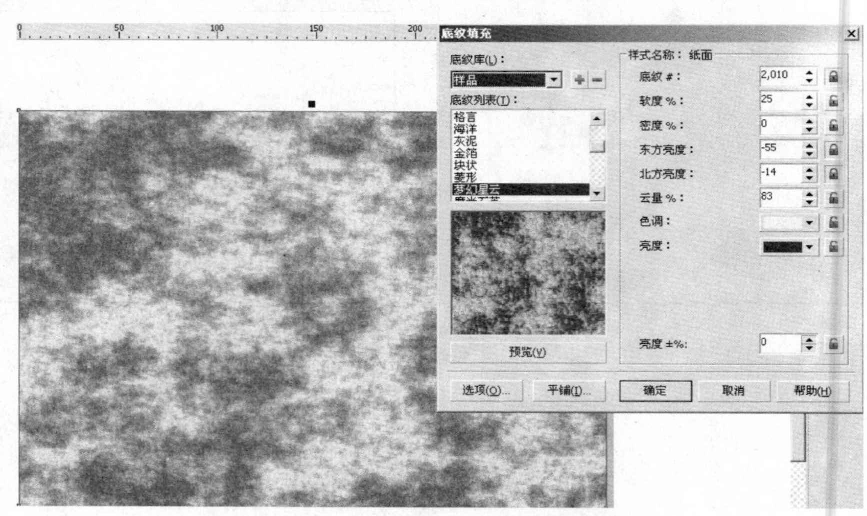

图 6-85　选择填充的底纹

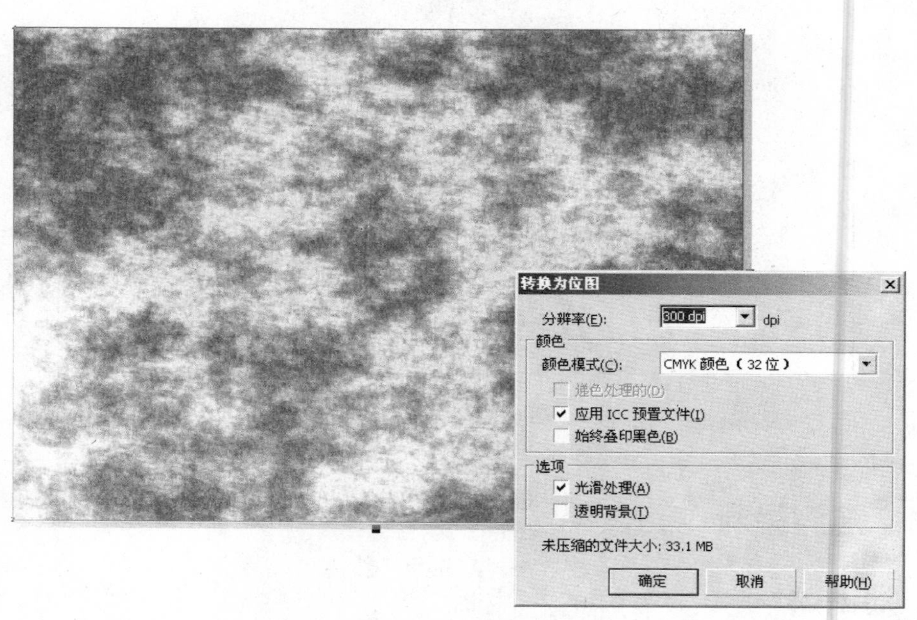

图 6-86　转换为位图

② 单击“位图→三维效果→挤远/挤近”菜单项，对“梦幻星云”图进行变换，如图 6-87 所示，效果如图 6-88 所示；单击“位图→扭曲→旋涡”菜单项，旋涡变换设置如图 6-89 所示，效果如图 6-90 所示；单击“位图→三维效果→透视”菜单项，对位图进行透视变换，效果如图 6-91 所示。

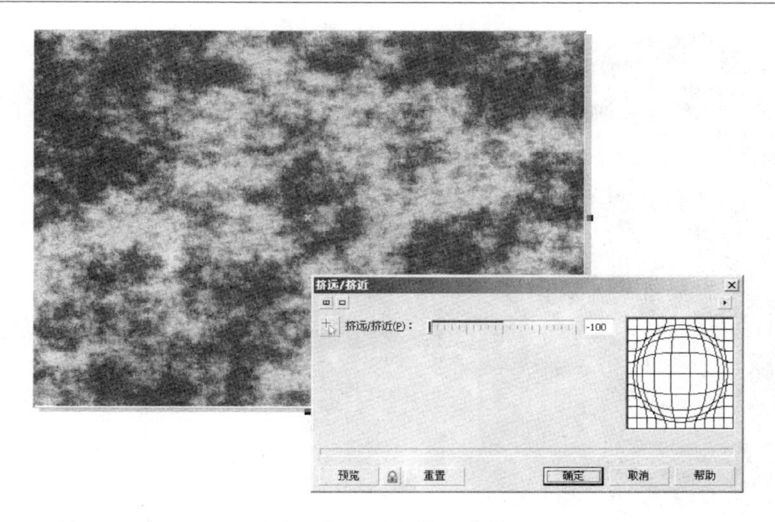

图 6-87　进行挤远变换

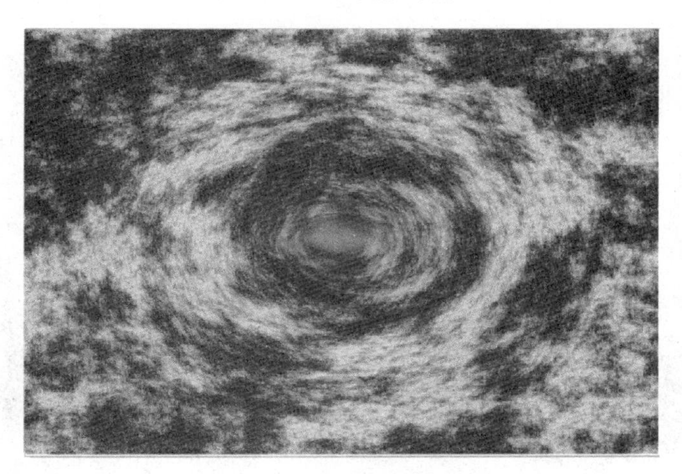

图 6-88　挤远变换效果

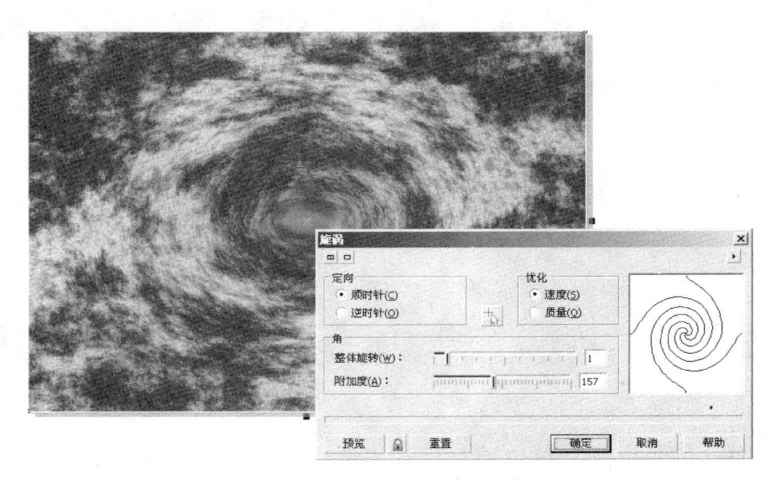

图 6-89　旋涡变换设置

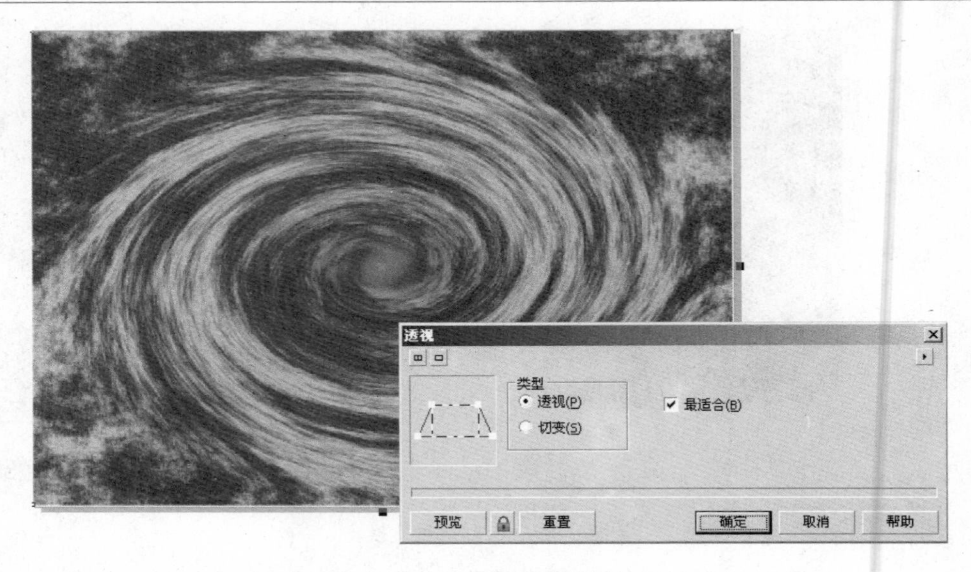

图 6-90　旋涡变换效果

③ 绘制一个与图像等大的矩形；单击“效果→图框精确剪裁→放置在容器中”菜单项，将位图置于矩形中；再绘制一些大小不等的白色小圆球，使用“交互式透明工具”改变其透明度，完成最终效果制作，如图 6-92 所示。

图 6-91　透视变换效果

图 6-92　最终效果

任务 12　巧用标签批量制作参会证

一、知识点

通过“版面→页面设置→标签”、“文件→合并打印”菜单项批量制作参会证。

二、实操步骤

① 单击“版面→页面设置”菜单项，打开“选项”对话框，如图 6-93 所示。

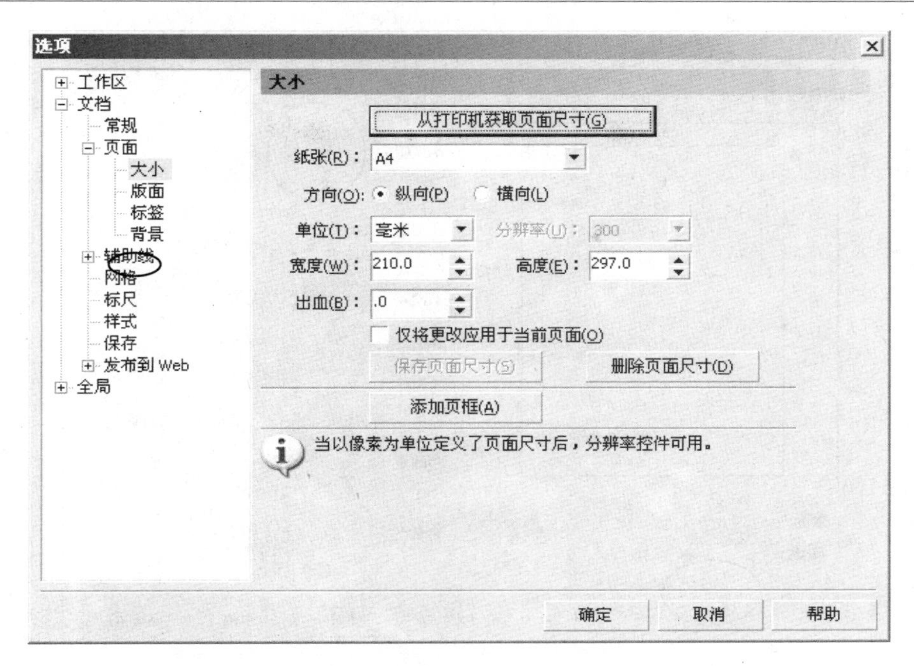

图 6-93　“选项”对话框

② 单击“标签”选项，打开“标签”页，如图 6-94 所示；单击“自定义标签”按钮，出现“自定义标签”对话框，在其中将标签的宽度、高度分别设置为 90.0 毫米、50.0 毫米，版面行数设置为 5，如图 6-95 所示；单击“确定”按钮，出现“保存设置”对话框，输入标签名后，单击“确定”按钮即完成标签的定义，如图 6-96 所示。

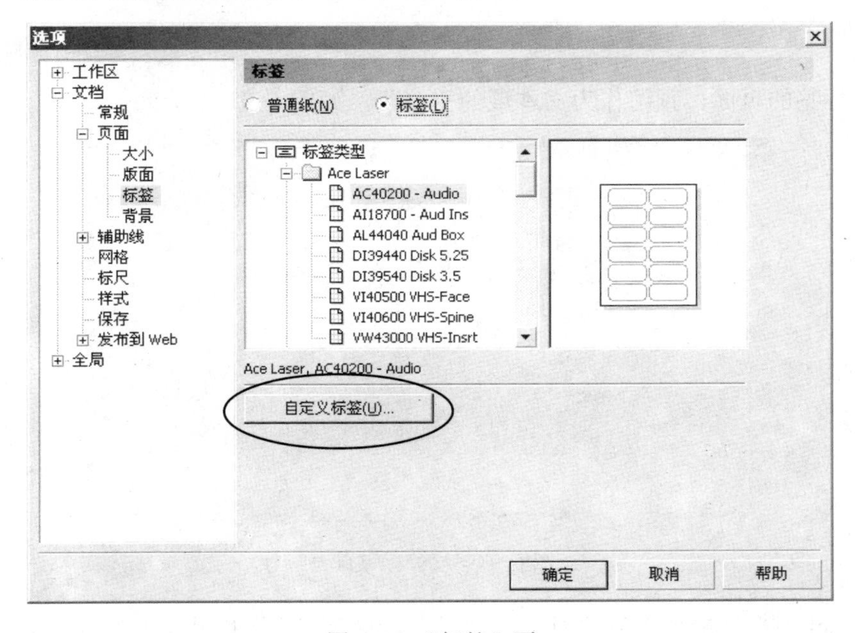

图 6-94　“标签”页

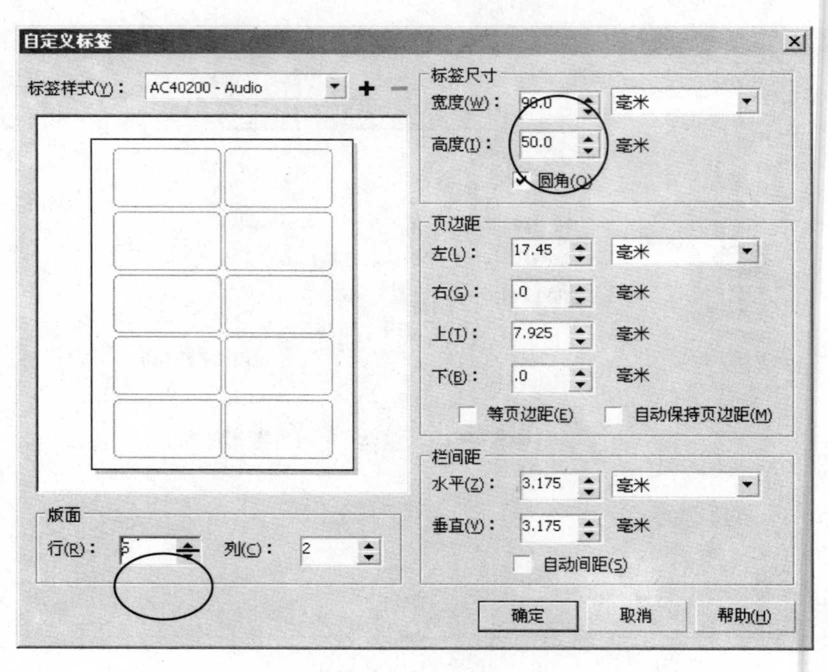

图 6-95　自定义标签

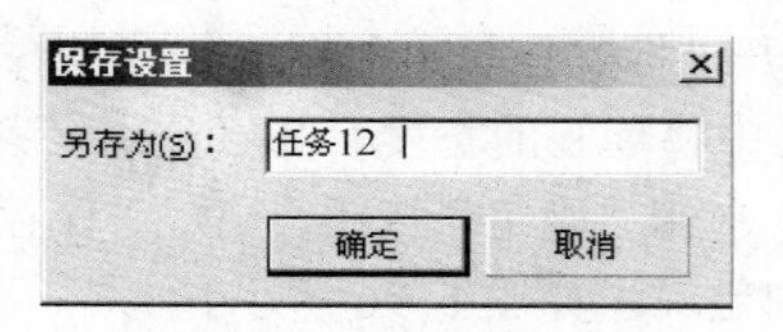

图 6-96　保存标签设置

③ 设计标签的页面，预留作为文本域的空白区，如图 6-97 所示。

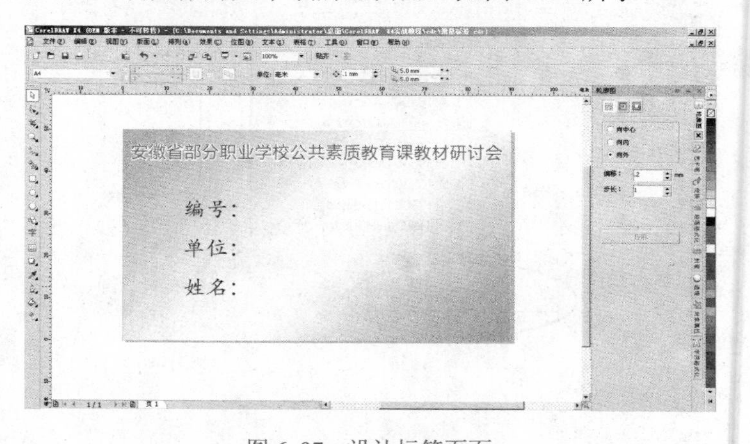

图 6-97　设计标签页面

④ 在 Excel 中打开参会人员的通讯录，如图 6-98 所示，将其另存为“Unicode 文本（*.txt）”格式的文件，完成外部数据文件的构建，如图 6-99 所示。

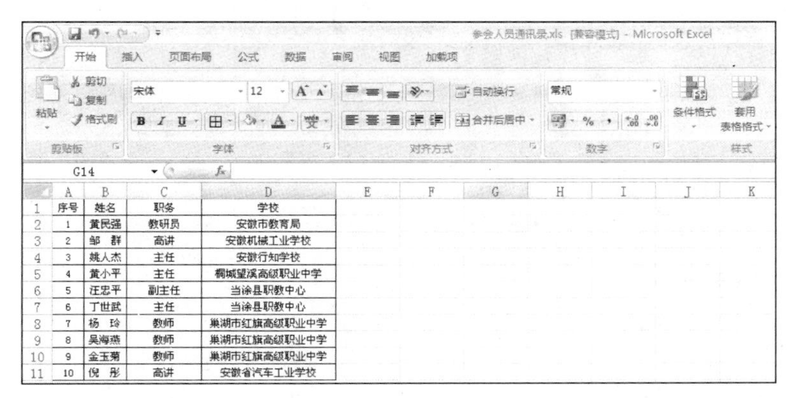

序号	姓名	职务	学校
1	黄民强	教研员	安徽市教育局
2	邹　群	高讲	安徽机械工业学校
3	姚人杰	主任	安徽行知学校
4	黄小平	主任	桐城望溪高级职业中学
5	汪忠平	副主任	当涂县职教中心
6	丁世武	主任	当涂县职教中心
7	杨　玲	教师	巢湖市红旗高级职业中学
8	吴海燕	教师	巢湖市红旗高级职业中学
9	金玉菊	教师	巢湖市红旗高级职业中学
10	倪　彤	高讲	安徽省汽车工业学校

图 6-98　参会人员通讯录

参会人员通讯录. txt - 记事本

文件(F)　编辑(E)　格式(O)　查看(V)　帮助(H)

序号	姓名	职务	学校
1	黄民强	教研员	安徽市教育局
2	邹　群	高讲	安徽机械工业学校
3	姚人杰	主任	安徽行知学校
4	黄小平	主任	桐城望溪高级职业中学
5	汪忠平	副主任	当涂县职教中心
6	丁世武	主任	当涂县职教中心
7	杨　玲	教师	巢湖市红旗高级职业中学
8	吴海燕	教师	巢湖市红旗高级职业中学
9	金玉菊	教师	巢湖市红旗高级职业中学
10	倪　彤	高讲	安徽省汽车工业学校

图 6-99　纯文本格式的通讯录

⑤ 单击“文件→合并打印→创建/装入合并域”菜单项，打开“合并打印向导”对话框，选择“从文件或 ODBC 数据源导入文本”单选按钮，如图 6-100 所示；单击“下一步”按钮，在出现的“导入文件”页中，如图 6-101 所示，通过“文件”文本框右侧的“浏览”按钮选择建立的通讯录的文本文件；单击“下一步”按钮，出现“添加域”页，其中列出了文本文件中所包含的列标题名，如图 6-102 所示；单击“下一步”按钮，出现通讯录的所有记录，如图 6-103 所示；单击“下一步”按钮，向导提示是否保存数据设置，如图 6-104 所示，直接单击“完成”按钮，结果如图 6-105 所示。

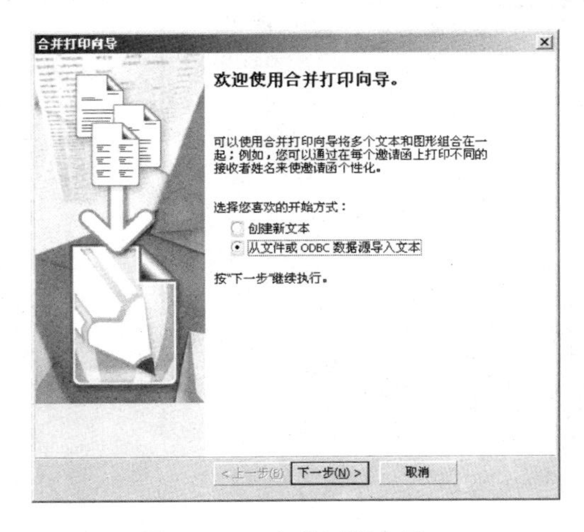

图 6-100　合并打印向导

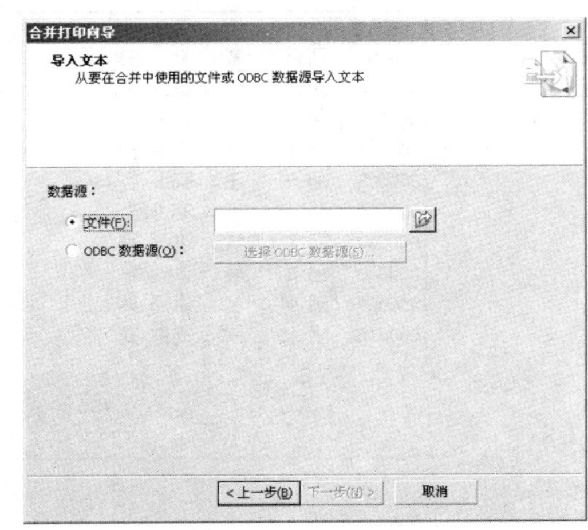

图 6-101　导入文件

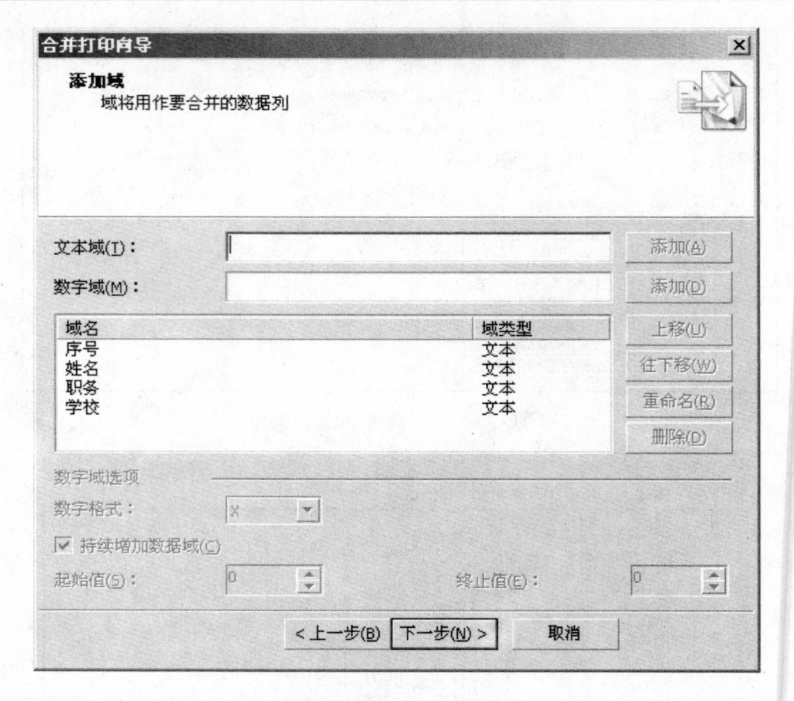

图 6-102　添加域

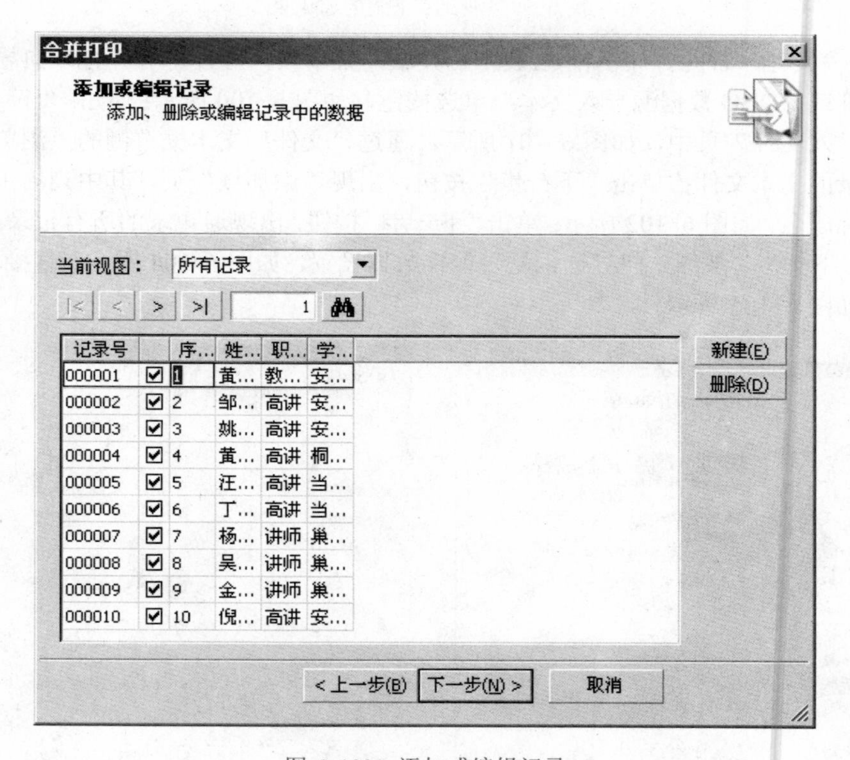

图 6-103　添加或编辑记录

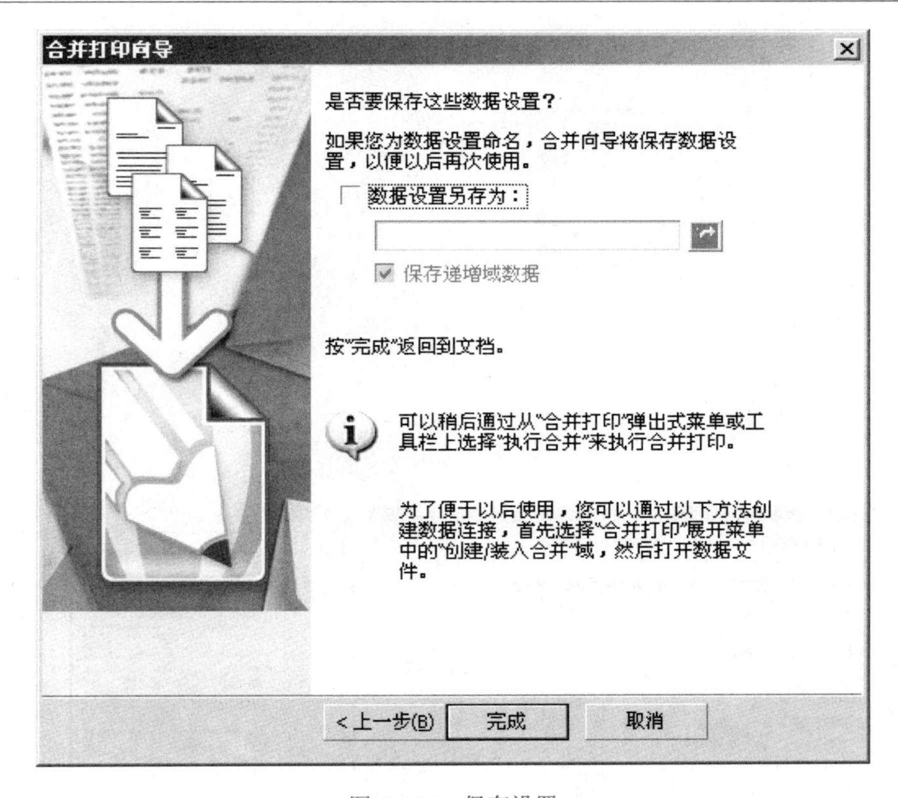

图 6-104　保存设置

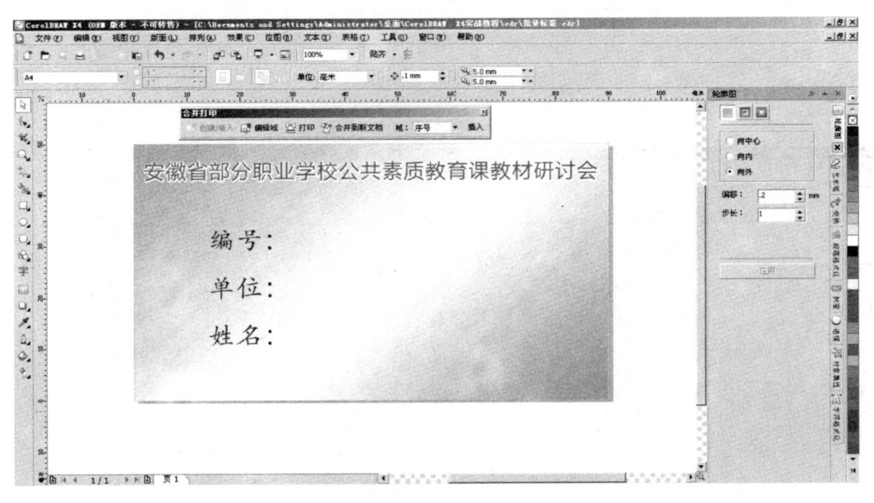

图 6-105　完成设置

⑥ 单击“合并打印”工具栏上的“域”下拉列表框，逐个插入文本域至相应的位置，如图 6-106 所示；单击“合并打印”工具栏上的“打印”按钮，出现“打印”对话框，如图 6-107 所示；单击“打印预览”按钮，可见到批量输出参会证的结果，如图 6-108 所示。

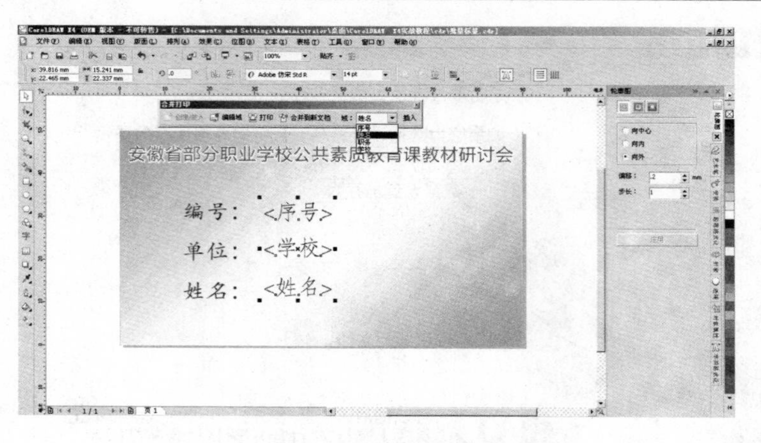

图 6-106 插入文本域

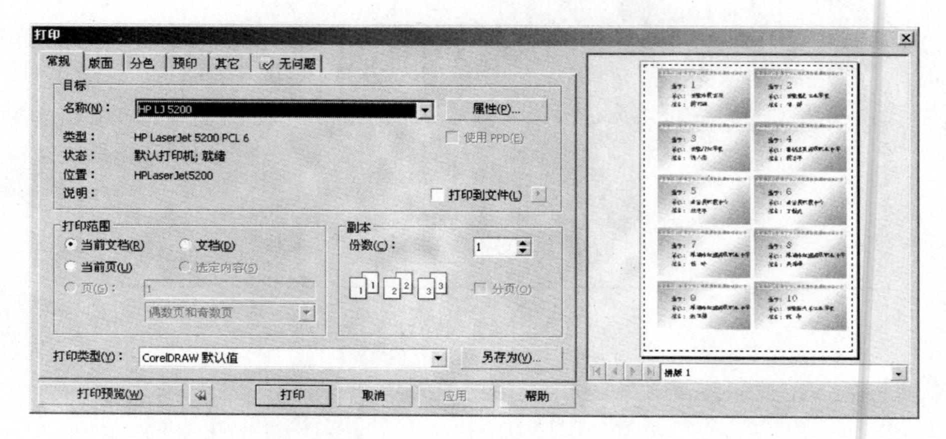

图 6-107 “打印”对话框

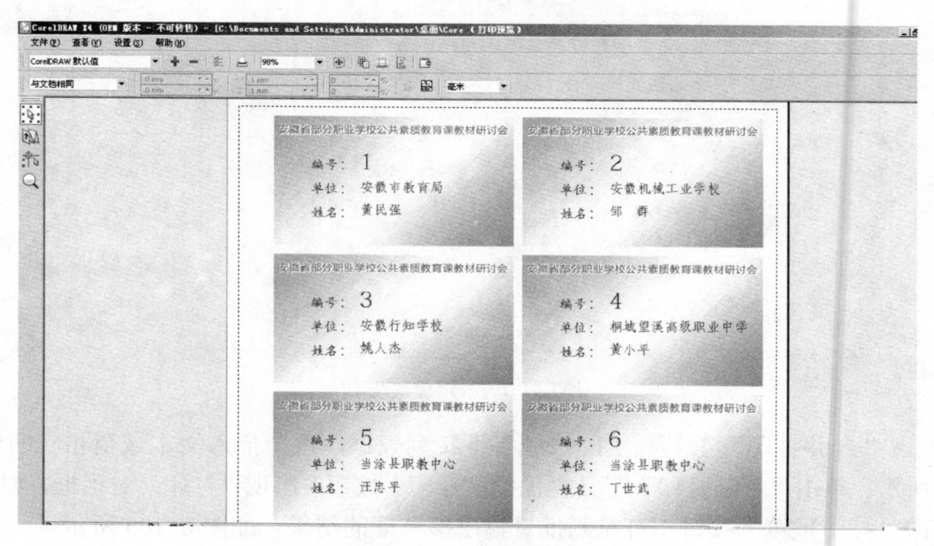

图 6-108 打印预览

项目小结

通过对 12 个高级典型实例的制作，掌握 CorelDRAW X4 的高级使用技巧及核心技术，将创意与技术结合、理论与实践结合，全面突破 CorelDRAW X4 软件的技术难点和设计难点，快速成为设计高手。

知识拓展：系统设置

根据工作的需要及使用习惯，可以对 CorelDRAW X4 的基础使用环境进行设置。按快捷键 Ctrl+J 或单击“工具→选项”菜单项，打开如图 6-109 所示的“选项”对话框。

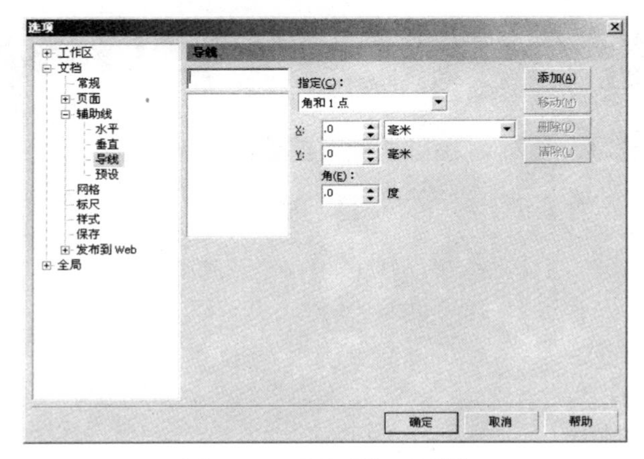

图 6-109 “选项”对话框

在此对话框中，可以从工作区、文档和全局三方面进行个性化设置，例如设置撤销级别、鼠标滚轮、贴齐对象、自动备份的时间间隔、再制偏移、页面大小等。

练 习 6

1. 围绕书中的 12 个实例展开练习。
2. 使用 CorelDRAW X4 设计如下图 6-110 所示的效果。

图 6-110 刻字的立方体

3. 使用 CorelDRAW 完成如下图 6-111 所示的工业产品包装盒设计。

图 6-111　产品包装盒